PENSAMIENTO CRÍTICO PARA EL TERCER MILENIO

SAUL PERLMUTTER, JOHN CAMPBELL
Y ROBERT MACCOUN

PENSAMIENTO CRÍTICO PARA EL TERCER MILENIO

Cómo dar sentido a un mundo sin sentido

Traducción de Francisco J. Ramos Mena

PAIDÓS Divulgación

Obra editada en colaboración con Editorial Planeta - España

Título original: *Third Millenium Thinking,* de Saul Perlmutter, John Campbell y Robert MacCoun

Fotocomposición: Realización Planeta

Bajo el sello editorial PAIDÓS M.R.
Avenida Presidente Masarik núm. 111,
Piso 2, Polanco V Sección, Miguel Hidalgo
C.P. 11560, Ciudad de México
www.planetadelibros.com.mx
www.paidos.com.mx

Primera edición impresa en España: febrero de 2025
ISBN: 978-84-493-4333-9

Primera edición impresa en México: julio de 2025
ISBN: 978-607-639-026-9

Impreso en los talleres de Impresora Tauro, S.A. de C.V.
Av. Año de Juárez 343, Col. Granjas San Antonio,
Iztapalapa, C.P. 09070, Ciudad de México
Impreso y hecho en México / *Printed in Mexico*

A nuestros hijos, con la esperanza de un mundo en el que las personas puedan trabajar juntas en una pausada reflexión para transitar los retos —y las oportunidades— del tercer milenio.

SUMARIO

Cuarta parte
CON CUIDADO PARA NO TROPEZAR

Quinta parte
AUNAR FUERZAS

INTRODUCCIÓN

Tan solo en las últimas décadas, quienes vivimos en el mundo conectado a internet hemos obtenido acceso a una cantidad de información casi insondable. Podemos clicar en un enlace e informarnos al instante sobre cualquier cosa por la que sintamos curiosidad, ya sean posibles opciones para tratar una enfermedad concreta, la forma de construir un generador solar o la historia política de Malta. Por otro lado, a veces hay tal cantidad de información que no sabemos cómo clasificarla o evaluarla. La base de datos de ciencias sociales ProQuest, por ejemplo, presume de tener «una creciente colección de contenidos que actualmente incluye [...] 6.000 millones de páginas digitales y abarca un periodo de seis siglos». ¡Y hablamos solo de información impresa, a la antigua usanza! La base Wayback Machine de Internet Archive, un archivo de sitios web y otros productos digitales que se remonta a 1996, alberga casi un billón de páginas de contenidos digitales, decenas de millones de libros y audios, y casi un millón de programas de software.

Cada vez con mayor frecuencia, podemos encontrarnos con que nos resulta difícil determinar en qué centrarnos, por no hablar de cómo distinguir lo revelador y esclarecedor de entre toda la información técnica, especializada, contradictoria, incompleta, obsoleta, sesgada o deliberadamente falsa a la que hoy podemos acceder. ¿Es posible que ese estudio sobre un fármaco lo haya financiado una empresa farmacéutica? ¿Todas esas reseñas de productos supuestamente auténticas las habrá inventado un sistema de inteligencia artificial? ¿Qué omiten todos esos datos estadísticos? ¿Qué pretende decir ese artículo en realidad? También resulta cada vez más difícil saber en quién confiar para obtener una orientación fiable de cara a interpretar toda esta información. Andan por ahí todo tipo de personas que afirman ser expertas, y puede que los expertos favoritos de fulano no sean los mismos que los de mengano. Los expertos discrepan, o tienen segundas intenciones, o quizá no entienden el mundo o la «vida real» más allá de su estrecha perspectiva. ¿Cómo encontrar, pues, un experto en quien confiar?

Para tomar una decisión acertada, emprender una acción importante o resolver un problema –ya sea como individuos, en grupo o como sociedad–, primero necesitamos comprender la realidad. Pero cuando la realidad no resulta fácil de dilucidar, y no sabemos muy bien en qué expertos confiar para aclarar el asunto, adoptamos otro tipo de estrategias para sortear la confusión: nos dejamos llevar por nuestro instinto; decidimos qué «creemos» y luego buscamos pruebas que lo reafirmen; adoptamos posturas basadas en nuestra conexión con personas que conocemos, o incluso hallamos consuelo en menospreciar a quienes no están de acuerdo con nosotros; optamos por consultar a expertos que nos dicen lo que nos gusta oír, o nos unimos en una desconfianza compartida hacia aquellos que facilitan o transmiten la información que nos confunde, ya sean científicos, académicos, periodistas, líderes comunitarios, responsables políticos u otros expertos. Estas estrategias de afrontamiento pueden ayudarnos a desenvolvernos en nuestra vida personal o profesional; pueden brindarnos un reconfortante sentimiento de identidad o pertenencia. Pero en realidad no nos ayudan a ver con claridad ni a tomar buenas decisiones. Y recurrir a ellas puede tener peligrosas consecuencias sociales y políticas.

¿Cómo podemos transitar mejor, como individuos y como sociedad, por esta era de sobrecarga informativa? ¿Cómo prevenir la confusión, evitar las trampas mentales y separar el sentido del sinsentido? ¿Cómo podemos tomar decisiones y resolver problemas en colaboración con personas que interpretan la información de manera distinta o tienen diferentes valores que nosotros?

Los tres autores del presente volumen –un físico (Saul), un filósofo (John) y un psicólogo (Rob)– llevamos casi una década colaborando estrechamente en un proyecto para ayudar a nuestros alumnos a aprender a reflexionar sobre los grandes problemas y tomar decisiones eficaces en esta era nuestra de «información excesiva». Iniciamos nuestra colaboración en 2011, en respuesta a lo que ya entonces constituía una preocupante tendencia a tomar decisiones sin reflexionar y basándose en motivaciones políticas. En el verano de aquel año, por ejemplo, se debatía en Estados Unidos el aumento del techo de la deuda nacional como si se tratara de un cisma religioso, en lugar de una sencilla cuestión práctica y probablemente incluso constatable acerca de qué enfoque económico resultaría más favorable de cara a mejorar el bienestar económico del país. La mayoría de los argumentos expuestos, tanto a favor como en contra, revelaban el mismo menosprecio o ignorancia con respecto a los principios más básicos del pensamiento científico. Empezamos a preguntarnos, pues, si sería posible primero articular y luego enseñar los principios que podrían dar lugar a un pensamiento más lúcido, a una argumentación más racional y a un proceso de toma de decisiones más fructífero y colaborativo.

El resultado fue un curso multidisciplinar sobre grandes ideas impartido en equipo en la Universidad de California en Berkeley, con el objetivo de enseñar a los estudiantes toda la gama de ideas, herramientas y enfoques que los científicos naturales y sociales utilizan para comprender el mundo. También diseñamos el curso de forma que mostrara lo útiles que tales planteamientos pueden ser para todo el mundo en su día a día, ya sea trabajando individualmente o en colaboración, de cara a tomar decisiones razonadas y resolver todo el abanico de problemas a los que nos enfrentamos. Para nuestra enorme satisfacción, el curso ha tenido tanta popularidad como éxito, y desde entonces ha sido reproducido y adaptado por otros profesores en un creciente número de otras universidades.[1] Nuestros alumnos parecen replantearse su mundo y terminan el curso vigorizados con nuevas formas de abordar tanto la adopción de decisiones personales como los problemas de nuestra sociedad. Se muestran más capaces de investigar las cuestiones que se plantean, de evaluar la información y los conocimientos, y de trabajar juntos como miembros de un grupo o de una sociedad. Inspirados por su entusiasmo, empezamos a pensar en nuevas maneras de compartir estas herramientas –y este nuevo modo de pensar y trabajar juntos– más allá de las aulas, con estudiantes y ciudadanos de todas las edades.

Cada vez nos preocupa más que nuestras sociedades estén perdiendo el rumbo, causando sufrimiento –y perdiendo grandes oportunidades– por la sencilla razón de que no disponemos de las herramientas que podrían ayudarnos a dar sentido a la extraordinaria cantidad de información, compleja y a menudo contradictoria, de la que actualmente disponemos. La resolución práctica de los problemas puede entrar en un punto muerto si no podemos determinar los hechos relativos a dichos problemas o, cuando estos requieren soluciones de índole política o comunitaria, ni siquiera nos ponemos de acuerdo con los demás acerca de cuáles son tales hechos. Los humanos, capaces de dominar la aeronáutica espacial y volar a la Luna, no siempre sabemos cómo sortear la incertidumbre y los puntos de vista contradictorios para tomar una decisión sencilla y razonable cuando es necesario hacerlo.

¿Cómo es posible entonces que llegáramos a la Luna? ¿Cómo es que, mediante nuestros propios esfuerzos durante siglos como especie pensante, hemos reducido progresivamente el hambre e incrementado la longevidad de una parte cada vez mayor de la humanidad? ¿Cómo hemos llegado a un mundo en el que la mayoría tiene acceso a capacidades de comunicación que parecen mágicas y a una información aparentemente infinita? ¿Y por qué no podemos utilizar lo que sea que nos haya llevado hasta aquí para resolver los problemas globales a los que nos enfrentamos en la actualidad, problemas tales como la pandemia, el cambio climático, la pobreza y demás? ¿Por qué no somos capaces de utilizar las herramientas intelectuales que tan bien funcionaron en el pasado?

Parte del problema radica en que justamente la propia ciencia constituye a menudo una de las principales fuentes de ese mismo tipo de información eminentemente técnica, opaca, incoherente y contradictoria que ha abrumado, desconcertado e incluso enfurecido a la gente. La confianza en la ciencia se ha erosionado en los últimos tiempos.[2] Sus logros no pueden estar a la altura de todas las expectativas utópicas que han generado, y asimismo algunos de ellos han tenido efectos secundarios negativos de carácter social, político o medioambiental. Por estas y otras razones, la ciencia se ha convertido en uno de los símbolos de la polarización en los debates políticos. En suma: a medida que la ciencia se ha ido haciendo cada vez más difícil de entender, se la ha vinculado a toda una serie de efectos secundarios indeseables y se ha visto sometida a críticas políticamente partidistas, muchas personas han perdido su confianza no solo en los científicos, sino incluso en la propia «ciencia» como tal.[3]

Pero la ciencia también tiene un magnífico historial en lo referente a comprender mejor las cuestiones más misteriosas que se ha planteado el ser humano, cuando no a darles respuesta. Nos ha ayudado a resolver enigmas, abordar problemas y mejorar nuestra vida durante milenios. Es una cultura basada en la indagación que hunde sus raíces en los albores de la humanidad, con siglos de práctica en evaluar información contradictoria en un mundo desconcertante y en diferenciar lo que sabemos de lo que ignoramos. Por el camino, los científicos han aprendido tanto de los aciertos como de los errores, de los avances y de los tropiezos, a perfeccionar las herramientas con las que abordar nuevas cuestiones y resolver nuevos problemas.

Algunas de dichas herramientas son objetos físicos como, por ejemplo, aparatos de medición e instrumentos diversos que van desde el sextante hasta los supercolisionadores o los ordenadores cuánticos. Otras, en cambio, son herramientas de pensamiento: hábitos mentales, directrices, enfoques, procedimientos, pautas, ideas, principios, posturas... Estas herramientas de pensamiento funcionan como «trucos» intelectuales que permiten a los científicos trabajar de forma más eficiente y con mayores probabilidades de éxito en este nuestro mundo, caracterizado por sus numerosos idiomas y culturas, a fin de producir resultados más fiables. Establecen parámetros para evaluar la información y distinguir lo que sabemos de lo que creemos; nos animan a corregir nuestros propios puntos débiles, sesgos y limitaciones, y a persistir aun cuando los problemas parecen irresolubles. También constituyen un reflejo de siglos de sabiduría en torno al valor esencial —e incluso la necesidad— de la colaboración, especialmente con personas que ven las cosas de forma distinta. Aunque la ciencia sigue implicando una gran dosis de ensayo y error, no tenemos por qué empezar de cero, y podemos evitar cometer hoy al menos algunos de los errores de ayer.

Aunque los científicos llevan largo tiempo guiándose por estas herramientas de pensamiento, muchas de ellas no son de uso común en otros dominios. Nosotros creemos que podrían y deberían serlo, que tienen una relevancia mucho más general, y que podrían ayudarnos en muchos más ámbitos y situaciones: dondequiera que alguien intente evaluar información y conocimiento, tomar decisiones en un contexto de incertidumbre y resolver los problemas que afectan a su vida, ya sea como individuo, en el seno de comunidades concretas o a escala global. De hecho, creemos que conseguir que haya cada vez más personas que utilicen estas herramientas, y que asimismo sean cada vez más hábiles en su manejo, constituye un objetivo esencial para el bienestar humano y planetario en los años y siglos venideros. Para sobrevivir y prosperar en el tercer milenio necesitamos —valga la redundancia— lo que nosotros hemos dado en llamar un «pensamiento crítico para el tercer milenio».

Muchos de los retos que hoy afrontamos en nuestra vida personal, profesional y política, desde cuestiones médicas hasta decisiones empresariales, pasando por políticas sociales y medioambientales, conllevan tener que lidiar con información científica eminentemente técnica. En este libro abordaremos lo que implica y no implica dicha información, y a qué cuestiones –de tipo emocional, moral, filosófico y espiritual– puede responder o no la información técnica. Pero el marco científico del libro sigue siendo útil independientemente de si la información con la que lidiamos o el problema que pretendemos resolver son «científicos» o no. De hecho, nos brinda una perspectiva aplicable a nuestra vida cotidiana como seres humanos que interactuamos con otros seres humanos en un mundo complejo y en constante cambio. ¿Merece la pena endeudarse para matricularse en ese programa de posgrado? ¿Debería apuntarme a ese estudio de investigación médica sobre un nuevo protocolo para tratar el cáncer de páncreas? ¿Qué medidas son más eficaces para abordar el trastorno de aprendizaje de mi hijo? ¿Debería aprobar el ayuntamiento el uso de un herbicida para hacer frente a una planta acuática invasora? ¿Deberíamos gastar el presupuesto de instalaciones y servicios de la escuela en poner paneles solares? ¿Cómo debería regular nuestra administración el tema de los vehículos autónomos?

Las cruciales herramientas de la ciencia pueden ayudarnos a abordar estas complejas cuestiones y a tomar decisiones al respecto. No hace falta ser un físico nuclear, ni siquiera un científico del tipo que sea, para entender o aprovechar lo que la ciencia puede ofrecernos. Lo que ha faltado hasta ahora ha sido una buena traducción: una explicación clara y concisa que exprese el planteamiento científico de forma accesible e ilustre sus aplicaciones prácticas en la vida cotidiana. Eso es justo lo que pretendemos ofrecer en este libro. Para ello, nos basamos en nuestras tres áreas de especialización, que resultan muy dispares entre sí.

John recurre a la filosofía para averiguar cómo las cuestiones y preocupaciones que hoy afrontamos se han abordado en épocas anteriores, y en qué aspectos resultan novedosas o se ven agudizadas en nuestros días. También aporta numerosas perspectivas procedentes de personas ajenas al mundo científico, que pueden reflejar el aspecto que tiene la investigación científica cuando se lee o se ve en las noticias. ¡Y, desde luego, tiene grandes historias que contar!

Rob aporta la perspectiva analítica propia del psicólogo social sobre el comportamiento de las personas. Su experiencia en el ámbito del derecho y las políticas públicas complementa estos conocimientos con ejemplos prácticos de procesos de adopción de decisiones sociales en la vida real. Entre otras cosas, ha ayudado a los responsables políticos a tomar decisiones sobre temas tales como la derogación de la política conocida como «No preguntes, no digas» relativa a la orientación sexual en el ejército estadounidense, o la legalización de la marihuana en los estados de California, Washington y Vermont, lo que le ha proporcionado su propio repertorio de anécdotas.

Saul ha trabajado con científicos de distintas disciplinas en temas diversos, algunos tan intergalácticos como la expansión del universo, y otros tan inmediatos como los sensores médicos o los indicadores climáticos. Su objetivo es humanizar ese mundo que a menudo nos parece alienígena y transmitir lo que los científicos realmente piensan que están haciendo de suerte que quienes no lo son puedan reconocerse en sus historias personales sobre la ciencia en acción.

Juntos, nos hemos esforzado por presentar al lector los elementos del pensamiento científico de forma amena, utilizando experimentos mentales que esperamos que resulten provocativos y ejemplos de la vida cotidiana con los que se pueda identificar.

Comenzamos, en la primera parte, centrándonos en la cultura y las herramientas propias de la ciencia, y su capacidad práctica para generar confianza en una interpretación compartida de la realidad que pueda guiarnos a la hora de tomar decisiones. En la segunda parte se brinda el conjunto de herramientas científicas del pensamiento probabilístico como un potencial superpoder que todos podemos usar para sacar el máximo partido de este mundo nuestro lleno de incertidumbres. En la tercera, se presenta la «postura posibilista radical» que el pensamiento científico nos ofrece a la hora de abordar grandes problemas complejos y de lenta resolución: nuestro segundo superpoder, si se nos permite tener dos. La ofrecemos junto con los trucos del oficio que permiten tales soluciones posibilistas.

Armados con estas herramientas del pensamiento científico, damos un brusco giro narrativo hacia la tarea no menos ardua de aplicarlas al proceso de adopción de decisiones, un proceso más embrollado donde los datos y las cifras se encuentran con los valores, los miedos y los objetivos. En la cuarta parte se analizan las innumerables formas en que nuestro pensamiento individual tiende a equivocarse, así como algunas técnicas nuevas y no tan nuevas para sortear esas trampas mentales, desarrolladas para la ciencia, pero útiles para todo el mundo. Por último, en la quinta parte se plantea la que quizá sea la mayor cuestión de nuestros días: ¿qué ideas hemos aprendido que podamos aprovechar para resolver problemas en colaboración con otros –nuestros socios, nuestros equipos, nuestra sociedad y nuestro mundo–, entreverando de manera fructífera toda la racionalidad que seamos capaces de reunir con nuestras emociones tan humanas?

La idea de que podemos desarrollar nuevas formas prácticas y fundadas en principios de unirnos, de aunar fuerzas, podría ser la clave fundamental de nuestro futuro colectivo. Hoy nos enfrentamos a un cambio climático posiblemente catastrófico, a la amenaza de pandemias mundiales y a una desbocada estratificación de la riqueza. A medida que resolvamos estos retos, que probablemente plantean un riesgo existencial para nuestra civilización, pueden surgir otros: podría haber un gran asteroide siguiendo una trayectoria de colisión con la Tierra; o la nube de ceniza del próximo megavolcán podría alterar por completo toda la navegación aérea y generar una pérdida de cosechas a escala planetaria, seguida de la destrucción de los cultivos. Pero ni las amenazas actuales ni los futuros escenarios catastróficos plausibles resultarían ni de lejos tan aterradores si todos trabajáramos juntos, ni que fuera parcialmente, aprovechando al máximo nuestras mejores dotes en el manejo del pensamiento crítico para el tercer milenio. ¡Juntos podemos resolver grandes problemas!

Unas palabras sobre el concepto de «pensamiento crítico para el tercer milenio» (abreviado «PC3M»), que también da título al libro. Cuando hablamos de PC3M –entiéndase en el sentido más jocosamente altisonante–, nos referimos a un conjunto de ideas y planteamientos que hemos visto que la gente empieza a utilizar a medida que nos adentramos en este tercer milenio y que parecen ser especialmente fértiles. Tales ideas y planteamientos, en constante mejora, proceden de diversas fuentes y tradiciones, pero su principal aportación la constituye cierta versión actual del pensamiento científico. Aunque muchas de las ideas resultarán familiares al menos a algunos lectores, no hemos dado por sentado que ese sea el caso, y en los capítulos siguientes nos hemos propuesto ofrecer una introducción autónoma de cada una de ellas (estamos encantados de dar permiso al lector para leer en diagonal si hay algo que ya conoce).

Al exponer todas esas ideas en un mismo lugar, nuestro objetivo es defender el argumento de que, en conjunto, han empezado a conformar un camino por el que todos podemos transitar este nuestro mundo complejo. Creemos asimismo que resultan útiles para la vida cotidiana, dada toda la información que tenemos que analizar, todas las decisiones que debemos tomar, y toda la planificación y colaboración que se requiere de nosotros como individuos, como padres y miembros de una familia, y como integrantes de grupos y organizaciones. Pero también creemos, además, que nuestro propio futuro depende de la posibilidad de enseñar esas ideas a otros, porque ni siquiera los autores somos capaces por nosotros mismos de evitar cometer de forma sistemática los errores que inspiraron su desarrollo en primer lugar. Puede que logremos evitar dichos errores solo con un poquito más de eficacia los días que damos clase sobre ellos, pero, en cambio, en nuestro trabajo de investigación profesional dependemos de una completa y sólida cultura integrada por otros investigadores que se han formado científicamente para estar atentos a esos fallos y trampas mentales; juntos, pues, intentamos mantenernos honestos los unos a los otros. Para todos los demás problemas del mundo ajenos a nuestro trabajo de investigación tenemos que depender de aquellos lectores que –esperamos– aprendan en este libro a vigilarnos a nosotros y a vigilarse mutuamente.

En los últimos años, todos hemos tomado consciencia del escandaloso grado de polarización de nuestra sociedad y de la sorprendente interacción entre dicha polarización y la relación a menudo problemática de la sociedad con la ciencia y los conocimientos científicos. Si queremos tener alguna esperanza de forjar planes prácticos e interpretaciones comunes que puedan hacer avanzar a nuestra sociedad como conjunto, debemos aprender a aceptar la posibilidad de que haya errores en nuestro propio pensamiento y la necesidad de contar con puntos de vista opuestos que nos ayuden a ver dónde nos estamos equivocando. Y asimismo debemos comprender el origen del desencanto y la reacción contra el progreso científico que surgieron a finales del segundo milenio, y tratar de ponerles remedio.

No hay un libro ni un enfoque únicos que puedan solucionar las desavenencias. No todas nuestras polarizadas discrepancias desaparecerán.

Pero tenemos que empezar por algún sitio. Y creemos que uno de los puntos de partida más prometedores es la cultura de la ciencia, pero solo si empezamos a tomar prestadas sus herramientas, ideas y procesos, y realizamos un giro a la altura del tercer milenio en nuestra propia forma de pensar.

Primera parte

DOMINAR LA REALIDAD

Capítulo 1

DECISIONES, DECISIONES, DECISIONES

Imagina que estás de excursión con tus amigos. De repente, sientes una intensa presión en el pecho y pierdes el conocimiento. Cuando recuperas la consciencia descubres que estás en el hospital. Dos jóvenes internos, que son los únicos médicos de guardia, están mirando un TAC y los oyes hablar entre ellos. En tu corazón hay una de dos posibles cosas que va mal. El problema es que no pueden determinar cuál. Si se trata de la opción A, vas a necesitar cirugía cardiaca invasiva. Van a tener que abrirte de inmediato para mantenerte con vida incluso en las próximas horas. Habrá un importante riesgo de complicaciones, incluyendo algunas que podrían matarte, pero si no te operas es seguro que morirás. Sin embargo, la opción B les parece igualmente probable. En ese caso, lo único que necesitas por el momento es medicación. Dicha medicación te mantendrá en pie durante los próximos dos o tres días, dando a los médicos tiempo suficiente para realizar más pruebas y controles. Pero si lo que realmente está ocurriendo corresponde a la opción A, el hecho de limitarse a darte medicación supondrá tu muerte.

En ese instante, los internos se dan cuenta de que te has despertado. Te preguntan cómo deseas proceder.

–¡Yo no tengo ni idea de qué decidir! –les dices–. Estoy bajo mucha presión. ¡Haced lo necesario para salvarme!

Hablan un momento entre ellos y luego te ofrecen otras dos posibles formas de tomar la decisión. En primer lugar, saben que eres un gran defensor de la democracia, así que podrías utilizar un enfoque democrático: pedir a todos los habitantes de tu población (aparcacoches, ciudadanos de a pie, concejales...) que voten la decisión. La otra posibilidad, te dicen, es que sean los médicos con más conocimientos y experiencia quienes la tomen.

Cuando tenemos que tomar una decisión trascendente sobre algo en lo que no somos expertos, o para lo que simplemente no sabemos cuál es la respuesta correcta, la primera elección que adoptamos es la de a quién vamos a consultar, o a quién queremos pedirle información, para fundamentar mejor esa decisión. En muchas situaciones importantes, como la elección de un representante político, o la legalización de la marihuana, o la selección de terrenos donde se permitirá construir parques eólicos, la cuestión de lo que piensa la mayoría de la gente resulta sin duda relevante; en ese tipo de decisiones hay mucho que decir en favor de un enfoque democrático. Pero en nuestro hipotético caso médico resulta difícil imaginar que haya demasiadas personas que afirmen que lo que más les importa es respetar la opinión de la mayoría. Lo que de verdad importa aquí es la calidad de la decisión, y, por regla general, se tomará una decisión mejor si se pregunta a unos pocos buenos médicos que si se somete el tema a votación.

No todos tenemos un conocimiento igualitario sobre todas las materias. Algunas personas saben más de historia que otras; hay quienes saben más de automóviles, y hay quienes saben más de medicina. Si el conocimiento es poder, nos debilitaríamos si nos aisláramos de los conocimientos especializados de los expertos. Una de las razones para escuchar a los expertos es que nos empodera para hacer lo que queremos.

Pero nuestra necesidad de conocimientos expertos nos plantea tres problemas: en primer lugar, si nosotros no poseemos un conocimiento especializado, ¿cómo podemos plantearnos siquiera qué conocimientos necesitamos y quién es un experto fiable en ese ámbito? En segundo término, suponiendo que hayamos encontrado un conocimiento fiable, ¿cómo y cuándo incorporamos adecuadamente los demás elementos clave de una decisión: nuestros valores, emociones y objetivos? Y en tercer lugar, ¿qué hace que la decisión sea legítima y respete nuestra autonomía personal?, es decir, ¿quién tiene la última palabra y por qué? Empecemos a analizar cada una de estas cuestiones.

EXPERTOS Y SEUDOEXPERTOS

La ciencia actual suele ser compleja, y se ha desarrollado utilizando modelos matemáticos que la mayoría de la gente no entiende en absoluto. De hecho, se necesitan años de formación para comprender dichos modelos. Esto puede llevar a algunas personas a seguir sin rechistar el consejo o el mandato de los expertos («Bueno, no vas a entender las fórmulas, así que haz lo que te dicen»); por otro lado, algunas personas se sienten tan impotentes cuando se hallan en una posición de ignorancia que aprovechan la oportunidad para ejercer un poder negativo y se niegan en redondo a escuchar a los expertos.

Este dilema fue especialmente pronunciado durante la pandemia de la covid-19. Los científicos nos dieron un montón de consejos: «No te pongas mascarilla», «Ponte mascarilla», «Vacúnate para estar a salvo de la covid», «Vacúnate para estar más seguro si te contagias de covid», etc. Pero pocos de nosotros entendíamos el razonamiento subyacente a tales consejos, o por qué estos parecían evolucionar con el tiempo. Pocos de nosotros podíamos explicar siquiera qué es un virus, o cómo aquellas medidas podían ayudar exactamente a no contraerlo. Nuestra «autonomía» en esa situación parecía reducirse a esto: podías intentar aislarte de toda la información contradictoria, o podías intentar elegir entre los diversos expertos para encontrar a aquellos en los que más confiabas.

La confusión causada por la sobrecarga de información (de calidad variable) durante la pandemia constituye solo un ejemplo de un problema más general: actualmente hay una desconcertante avalancha de información disponible sobre casi cualquier tema que pueda ser de interés práctico. Cuando se trata de un tema que requiere conocimientos especializados, ¿cómo actuar para encontrar la información más fiable? ¿En quién confiar? ¿Por qué confiar más en unos expertos que en otros?

Para aquellas decisiones prácticas en las que se requiere información precisa, hay que tener en cuenta una consideración especial: sin duda querremos utilizar una fuente de información que funcione. Tomemos, por ejemplo, la agricultura. La humanidad lleva largo tiempo cultivando la tierra: unos 12.000 años. Y si uno quiere dedicarse a la agricultura, hay diferentes formas de averiguar cuándo es el mejor momento para cultivar maíz, pongamos por caso. Podría confiar en la palabra de un líder espiritual, o en la de alguien que afirma ver ciertas pautas en las estrellas que indican cuándo hay que plantar el maíz. Esto puede funcionar bien en un entorno estable, ya que los consejeros espirituales y los astrólogos pueden haber ido adaptando sus mensajes a las condiciones locales a lo largo de generaciones. Pero el enfoque científico –experimentación y observación– ofrece aquí una poderosa ventaja. Puede haber mejores variedades de semillas, o mejores formas de regar los cultivos. Podemos probar diferentes cosas y observar cuál parece dar los mejores resultados. Por mucha fe que tengamos en nuestro líder espiritual, o en las estrellas, será difícil mantenerla cuando veamos que las cosechas de nuestros rivales se elevan muy por encima de las nuestras, y que ellos nadan en la abundancia mientras nosotros pasamos hambre.

Lo mejor de la ciencia es eso: que funciona. Apenas hace falta señalar de cuántas maneras interviene la ciencia en nuestra vida cotidiana, desde el uso que hacemos de la medicina hasta los alimentos que comemos, los coches que conducimos o la red de internet de la que dependemos. No parece que haya mucha controversia al respecto. (De hecho, uno de los problemas a los que nos enfrentamos a la hora de saber qué hacer con el torrente de información del que disponemos es la cantidad de afirmaciones descabelladas que se hacen sobre lo que la ciencia puede hacer: desde la implantación de microchips en las vacunas hasta la sustitución del sol por lámparas electrónicas. La ciencia ha conseguido tanto, y su poder se da hasta tal punto por sentado, que para mucha gente no resulta nada exagerado suponer que podría estar haciendo ese tipo de cosas inverosímiles.)

La ciencia no funciona por arte de magia, sino por un propósito deliberado. Ayuda a evitar que nos dejemos engañar por ideas atractivas sin fundamento alguno. Todos nos esforzamos por superar nuestros prejuicios naturales, pero los científicos también han desarrollado una serie de prácticas para protegernos de ellos. Se trata de técnicas «impersonales», en el sentido de que, a la hora de evaluar las evidencias científicas, podemos llevar a cabo el proceso de forma más o menos mecánica, sin que entre en juego nuestra propia psicología. Estas técnicas son comunes a todas las ciencias; reciben nombres distintos en las diferentes disciplinas, pero es fácil advertir que son las mismas. Todos deberíamos conocerlas si aún no las utilizamos. Son ciencia, sí, pero no física cuántica: no resultan difíciles de entender, no requieren conocimientos matemáticos, y nos permiten comprender lo que dicen los científicos, lo seamos nosotros o no.

Tomemos, por ejemplo, el caso de un científico especializado en biología molecular cuya carrera se ha dedicado a estudiar determinadas proteínas específicas del cuerpo humano. Un científico así puede observar un estudio experimental de psicología del desarrollo –por ejemplo, algo acerca de cómo aprenden aritmética los niños– y entender la lógica que subyace al diseño del experimento. Esto no se debe precisamente a que la carrera de biología molecular proporcione abundantes conocimientos especializados acerca de cómo aprenden los niños. Tampoco tiene nada que ver con las habilidades matemáticas; de hecho, puede que el análisis matemático involucrado en este caso no tenga complejidad alguna. Más bien se debe al hecho de que todos los experimentos, en cualquier disciplina científica, están sujetos a los mismos tipos de problemas, y todos los científicos tienen el mismo conjunto de sesgos frente a los que necesitan protegerse. Las técnicas en cuestión no son difíciles de aprender, aunque no tengamos formación científica; de hecho, aunque no tengamos siquiera estudios superiores. Y sin duda resultan esenciales fuera del contexto de la investigación académica, incluso cuando pensamos en temas de índole eminentemente práctica, como qué dar de comer a nuestro hijo o si deberíamos vacunarnos o no.

Conocer estas técnicas no nos permitirá repetir los experimentos de los científicos en su lugar, ni desarrollar el tipo de conocimiento especializado de una subdisciplina científica que lleva años conseguir. Pero nos hará capaces de evaluar si estamos ante un trabajo honesto que podría acercarnos a la verdad o simplemente ante un cuento de llamativos colores que juega con nuestros prejuicios. Podremos distinguir entre expertos y seudoexpertos. Y equiparnos para ello –articulando las técnicas y herramientas del pensamiento científico– constituye uno de los principales objetivos de este libro.

DECIDIR BASÁNDOSE EN VALORES

Sin embargo, en la mayoría de las circunstancias, los hechos, los datos empíricos, no son los únicos factores que debemos tener en cuenta. Incluso hay cierto tipo de decisiones (¿Quién es más gracioso: Charlie Chaplin o los hermanos Marx? ¿Qué es mejor: la salsa roja o la salsa verde?) en las que podemos tener la impresión de no necesitar ningún hecho externo en absoluto. Pero, por regla general, aunque los necesitemos, no son lo único que nos importa: los valores, la ética, los miedos y los objetivos suelen ser factores fundamentales en la toma de decisiones.

Incluso en los casos médicos, dos personas, con los mismos conocimientos, pueden optar por tratamientos distintos. Imagina que volvemos al escenario en el que te despiertas en la cama de un hospital. Tienes que valorar hacia dónde apuntan las evidencias, pero también ponderar lo que más te importa en esa situación. Cada persona puede sopesar el riesgo de forma distinta. Podrías pensar: «Bueno, hay un cincuenta por ciento de probabilidades de que me ponga bien si me limito a tomar la medicación, pero no puedo correr el riesgo de morir, así que voy a operarme; puede que haya complicaciones, pero la intervención está avalada por la experiencia y es poco probable que me mate». O bien, si eres un poco más atrevido, podrías decirte a ti mismo: «No quiero pasar por la agonía de la operación y la recuperación posoperatoria si las probabilidades de supervivencia no son mayores, de modo que asumiré el riesgo de morir y optaré por tomar la medicación». En realidad, el valor que asignes al riesgo depende solo de ti: los médicos pueden decirte cuán grande es ese riesgo, pero no cuánto debería importarte.

Este tipo de problema resulta especialmente doloroso para los padres de un niño al que, por ejemplo, le han diagnosticado cáncer. Puede que les resulte absolutamente inaceptable la idea de que su hijo se someta a un tratamiento radical que entraña un riesgo significativo de obtener un resultado desastroso pero que funcionará si las cosas le son favorables. O pueden insistir en que se someta a dicho tratamiento, incapaces de soportar la idea de que la enfermedad se desarrolle en el organismo de su hijo. Ellos deciden qué valores asignar a cada riesgo; los expertos no pueden aconsejarles en ese aspecto. Es imposible que nadie más que ellos pueda decidir si el riesgo de que su hijo muera de cáncer supera al riesgo de que viva pero sufra algunos efectos adversos permanentes del tratamiento. No hay ninguna fórmula matemática compleja ni ningún experimento científico que les diga cómo sopesar esos factores.

Lo que interviene aquí es una serie de consideraciones que podríamos interpretar como «valores» y que contrastan con la investigación factual que los científicos intentan llevar a cabo. Los valores pueden provenir del entorno familiar, de la comunidad religiosa a la que uno pertenece o simplemente de la gente que nos rodea y de los libros que leemos. Las personas difieren a la hora de definir un valor concreto, y la mayoría de ellas adoptan un conjunto de valores que puede no resultar del todo coherente. Todos estos factores pueden influir en cómo sopesamos el riesgo asociado a los diversos resultados negativos posibles a la hora de tomar una decisión, y en la importancia que concedemos a los diversos beneficios que podríamos obtener.

No hay «expertos» en cómo evaluar esas cuestiones del mismo modo que los hay, por ejemplo, en relación con los posibles riesgos o beneficios de una vacuna. Pero sí hay, por supuesto, personas que han reflexionado largo y tendido sobre diversos problemas morales, en particular problemas que se plantean a menudo en la vida real, y que están familiarizadas con todas las diversas consideraciones que por regla general pueden surgir en uno u otro sentido. Hay buenas razones por las que instituciones como los hospitales o las universidades suelen contratar a estas personas para que los ayuden a tomar decisiones prácticas. Muchos de nosotros contamos también con ciertas personas con las que tenemos un especial interés en hablar cuando se nos plantea algo moralmente difícil: un progenitor, una pareja, un guía religioso, un viejo amigo... Pero no hay grupos de expertos universalmente reconocidos como autoridades en la toma de decisiones basadas en valores, como los hay, por ejemplo, en cuestiones tales como las implicaciones sanitarias del consumo de tabaco.

Las cosas se complican cuando son un grupo o una comunidad los que están involucrados en el proceso decisorio. No solo puede resultar difícil ponerse de acuerdo sobre los hechos (aunque, si disponemos de las herramientas que acabamos de presentar y que analizaremos en posteriores capítulos, podremos identificar fuentes de información fiables), sino que además puede haber personas con valores distintos, e incluso contrapuestos, que habrá que tener en cuenta. Más adelante nos centraremos en este problema.

AUTORIDAD Y CONOCIMIENTOS EXPERTOS

Necesitamos, pues, fuentes de información fidedigna y objetiva, y debemos considerar dicha información en el contexto de nuestros propios valores cuando analizamos alternativas e intentamos dilucidar los posibles resultados de nuestras acciones. Pero, en última instancia, ¿quién tiene autoridad para tomar decisiones?

En la mayoría de las sociedades actuales se da por supuesto que los individuos tienen derecho a tomar las decisiones que les afectan. Pero ¿te has planteado alguna vez por qué tú, en particular, deberías tener algún derecho sobre las decisiones que más te afectan como persona? Esta cuestión apunta al núcleo de muchas disputas actuales.

Supongamos que lo que todos queremos, tú incluido, es que las cosas nos vayan bien. La mayoría de nosotros recordamos ocasiones en las que nos equivocamos e hicimos algo de lo que nos arrepentimos, o tomamos decisiones que hicieron que nos fueran mal las cosas. No siempre somos demasiado duchos en determinar qué es lo que puede hacer que nos vayan bien las cosas, no solo cuando se trata de complejas decisiones médicas, sino también en muchos otros ámbitos. Si lo que queremos es simplemente que las cosas nos vayan bien, quizá deberíamos dejar todas las decisiones en manos de expertos.

A la mayoría de nosotros algo así nos parecería una auténtica pesadilla. La idea de una sociedad dirigida por expertos que deciden qué y cuándo debemos comer, qué tipo de medicamentos debemos tomar y a qué tipo de procedimientos médicos debemos someternos, a qué puestos de trabajo debemos optar y de qué grupos sociales debemos formar parte, qué tipo de ejercicio debemos hacer, qué clase de pareja sentimental debemos tener, etcétera, no parece sino una especie de infierno aun en el caso de que «acertaran». Queremos conservar nuestro derecho a desechar el consejo de los «expertos». Pero ¿no es eso irracional? Se podría argumentar –y puede que con razón– que a veces los «expertos» se equivocan, y que, en cualquier caso, puede que no interpreten nuestros intereses tal como los vemos nosotros. Sin duda, es una posibilidad. Pero también es posible que estemos sujetos a impulsos autodestructivos igual de nocivos; que saldríamos ganando mucho si los expertos fueran las únicas personas con derecho a tomar las decisiones que nos afectan. Entonces, ¿por qué se nos atraganta ceder el poder de ese modo?

La respuesta natural es que nos han educado a cada uno de nosotros –al menos en una sociedad democrática– para considerarnos personas libres, con nuestros propios derechos y responsabilidades, y esperamos que nuestra libertad se reconozca y se respete. Piensa de nuevo en la situación en la que vuelves en ti tras sufrir un infarto y te planteas la cuestión de qué debes hacer. A fin de cuentas, eres tú quien debe evaluar la situación y decidir. No puedes limitarte a dejarte llevar por un grupo de expertos que te dicen que ellos saben mejor lo que te conviene. Al final, la decisión es tuya.

Sin embargo, en muchas decisiones importantes no es nuestro bienestar personal lo que está en juego, sino el de otra persona que no tiene la capacidad de decidir. Imagina que tu abuela se está muriendo y es improbable que recupere sus facultades; en este momento está inconsciente y con respiración asistida. Ella te ha dado potestad para desconectarla. ¿Deberías hacerlo? Y, de ser así, ¿cuándo? Bueno, un entusiasta de la inteligencia artificial podría decir que hay que dejar la decisión en manos de una máquina que tenga en cuenta las mejores evidencias médicas y estadísticas disponibles sobre los probables desenlaces. Eso podría implicar cálculos mucho más complejos de los que tú mismo podrías hacer, basados en todo tipo de detalles sobre tu abuela y los conocimientos médicos actuales. El problema es que en este tipo de situación eres tú quien ha de decidir, ya que así te lo ha pedido tu abuela. Debes tomar la decisión; no puedes dejársela a la máquina. No vale decir: «Bueno, la máquina me ha dicho que deje ir a la abuela, así que la desconecto». Quizá la máquina pueda darte argumentos y consideraciones relevantes que puedas tener en cuenta, pero tú tienes que entenderlos, sopesarlos y tomar la decisión definitiva. Ser una persona libre y autónoma implica que debes tomar por ti mismo una decisión basada en tus valores relativa a la persona que se ha puesto a tu cuidado, por más que antes de hacerlo escuches a muchas otras, o incluso a máquinas, y aun en el caso de que sigas sus consejos.

Tomar una decisión que solo nos atañe a nosotros parece distinto de decidir algo que afecta a un pariente anciano, un niño con cáncer o un bebé que no pueden hablar por sí mismos, o tomar decisiones sobre animales, o árboles, u objetos inanimados. Pensemos, por ejemplo, en la cría de animales. Si uno regenta una granja y quiere que su ganado prospere, hay siglos de ciencia y tradición en torno a cómo debería gestionarse, y esperamos que los granjeros y ganaderos utilicen esa información en la gestión de sus explotaciones. No nos molesta lo más mínimo que tomen esas decisiones sin consultar al ganado; con razón o sin ella, nosotros nos consideramos libres en un sentido en el que los animales no lo son. Hay una enorme diferencia entre que un científico nos aconseje sobre asuntos humanos y que el gerente de una granja decida si, por ejemplo, hay que vacunar o no al ganado. Reconocemos a los demás como individuos autónomos, y esperamos que ellos nos muestren el mismo respeto. (Parte de la angustia asociada a tomar decisiones en nombre de un pariente anciano o de un niño pequeño es que desearíamos poder consultar a la persona en cuestión, aunque no sea posible, porque creemos que es su derecho, no el nuestro; en cambio, tendemos a no sentir ese mismo tipo de inquietud con respecto a los animales.)

En algunos casos, necesitamos involucrarnos en una decisión no en nombre de un individuo que no puede decidir por sí mismo, sino como parte de un grupo o sociedad que comparte, colectivamente, la situación de ser la comunidad que se verá afectada por el resultado de dicha decisión. Aunque en el ejemplo del infarto es probable que rechacemos el proceso democrático de toma de decisiones, votar es una forma de incluir a los miembros de una comunidad en una decisión que les afectará. Al participar en la toma de decisiones colectiva, puede que debamos tener en cuenta múltiples intereses y valores contrapuestos, además de opiniones diversas acerca de qué datos son fiables y qué expertos son dignos de confianza. Más adelante analizaremos algunos métodos para lograr no solo que los grupos evalúen la información de forma colaborativa, sino también que cada uno de sus integrantes tenga en cuenta y sopese detenidamente los valores de los demás, mejorando así el que solemos considerar un proceso democrático, la votación.

También hay algunos casos especiales en los que la autoridad para tomar decisiones puede no recaer en las personas que se verán más afectadas por ellas. Esto no solo incluye las situaciones ya comentadas en las que las personas están incapacitadas para decidir, sino también otras circunstancias en las que es probable que los efectos de lo que alguien puede considerar una decisión personal se extiendan más allá de ese individuo concreto. Por eso se exige el uso del casco en las motocicletas, por ejemplo, o se faculta a los organismos de salud pública para decidir cuándo cerrar las escuelas durante una pandemia. Aun así, en la mayoría de los casos damos por sentado que son los propios individuos o comunidades quienes tienen derecho a decidir sobre aquello que les afecta.

POSIBLES TIPOS DE FALLOS

Así pues, un proceso de toma de decisiones adecuado será el que tenga los tres ingredientes que hemos comentado aquí: una información precisa obtenida de expertos fiables, una detenida consideración de los valores y una estructura que deposite la autoridad para tomar la decisión en manos de quienes se verán afectados por ella. Si el peso de alguno de esos ingredientes se ve drásticamente desequilibrado en relación con los demás, se produce un fallo evidente: sabemos que algo ha ido muy mal.

Por ejemplo, ¿qué ocurre si sobrevaloramos el papel de los conocimientos expertos en la toma de decisiones? Algunos filósofos políticos han hablado recientemente de una versión extrema de esta idea: la posibilidad de una «epistocracia», es decir, de una sociedad en la que se requiriera poseer determinados títulos académicos o conocimientos para participar en cualquier tipo de votación. Podría limitarse el voto a las personas que hubieran terminado el bachillerato, o a las que tuvieran un título universitario. O tal vez se dejara votar a todo el mundo, pero asignando un mayor número de votos cuanto mayor fuera la formación del ciudadano.[1]

Es obvio que, sean cuales fueren sus ventajas, la epistocracia presenta rasgos ciertamente problemáticos, tal como veremos más adelante en este libro. ¿Cómo podemos trabajar con científicos, pues, sin cederles demasiada autoridad? Como es evidente, los científicos no están en la posición de los gerentes de granjas con respecto al resto de nosotros, así que no queremos que nos traten como borregos. No queremos que ejerzan sobre nosotros ningún tipo de control que no les hayamos cedido. Esperamos hacernos cargo de los aspectos valorativos de nuestras decisiones. Y si los científicos pretenden influir en ellas, tienen que persuadirnos. Pueden explicarnos qué hechos creen haber descubierto y mostrarnos la praxis que han aplicado en su trabajo para asegurarse de obtener un resultado imparcial, de modo que luego podamos decidir por nosotros mismos si ese resultado nos parece o no convincente.

Eso significa que todo el mundo, sea científico o no, debe conocer en mayor o menor medida las técnicas que utilizan los científicos para llegar a sus conclusiones; como cabría esperar, se trata del mismo tipo de conocimiento que juzgábamos importante en nuestra capacidad para elegir a buenos expertos. Y, como ya hemos mencionado antes, no hablamos de misterios ocultos, sino de cosas que todos podemos aprender. Ese es uno de los principales objetivos de este libro.

¿Qué ocurre si sobrevaloramos el papel de la autonomía en la toma de decisiones? Este tipo de fallo se produce cuando el delicado equilibrio entre los elementos de una decisión se interpreta como una elección excluyente: «Puedes ceder tu libertad a los tecnócratas o puedes conservar tu libertad, rechazar sus supuestos conocimientos expertos e indagar por ti mismo». Esto último puede suponer, por ejemplo, pasar un par de cientos de horas mirando vídeos de YouTube y trabajar con aquello que nos «suene convincente». El problema, por supuesto, es que lo que nos suena convincente tiene tantas probabilidades de ser un error fatal como de ser acertado. Tenemos ciertos sesgos que nos inclinan a creer lo que dicen individuos especialmente carismáticos, por ejemplo, o a creer relatos que se hacen eco de prejuicios que ya teníamos, o que demonizan a personas que no nos caen bien (más adelante hablaremos de los sesgos con mayor detalle). Nuestra ceguera ante nuestros propios sesgos nos hace vulnerables a los errores, incluso a errores que podrían costarnos la vida, cuando utilizamos el sentido común para determinar lo que nos «suena convincente». Nos hallamos en la misma situación de un ejército bajo ataque cuyo radar ha sido desactivado: sencillamente no sabemos de qué tenemos que protegernos.

Otro tipo de fallo distinto es el que puede producirse si malinterpretamos el modo de garantizar que nuestros valores colectivos e individuales se sopesen adecuadamente frente a los conocimientos expertos en el proceso de adopción de decisiones e insistimos en que los científicos pertinentes se mantengan al margen del debate sobre los valores. Por supuesto, queremos que los científicos que trabajan en un problema concreto reflexionen también acerca de cómo podrían utilizarse los resultados de sus investigaciones, e incluso —como en el caso de la bomba atómica— acerca de si deberían utilizarse siquiera. De hecho, esperamos que una buena formación científica fomente también este tipo de pensamiento ético. No queremos que los científicos trabajen en la edición del genoma humano o leyendo el pensamiento en nuestro cerebro sin tener en cuenta las consecuencias de ello, tanto buenas como malas. Así pues, una manera más matizada de formular nuestro objetivo sería decir que queremos poder desligar los hallazgos objetivos de los científicos de su mejor juicio en relación con los valores en juego, dado que deseamos que sean expertos en los hechos pero meros participantes en el debate sobre los valores. Un experto en el que se pueda confiar debería ser capaz de ayudarnos a diferenciar entre estas dos funciones a la hora de asesorarnos.

Por supuesto, estos tres ejemplos de fallos no tienen carácter exhaustivo: hay toda clase de formas de romper el delicado equilibrio entre conocimientos expertos, valores y autonomía. Parte de nuestra tarea a la hora de decidir algo, ya sea individual o colectivamente, consiste en vigilar de cerca ese equilibrio y los procesos que conducen a la decisión. Curiosamente, también en este caso intervienen los conocimientos expertos. En concreto, los conocimientos necesarios para comprender el proceso (a veces democrático) empleado para tomar decisiones sociales, así como para analizar las consecuencias para la sociedad de una determinada propuesta política, a menudo constituyen en sí mismos otra forma de pensamiento científico: las ideas y los hallazgos de las ciencias sociales, como veremos a lo largo del libro, pueden resultar tremendamente útiles de cara a determinar el modo de adoptar decisiones conjuntas. Podemos mejorar la forma en que tomamos decisiones como sociedad de manera que se tengan debidamente en cuenta el razonamiento y las preferencias de todos.

Este tipo de conocimientos expertos también pueden revestir especial importancia para contribuir a reconocer valores y objetivos que antes solo habíamos tenido en cuenta vagamente, pero que parece provechoso –y necesario– incluir en el proceso de toma de decisiones una vez formulados. Por ejemplo, se ha revelado fructífero plantear la cuestión de las diferentes escalas temporales en las que tendrá efecto una determinada política social, o qué peso relativo asignamos a los intereses inmediatos de la población actual en relación con los de la población que habrá dentro de treinta años (o incluso dentro de treinta generaciones).

En última instancia, todas esas decisiones, desde las individuales hasta las que afectan a toda la sociedad, son meras apuestas. Rara vez tenemos la garantía de haber elegido la opción correcta. Este aspecto de los procesos decisorios también puede beneficiarse de los enfoques del pensamiento científico que analizaremos en posteriores capítulos, en particular las técnicas del «pensamiento probabilístico».

Todo lo que hemos tratado en este capítulo depende también de la idea de que existe una única realidad, igual para todos, y de que la ciencia puede mostrarnos el camino para explorar cómo son las cosas. Pero ¿por qué deberíamos pensar que la ciencia nos dice algo sobre un mundo que está «ahí fuera» y es igual para todos nosotros? ¿Por qué deberíamos pensar que el asombroso mundo del que la ciencia nos habla –con sus partículas y fuerzas diminutas, galaxias lejanas, radiación electromagnética, motivos ocultos y cambios repentinos del flujo sanguíneo en el cerebro– está realmente ahí, y lo está para todos? Si no tenemos un mundo común, tomar decisiones colectivamente deviene imposible. Este es el gran tema del próximo capítulo.

Capítulo 2
INSTRUMENTOS Y REALIDAD

Todos sabemos que hay disputas partidistas sobre cuestiones científicas. Por ejemplo, en muchos países, las personas de derechas tienden a creer que el cambio climático no supone un gran riesgo para el ser humano, mientras que las de izquierdas tienden a juzgar que entraña un gran peligro; o, en Estados Unidos, las personas de derechas tienden a creer que relajar la normativa sobre la posesión privada de armas de fuego no conlleva un aumento de la delincuencia, mientras que las de izquierdas tienden a creer que sí.

Es lógico suponer que eso tiene que deberse a que, ya sean los de un bando, ya los del otro, no entienden lo bastante bien los hechos científicos: los de nuestro bando los entienden; los del otro no. Si el problema se redujera a eso, quizá la forma de acercar posturas en este tipo de cuestiones sería aumentar el nivel de conocimiento científico de todo el mundo. Pero, de hecho, los sociólogos han constatado que hay personas con buenos conocimientos científicos en ambos extremos del espectro político, y que informar a la gente de «los hechos» rara vez basta para apaciguar las discrepancias políticas.

Como veremos más adelante con mayor detenimiento, a menudo tomamos partido en estos temas candentes basándonos no en las evidencias que observamos, sino en las identidades que asumimos. De hecho, la sofisticación científica puede utilizarse indebidamente como un modo de convertir las evidencias en armas; es decir, de encontrar formas de utilizarlas para promover nuestras creencias preferidas. Si eres de izquierdas y todos tus amigos piensan que el creacionismo es una idea descabellada, podrías pagar un importante precio social si afirmas creer que podría haber algo de cierto en ello. Saber algo sobre el tema te permite utilizar las evidencias para confirmar la creencia que ya tiene tu grupo social. Si eres de izquierdas y todos tus amigos creen que la escasa regulación de la tenencia de armas de fuego en Estados Unidos se traduce en mayores tasas de delincuencia y de mortalidad por este tipo de armas en dicho país, tendrás que pagar un precio si quieres explorar la idea de que la tenencia de armas de fuego impide que haya más delincuencia o de que regular las armas resulta ineficaz. Y será justo lo contrario si eres de derechas. Un poco de conocimiento, pues, solo nos proporciona una forma de defender los puntos de vista respaldados por nuestro grupo.

Bueno –se preguntará el lector–, ¿y hasta qué punto eso es un problema? A nivel individual, tendrás más éxito social, te llevarás mejor con los demás y tendrás una vida más fácil si te limitas a reflejar las opiniones del grupo que has escogido. Si cada uno disfruta yendo a la iglesia de su elección, ¿a quién le importa cuál es la «acertada»? Y, en cualquier caso, ¿existe realmente alguna noción de «acertar» que vaya más allá de estar a la altura de la propia comunidad inmediata, respetando las estructuras de poder que sustentan su vida? ¿Es posible que no exista nada parecido a una única «verdad» en la que, sean cuales sean nuestras lealtades partidistas, todos tengamos que estar de acuerdo?

LO ACERTADO, LO ERRÓNEO Y LA ASPIRACIÓN CIENTÍFICA

De hecho, la gente rara vez acepta esa imagen de la verdad como algo que puede ser diferente para cada persona. Independientemente del bando en el que uno se encuentre, pensará que los del otro bando se equivocan; que cometen errores graves y quizá peligrosos. No consideramos las diferencias de opinión en este tipo de debates, como las implicaciones de la tenencia de armas, del mismo modo en que las consideraríamos, por ejemplo, al hablar de qué canciones nos gustan o qué tipo de pizza pedir.

Aunque los académicos de algunos departamentos de humanidades universitarios se refieren a la propia ciencia como un mero conjunto de estructuras de poder entre otras muchas, la mayoría de los científicos coinciden con el resto de nosotros en pensar que cabe hablar de acierto y error en relación con los hechos básicos del mundo. De hecho, consideran que el propósito de la ciencia se reduce a averiguar qué es objetivamente acertado o erróneo. Los científicos intentan establecer que hay un mundo «ahí fuera» al que ellos se refieren; un mundo en el que lo acertado y lo erróneo –realidad y ficción– son independientes de nuestras estructuras de poder, así como de nuestros deseos acerca de en qué consiste la realidad.

Fijémonos, por ejemplo, en los procedimientos que los científicos utilizan realmente en su trabajo. Revisaremos muchos de ellos en los próximos capítulos (además de un conocido y emblemático ejemplo en este mismo, un poco más adelante), y, como veremos, dichos procedimientos no casan bien con la presunción de que los científicos intentan obtener un consenso mediante la intimidación. De hecho, su forma de trabajar ha sido generalmente la opuesta a la de un grupo de poder que insiste en imponer sus dogmas. La autoridad de la ciencia procede más bien de un incesante autocuestionamiento. Los científicos suelen partir de la exigencia de que, para cualquier punto de vista que estén considerando, pueda haber una forma inequívoca de demostrar que es falso si resulta serlo; y si no hay forma de demostrar que un determinado punto de vista puede ser erróneo, los científicos se mostrarán aún más cautelosos antes de afirmar que es acertado. Muchos de los grandes avances que celebran los científicos se han producido porque en un momento dado alguien demostró que una idea aceptada por los líderes de su disciplina sencillamente no podía ser correcta.

Las ideas que sobreviven a este proceso de cuestionamiento gozan de autoridad, pero no porque alguien poderoso haya insistido en imponerlas. Es justo lo contrario de un culto religioso que amenaza con el fuego o el olvido a quienes cuestionan sus creencias. En la ciencia el cuestionamiento es bienvenido, lo cual ilustra uno de los aspectos en los que esta constituye esencialmente un fenómeno social, pero un fenómeno social colaborativo que persigue la verdad, no de índole coercitiva. Este proceso de cuestionamiento y puesta a prueba, como el proceso de educar a un niño, requiere de toda una comunidad.

Llegados a este punto, deberíamos detenernos para dejar claro algo que se repetirá una y otra vez a lo largo de este libro. Los conceptos, principios y métodos operativos que consideramos esenciales para el pensamiento crítico para el tercer milenio constituyen la mejor praxis de la ciencia actual, que ha costado décadas refinar; representan lo que los científicos aspiran a hacer constantemente, o a mejorar, y que de hecho a menudo consiguen llevar a cabo. Pero la ciencia es una empresa humana. Todos conocemos ejemplos de individuos y organizaciones que no han sabido atenerse a esa praxis en constante mejora, e incluso de subdisciplinas científicas enteras que han hecho lo propio. A veces tales fracasos son consecuencia de una mala interpretación de la praxis, y otras se deben a motivos erróneos o a la creencia de que el fin justifica los medios. Sin embargo, cuando los científicos hablan de tales ejemplos no se enorgullecen de ellos: de inmediato los reconocen como fracasos. Lo que nosotros promovemos en este libro son aquellos aspectos del pensamiento científico que, en continua evolución, aspiran a favorecer nuestras mejores capacidades sociales. Los científicos no siempre están a la altura de tales aspiraciones, pero hemos aprendido que la ciencia progresa más cuando lo hacen.

Además, incluso cuando todo va bien y se sigue esta praxis, la ciencia no deja de ser «rudimentaria» en sus intentos de discernir la realidad externa. Hay una verdad «ahí fuera», pero las teorías y modelos que los humanos hemos desarrollado a lo largo de los siglos para revelar esa verdad suelen ser, en el mejor de los casos, meras aproximaciones a ella. Aceptamos que los modelos de los que disponemos suelen ser incompletos; suelen ser, como mucho, guías aproximadas de lo que cabe esperar. A veces nos encontramos con que tenemos diferentes modelos o teorías sobre lo que ocurre en un ámbito concreto, y utilizamos los que mejor se adaptan a los fines que perseguimos.

Con el tiempo desarrollamos nuestras teorías y modelos para que se aproximen más a la verdad. Podemos lograr –y en muchas ocasiones lo hacemos– la suficiente precisión en nuestra imagen científica de lo que ocurre como para obtener éxitos asombrosos basados en dicha imagen, un punto en el que apenas hace falta insistir. Hoy en día, la gente tiende a sorprenderse por las limitaciones de la ciencia y la tecnología actuales tanto como por sus múltiples éxitos, que a menudo se dan por sentados.

PASOS HACIA UNA REALIDAD COMPARTIDA

Pero esto plantea la cuestión de cómo vamos a llegar a un consenso sobre lo que hay «ahí fuera» en la realidad si ambas partes son capaces de convertir las evidencias en armas que encajen con sus ideas previas. ¿De qué modo lograr una interpretación común de cómo es la realidad?

Probablemente nuestra percepción más sólida de la realidad externa es la que proviene de nuestro sentido del tacto: si golpeamos una mesa con la mano, le damos un toquecito con el dedo o tropezamos con ella al atravesar una estancia a oscuras, estaremos bastante convencidos de que la mesa está ahí y es real. Así que empecemos considerando que nuestro camino más prometedor hacia una realidad compartida es el que implica que toquemos, sintamos, sujetemos, palpemos o empujemos cosas, y veamos la respuesta. Podemos hacerlo sin demasiado riesgo de conflicto: no hay disputas partidistas en torno a si la mesa está ahí o no.

Pero tocar algo corporalmente no es la única forma de hacerse una idea de su realidad: la mayoría de nosotros también estamos dispuestos a aceptar la realidad de algo que podemos tocar con un palo. De manera similar, aunque consideremos una norma probatoria el hecho de que algo se pueda ver «con los propios ojos», también permitimos el uso de lentes correctoras para verlo con más claridad. Incluso podemos estar dispuestos a mirar un pequeño insecto a través de una lupa y seguir teniendo la firme convicción de que estamos en contacto con la misma realidad que cuando observamos algo directamente sin lupa alguna.

Y, con el paso de los años, cada vez se nos ha ido dando mejor el uso de otros intermediarios de complejidad creciente que van mucho más allá de unas gafas o una lupa, y que nos siguen dejando la misma firme convicción de estar tropezándonos con la realidad. Tales intermediarios incluyen instrumentos que hoy podemos encontrar en nuestro propio bolsillo si llevamos encima un teléfono inteligente. De hecho, hoy podemos «ver», de una forma mucho más directa e interactiva, cosas que hace diez años nadie podría haber visto a menos que fuera a un sofisticado laboratorio, y que hace cien nadie podía haber visto en absoluto en ningún sitio. Podemos jugar mucho más con la «experiencia de la realidad» que antes.

Se puede ver un bonito ejemplo acudiendo a nuestro sentido del oído. Hoy es posible instalar una aplicación en el móvil que lo convierte en un analizador de sonidos, un «espectrógrafo», que nos permite visualizar las propiedades de los sonidos que emitimos al cantar, silbar, tocar un instrumento o hacer cualquier ruido. El gráfico adjunto es un ejemplo de lo que muestra este tipo de aplicación. Cuando silbas una nota, ves una línea en la pantalla; cuando silbas un tono más alto, ves que la línea se desplaza hacia arriba. Resulta de lo más sorprendente descubrir que, cuando cantas lo que crees que es una sola nota, lo que ves en la pantalla parece, en cambio, un acorde formado por muchas líneas distintas; y si cantas una nota más alta, todas esas líneas suben juntas. Haciendo esto te convences de una forma bastante visceral de que, cuando cantas, no emites una sola nota, sino un acorde compuesto por todos esos «armónicos», que es como llamamos a esos tonos más agudos que se mezclan con el tono que pretendes cantar.

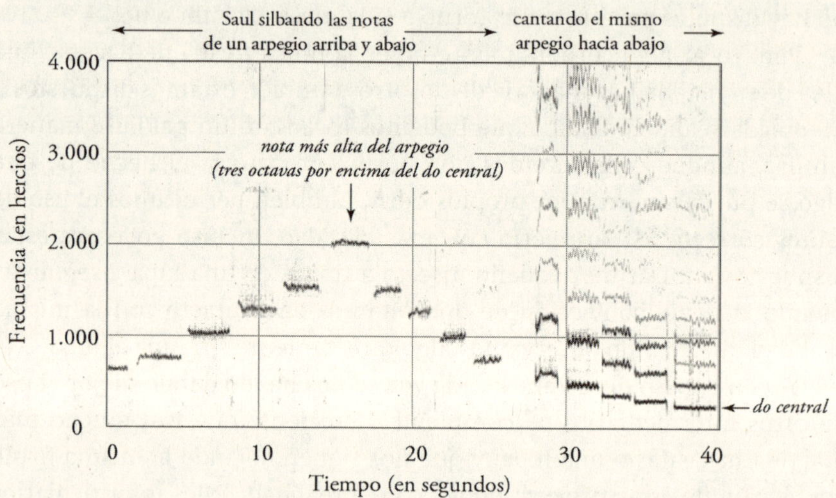

También puedes descubrir que al cantar diferentes sonidos vocálicos se obtiene un distinto número de líneas de armónicos. Si cantas «a», tendrás un montón de armónicos; si cantas «o», tendrás menos; si cantas «i», tendrás menos aún. Después de pasar un rato jugando con esta aplicación empiezas a sentir que esa es la realidad del sonido. Aunque no conozcas la teoría, comienzas a concebir el mundo sonoro de manera distinta porque has estado manipulándolo de una forma directa. (Nuestro sistema auditivo trata todas esas notas simultáneas e interrelacionadas –todos esos armónicos– como un único tono, pero con diferentes «timbres» que dependen de la mezcla de notas simultáneas que detecte; esta es una de las formas en las que diferenciamos entre, por ejemplo, un violín, una flauta y la voz de un tenor que emitan el mismo tono: aun sin un espectrógrafo, los violines, las flautas y los tenores siguen pareciéndonos distintos.)

No todos los instrumentos de medición nos inspiran esa misma sensación de haber aprendido algo sobre la realidad. Lo que tienen en común empujar una silla, golpear una mesa y cantar en el espectrógrafo es que todos ellos nos generan una sensación de exploración interactiva (un concepto acuñado por el filósofo de la ciencia Ian Hacking). La idea que subyace a la exploración interactiva es que resulta más probable que nos sintamos seguros de la realidad de algo que experimentamos si ese algo cambia en respuesta a algún estímulo nuestro. Por ejemplo, como la bola de billar rueda cuando la empujamos con el taco, empezamos a creer que esa imagen redonda que vemos es un objeto duro real con masa que existe en el mundo físico. La pantalla del espectrógrafo está un poco más alejada de la experiencia directa, pero también responde a nuestra manipulación, mostrando una línea que sube y baja cuando uno silba en un tono más alto o más bajo, y varias líneas cuando dos personas silban a la vez. De hecho, incluso hace que empecemos a creer en la realidad de cosas que no sabíamos de antemano; por ejemplo, que el timbre de nuestra voz es el reflejo de varios tonos distintos que se producen al mismo tiempo.

Una vez que hemos comenzado a pensar en cómo se agudiza nuestra percepción de la realidad mediante la exploración interactiva, resulta interesante (y, como veremos, revelador) observar una serie de ejemplos de situaciones en las que nuestros sentidos se ven potenciados por instrumentos que posibilitan diversos grados de interacción. Empezaremos con un par de ejemplos más del ámbito de la ciencia, y luego pasaremos a otros de la experiencia cotidiana.

Después de jugar con la aplicación del espectrógrafo de sonido, hay un experimento natural complementario que podríamos calificar de especialmente «bajo en tecnología». ¡Ni siquiera hace falta un móvil! A continuación te explicamos cómo hacerlo en casa. Necesitarás una ventana que reciba luz solar directa y una hoja de cartón con un pequeño agujerito que se pueda utilizar para tapar la ventana de manera que solo entre un haz de luz.

Luego, coloca un prisma en la trayectoria del rayo de sol y verás que este se despliega en un arcoíris de luz coloreada. Si haces pasar la luz de una linterna led a través del prisma, verás que solo surgen unas pocas líneas de color en lugar del arcoíris completo que producía la luz del sol. Si encuentras una vieja bombilla fluorescente o incandescente y también haces pasar su luz a través del prisma, verás que de este emergen diferentes líneas de color, pero, de nuevo, no el arcoíris completo. A todos esos tipos de luz los llamamos «luz blanca», pero parecen estar compuestos por colores distintos. ¿Qué se puede sacar en claro de todo esto? ¿Resulta el ejercicio del prisma tan interactivo como el del espectrógrafo de sonido?

Bueno, en cierto modo, el examen de la luz con un prisma se asemeja bastante al examen del sonido con un espectrógrafo. Tal como el espectrógrafo ilustra el hecho de que el sonido que oímos parece estar formado por muchos tonos distintos que se oyen todos a la vez, el prisma nos permite descubrir que la luz blanca está formada por muchos colores diferentes que se combinan para producir lo que vemos en la vida cotidiana. Y, tal como constatábamos en el espectrógrafo que un silbido produce un sonido muy limpio, con un único tono, también podemos comprobar que la luz led que pasa a través de un prisma no se divide en tantos colores como la luz del sol. Según vayamos jugando con diferentes fuentes luminosas, probablemente empecemos a convencernos de que lo que nuestros ojos solo son capaces de ver como luz blanca es en realidad un «acorde» de muchos colores distintos combinados, del mismo modo que el sonido de nuestra voz al cantar en un solo tono resulta estar formado por numerosas notas distintas combinadas. Y probablemente comencemos a aceptar que, en consecuencia, la luz es algo distinto de lo que nos dicen nuestros ojos por sí solos.

Si comparamos estos dos ejemplos de exploración interactiva, el sonido y la luz, puede que nos parezca genial poder trabajar con un simple prisma de cristal en lugar de tener que recurrir a una aplicación de móvil. El prisma es un objeto que podemos tocar. Nuestra mente no empieza a imaginar que en la aplicación puede haber cosas que no entendamos o maquinaciones ocultas que nos engañen. Es fácil convencernos de que la luz que sale del prisma es simplemente una modificación de la que entra en él. Y dada la simplicidad de un prisma de cristal, también podemos estar seguros de que lo que sale de este no es algo que nos esté mostrando un astuto programador informático en lugar de una representación fidedigna de la realidad.

Pero hay algo que puede no resultar tan satisfactorio en esta exploración interactiva de la luz con un prisma en comparación con la exploración del sonido con una aplicación de móvil: no podemos jugar con la variedad de fuentes de luz blanca en la misma medida en que podemos hacerlo con las fuentes de sonido. Si pudiéramos emitir rayos láser con los ojos y variar sus colores a voluntad –del mismo modo que podemos cantar en diferentes tonos–, ¿es posible que nuestro cerebro estuviera un poco más convencido de la realidad de la composición cromática de la luz blanca? A fin de cuentas, esa es la diferencia entre una exploración más interactiva de la realidad y otra algo menos interactiva.

Pero ¡la cosa podría ser peor! Comparemos estos ejemplos con lo que ocurre cuando queremos saber cómo está de viciado el aire de la estancia en la que nos encontramos y que, por tanto, respiramos. En los últimos años hemos descubierto que se trata de una cuestión importante. Conforme inhalamos oxígeno y exhalamos dióxido de carbono, el aire se va haciendo más «viciado», y al cerebro le resulta más difícil obtener el oxígeno que necesita para pensar con claridad. Por lo general esto no es un problema, dado que en una habitación de tamaño razonable hay mucho aire, y constantemente se filtra al interior algo de aire fresco con la consiguiente provisión de oxígeno. Pero si nos encontramos en una estancia sin demasiado flujo de aire y en compañía de muchas otras personas –pongamos por caso, en un aula universitaria durante una clase de una hora–, la proporción de dióxido de carbono del aire puede acumularse al tiempo que disminuye la de oxígeno. Los investigadores han realizado estudios sobre el rendimiento de la gente en pruebas cognitivas con distintos niveles de concentración de dióxido de carbono.[1] Los sujetos obtienen buenos resultados cuando la concentración es de 800 partes por millón (ppm) o menos; cuando la concentración es de alrededor de 1.000 ppm las pruebas cognitivas no salen tan bien, mientras que los resultados pasan a ser francamente malos cuando la concentración es de 1.200 ppm, una cifra que se aproxima a los niveles que habría en muchas aulas mal ventiladas al cabo de una hora.

En la actualidad es posible comprar un pequeño sensor que muestra la concentración de dióxido de carbono en el aire (además de la temperatura y la humedad, así que es un chollo). Pero nuestro sensor de dióxido de carbono no nos ofrece el mismo nivel de interactividad que otros instrumentos. Puede que consigamos que la cifra de dióxido de carbono de la pantalla aumente durante un minuto más o menos respirando por el orificio de entrada, pero eso es todo. En realidad no se puede jugar con este instrumento de forma interactiva, y es difícil saber a qué responde, ya que no tenemos otra manera de determinar cuánto dióxido de carbono hay alrededor del mismo modo que podemos reconocer diferentes notas e instrumentos musicales por el oído cuando jugamos con el espectrógrafo de sonido. Si yo le digo a alguien que hay más dióxido de carbono en la sala que cuando llegó, y que su función cerebral está empeorando a consecuencia de ello, es muy difícil que pueda constatarlo por sí mismo (y, obviamente, cuanto peor funcione su cerebro, más complicado será).

La conclusión es que resulta difícil hacerse una idea de «cuán real» es la cifra de concentración de dióxido de carbono. La aceptamos ciegamente. Que nosotros sepamos, las lecturas emitidas por el sensor podrían ser en realidad causadas por extraterrestres que nos envían transmisiones desde el espacio, y esos extraterrestres presumiblemente nos dan puntuaciones más altas cuando ven a alguien respirar en el orificio de entrada... Vale, probablemente no nos creeríamos algo tan extravagante, pero debe quedar claro que el sensor de dióxido de carbono no tiene la misma conexión inmediata con la realidad que nos brindan algunas de las herramientas que acabamos de comentar.

Merece la pena considerar un último ejemplo, dado que muestra una herramienta extremadamente sencilla, nada tecnológica, que nos ayuda a ampliar nuestros sentidos: el lápiz y el papel. En 1854 hubo una epidemia de cólera en Londres. Como nadie sabía qué la causaba, un médico llamado John Snow empezó a plasmar gráficamente las muertes por cólera en un mapa. Puso un pequeño puntito en cada lugar donde alguien moría de cólera, y comenzó a ver que todos los fallecimientos se concentraban en torno a una determinada zona, y que, cuanto más te alejabas de esa zona conflictiva, menos muertes había. Finalmente se dio cuenta de que en el centro de dicha zona había un pozo y una bomba que la gente utilizaba para abastecerse de agua, y que ese pozo en concreto se había contaminado. Quitó la manivela de la bomba para que nadie pudiera sacar agua, y las muertes por cólera empezaron a disminuir.

Este puede considerarse un ejemplo del tipo de prueba interactiva de la propia comprensión de la realidad del que estamos hablando. También constituye un ejemplo de una técnica científica de baja tecnología que usamos para contrarrestar una de nuestras debilidades. No se nos da muy bien recordar dónde suceden un gran número de acontecimientos a lo largo del tiempo; de ahí que la gente de Londres no viera la pauta subyacente a la ubicación de las muertes. Pero con lápiz y papel podemos registrar los acontecimientos y superar así los límites de la memoria humana y la limitada capacidad de nuestro cerebro para representar montones de datos espaciales. Estas herramientas nos permiten hacer algo que de otro modo no podríamos para percibir lo que ocurre en la realidad.

Desde los tiempos de John Snow hemos inventado cada vez más formas de ampliar nuestros sentidos y superar nuestros límites, por lo que podemos acceder a una parte cada vez mayor de la realidad del mundo. Y los instrumentos que nos permiten jugar de forma interactiva con cualquier fenómeno que se detecte nos ayudan a tener una mayor convicción de que no estamos limitándonos a inventar conceptos y nombres científicos de la nada: estos se perciben como tangibles, como reales, independientemente del nombre que les demos. No nos metemos en disputas sobre la realidad de esos fenómenos.

LA REALIDAD MÁS ALLÁ DE LOS SENTIDOS: VERIFICACIÓN DE LAS HERRAMIENTAS

Todos los animales, incluidos los humanos, tienen limitaciones en su capacidad de conocer el mundo. Los instrumentos del tipo que hemos descrito aquí corrigen las deficiencias de nuestra percepción de este, la más básica de las cuales es el hecho de que nuestras percepciones no nos dicen todo lo que ocurre; de ahí que necesitemos mecanismos correctores. Algunos necesitamos gafas. Para ver cosas muy lejanas, como las galaxias o planetas distantes, usamos telescopios; para ver cosas muy pequeñas, como las células, empleamos microscopios. Para muchos de nosotros resulta difícil distinguir entre un solo tono y un acorde: los analizadores de sonido antes mencionados nos permiten descomponer sonidos complejos en sus elementos constitutivos de una forma que la mayoría de nosotros no podría lograr sin ayuda. Normalmente vemos la luz del día como luz blanca indiferenciada: necesitamos un prisma para poder analizarla en toda su complejidad, para ver que en realidad está formada por rayos de distintos colores.

Pero ha costado mucho conseguir una aceptación generalizada de los instrumentos que utilizamos para analizar nuestro entorno. Pensemos, por ejemplo, en la electricidad. Para obtener información sobre las corrientes eléctricas utilizamos diversos instrumentos de medición: voltímetros, amperímetros y demás. Actualmente, en general, dichos instrumentos nos resultan familiares, de modo que damos por sentado que hacen lo que pone en la caja: «Si pone que es un "voltímetro", supongo que medirá voltios», nos decimos. Tendemos a olvidar que la propia existencia de tales instrumentos fue un logro en sí. ¿Cómo sabemos qué miden exactamente esos aparatos si los propios instrumentos parecen ser la única forma que tenemos de informarnos al respecto?

Veamos un ejemplo histórico: la primera vez que Galileo utilizó un telescopio, en 1609. Cuando Galileo apuntó por primera vez un telescopio hacia el cielo nocturno, realizó numerosas observaciones astronómicas básicas que no podría haber hecho sin él. Por ejemplo, descubrió que las lunas de Júpiter giraban alrededor del propio planeta. Hasta entonces, la verdad revelada en la Biblia había sido que todos los cuerpos celestes giraban en torno a la Tierra, de modo que las observaciones de Galileo se situaban sin duda en el núcleo de una encarnizada disputa partidista.

Sus críticos se apresuraron a argumentar que lo único que había demostrado era que, si juntabas varias lentes en un tubo de la forma apropiada, veías ante tus ojos una serie de manchas ciertamente peculiares. El telescopio, aducían, no tenía ninguna validez como modo de descubrir cosas sobre lo que estaba «ahí fuera».[2] Entonces, ¿cómo lo hacemos para argumentar que el telescopio es una manera de conocer la realidad?

Como ya hemos señalado, el enfoque de la ciencia ante este tipo de cuestiones es muy diferente del planteamiento basado en el poder, como ocurre, por ejemplo, con las sectas o, como en este caso, algunas religiones. Este ejemplo histórico concreto muestra bastante claramente la diferencia. Las sectas y las religiones basadas en la autoridad suelen insistir en la certeza de las verdades que han descubierto, y a lo largo de la historia han intentado imponer su aceptación sirviéndose de uno u otro tipo de coacción. Por ejemplo, el 22 de junio de 1633 la Iglesia católica mostró a Galileo los instrumentos de tortura utilizados por la Inquisición para incentivarle a aceptar que todos los cuerpos celestes giraban alrededor de la Tierra.

Los científicos, en cambio, no suelen recurrir a la coacción. Asumen el escepticismo. Se preguntan si en última instancia no podrían haberse equivocado. Partiendo de una perspectiva crítica, utilizan técnicas impersonales, basadas en reglas bien contrastadas, para poner a prueba las teorías que usan. En capítulos posteriores veremos muchas de dichas técnicas con mayor detalle. Pero todos estamos familiarizados con el tipo de preguntas que se plantean para discernir si una determinada observación de la realidad es certera o no: ¿cuántas observaciones se han realizado?, ¿todos los observadores han obtenido los mismos resultados?, ¿sabemos cómo funcionan los instrumentos que estamos utilizando?, ¿hay razones para pensar que tales instrumentos identifican –o no– el fenómeno que nos ocupa?, etcétera.

Así pues, el hecho de que en este ejemplo histórico Galileo pudiera reproducir de manera repetida las observaciones que hizo constituía una prueba fehaciente de que eran fiables. Obviamente, había un grave problema a la hora de comunicar esos descubrimientos a los demás, ya que en un inicio los telescopios se construían utilizando lentes de anteojos, y estas no eran de una calidad lo bastante alta como para sustentar una visión estable y precisa a largas distancias (y, en cualquier caso, la vista se consideraba más propensa a las ilusiones que el tacto). Galileo desarrolló entonces una serie de técnicas que le permitieron obtener imágenes mucho más nítidas y contundentes, pero, para convencer a la gente, había que poner a disposición de otros investigadores un número suficiente de tales instrumentos. Esto se logró al cabo de un tiempo, y desde ese momento cualquiera pudo empezar a comprobar lo que parecía revelar el telescopio, por ejemplo, observando objetos lo suficientemente cercanos para poder aplicarles cambios visibles (pongamos por caso, las vacas de un campo situado a cierta distancia). Todo esto, sin embargo, no era más que la puerta de entrada al proyecto global de Galileo, que consistía en demostrar que el cielo y la Tierra, por muy distintos que parezcan, contienen más o menos el mismo tipo de cosas, regidas por los mismos principios mecánicos. Durante siglos se había enseñado que la gloria celestial era completamente distinta de la terrenal. El trabajo de Galileo de cara a perfilar la idea de que, por ejemplo, podía aplicarse un mismo principio de inercia tanto a los cuerpos celestes como a los terrestres resultaría fundamental para que más tarde Newton encontrara un único conjunto de ecuaciones que regían para cualquier tipo de materia, fuera terrenal o celestial.

CONSTRUIR CON LO QUE SABEMOS: LA BALSA Y LA PIRÁMIDE

No existe, pues, una única «fórmula mágica» que valide las conclusiones de Galileo, sino más bien todo un entramado de consideraciones que se refuerzan mutuamente, y cada una de las cuales puede ponerse a prueba de forma independiente («¿hemos acertado con la refracción?», «¿obtienen todos los observadores los mismos resultados?», etc.). Podemos explicar esto usando dos imágenes clásicas de la estructura de la ciencia: la balsa y la pirámide. Veámoslo.

Cuando el etnógrafo y aventurero Thor Heyerdahl llevó su balsa, la *Kon-tiki*, en su viaje de Perú a la Polinesia en 1947, la tripulación predijo que los troncos con los que se había construido la balsa (de la madera del mismo nombre) podían embeber el agua durante el viaje y, con ello, quedar sumergidos bajo la superficie. De modo que llevaron consigo troncos de repuesto; así, si alguno de los troncos con los que estaba construida la balsa se empapaba y quedaba inservible para la flotación, podían quitarlo y reemplazarlo por uno de los troncos secos almacenados a bordo. Pero lo que no podían hacer, por supuesto, era desmontar y sustituir todos los troncos a la vez. Y en el momento en que quitaran cierto número de ellos, toda la balsa se desharía y ellos se ahogarían.[3]

Esta imagen de la balsa encaja bastante bien como metáfora del entramado de justificaciones que utilizamos para demostrar que un instrumento, como el telescopio, funciona y nos está dando la información que esperamos que nos dé. Imagina que pruebas a prescindir de toda creencia previa: no aceptas nada en absoluto del conocimiento actual y luego intentas reconstruir desde cero todo lo que sabemos. Eso implica desechar todo tipo de conocimientos –desde cómo determinar si la enfermedad de alguien se puede curar o no con antibióticos hasta saber si unas manchas en la piel son síntoma de sarampión, pasando por conocer los patrones de movimiento en el cielo nocturno–, y luego justificar todo lo que creemos desde cero, incluyendo, por ejemplo, qué vacunas funcionarán con qué enfermedades. Eso sería como tirar todos nuestros troncos para reconstruir la balsa desde el principio: no tendríamos suficiente con lo que trabajar; nos ahogaríamos. Pero lo que sí podemos hacer es poner a prueba individualmente cada proposición, manteniendo estable en su mayor parte la base de conocimientos, y desechar y reemplazar las ideas que no superen dicha prueba. Teniendo en cuenta la mayor parte de nuestro bagaje actual de conocimientos médicos, por ejemplo, podemos volver atrás y revisar si una determinada vacuna protege realmente frente a una determinada enfermedad. Y, de manera similar, para cada proposición médica en la que creamos, podemos, manteniendo constante el resto del bagaje de conocimientos, revisar y evaluar si es correcta.

Una imagen alternativa a la de la balsa es la pirámide. En este caso, la idea es visualizar la ciencia organizada en capas, formando una estructura donde las capas superiores dependen de las inferiores. Esto difiere bastante de la metáfora de la balsa, en la que no concebimos que algunos grupos de troncos sean más importantes que otros. En esta imagen hay un nivel básico de creencias científicas que sustentan todo el resto, y no podríamos cuestionarlas sin que todo se derrumbara.

Ninguna de estas dos metáforas resulta del todo satisfactoria. Pero la de la balsa se ajusta mejor a la naturaleza prudente, escéptica y provisional del planteamiento que actualmente adoptan la mayoría de los científicos. No hay proposiciones que no puedan ponerse en tela de juicio y, tal vez, desecharse y reemplazarse. Pero, al hacerlo, deberíamos tener en cuenta el carácter «local» del cuestionamiento que planteamos: solo podemos plantear y responder preguntas sobre la justificación de cualquier proposición dada si mantenemos fijos algunos otros elementos, al igual que solo podemos comprobar y sustituir los troncos de la balsa de uno en uno; pero toda proposición puede ser cuestionada en su momento, del mismo modo que cualquiera de los troncos puede comprobarse y reemplazarse individualmente.

La metáfora de la balsa también refleja otro aspecto crucial de la ciencia: cada elemento de nuestro conocimiento científico, cada tronco de la balsa, solo adquiere su fuerza si se apoya en todos los demás troncos –elementos científicos– con los que se halla interconectado. Confiamos en una parte de la ciencia porque hay muchas otras partes que, juntas, la sustentan. En ese sentido podría decirse que «triangulamos» una serie de evidencias distintas para confiar en alguna otra evidencia; así funciona la balsa científica. Como veremos, esta triangulación constituye una parte crucial de aquello que hace posible mantener el contacto con el mundo real de «ahí fuera» y seguir construyendo una imagen compartida de la realidad, incluso en situaciones en las que no podemos tener ese contacto directo e interactivo que sentimos cuando golpeamos la mesa con el puño (¡o nos golpeamos el dedo gordo del pie contra ella!).

De ahí que, cuando utilizamos instrumentos de la forma mencionada para averiguar, por ejemplo, la composición de la luz solar ordinaria, normalmente no nos basemos en un solo resultado. Como acabamos de ver, hay muchos tipos de instrumentos diferentes que podemos usar, y cada uno de ellos se puede emplear de muchas maneras distintas. Luego utilizamos todos esos resultados para triangular el fenómeno que nos interesa.

TOMAR DECISIONES BASÁNDOSE EN LA REALIDAD CUANDO NO ES POSIBLE LA EXPLORACIÓN INTERACTIVA

¿Qué nos dice esto acerca de cómo abordamos las decisiones, especialmente cuando hay que tomarlas con otras personas, o con toda una sociedad? Quizá lo más extraordinario sea constatar que todos esos instrumentos prácticos que amplían lo que podemos percibir con nuestros sentidos nos están ayudando de forma inequívoca a identificar una realidad común, compartida, que está «ahí fuera» en el mundo. Después de jugar con esos instrumentos y tratar de entender algo sobre el sonido, la luz o el cólera, a nadie le da por decir cosas tales como: «Bueno, puede que las luces de led y la luz solar se comporten de este modo para ti, pero de otro distinto para mí». Lejos de ello, tendemos a comparar notas y a mostrarnos mutuamente los resultados obtenidos de los instrumentos con el objetivo de comprender algo juntos; quizá para identificar una causa crucial del cólera, y, en el mejor de los casos, poder emplear ese conocimiento para actuar de manera eficaz en el mundo, por ejemplo, impidiendo que la gente beba agua contaminada.

Este tipo de interacciones con el mundo, directas pero mediadas por instrumentos, pueden brindarnos algo de esa misma confianza en nuestro conocimiento aproximado de él que sentimos cuando evitamos chocar contra una sólida y pesada mesa al atravesar una habitación. Cuanta más experiencia tengamos con los mejores ejemplos interactivos, mayor será nuestra confianza en que es posible saber cosas importantes sobre el mundo con base en las cuales podemos actuar, y en que como individuos, grupos y sociedades podemos confiar en esos fragmentos clave de conocimiento que nos permiten ser eficaces, y a veces contundentes, a la hora de resolver problemas o crear oportunidades.

También debemos reconocer los casos en los que, actualmente, tenemos dificultades con nuestra percepción de la realidad. Supongamos que nuestro contacto más estrecho con la realidad se produce cuando nos ponemos a manipular y jugar con datos de entrada (*input*) y observamos luego los datos de salida (*output*). Hay, no obstante, circunstancias en las que tenemos que tomar decisiones en el mundo –como individuos o grupos, o como sociedad– y en las que nos hallamos en desventaja porque no podemos jugar con el *input* y luego ver qué pasa con el *output*, lo que nos hace recelar más de nuestro contacto con la realidad. Es fácil pensar en todo tipo de ejemplos de ello. En medicina, el sistema con el que tratamos –el cuerpo humano– es increíblemente complejo, y aunque los médicos pueden interactuar directamente con él, no pueden permitirse el lujo de ir probando cosas distintas. También resulta complicado para un médico saber con cuál de las numerosísimas variables involucradas debe jugar; y, para empeorar aún más las cosas, algunas de dichas variables son difíciles de ver, como las bacterias microscópicas. Tal vez la política exterior se enfrenta a un sistema similar por excesivamente complejo, y lo que está en juego puede ser de tal envergadura que lo último que queramos hacer sea andar con jueguecitos. (Podría decirse que cualquier sistema que involucre a seres humanos probablemente tiene un número desorbitado de variables.)

De hecho, ambos son también ejemplos de otro factor que puede dificultar que sepamos de una forma interactiva que estamos tratando con la realidad: son situaciones en las que no puedes repetir; solo puedes actuar una vez. Como cosmólogo, Saul se interesa por cualquier fenómeno basado en una escala de tiempo muy distinta de aquellas con las que estamos acostumbrados a interactuar. Nos sentimos más a gusto cuando el tiempo de respuesta parece inmediato, aunque podemos tolerar la idea de tener que esperar a ver aparecer una respuesta en una pantalla en el transcurso de, ¡bueno!, pongamos un par de días. En cuanto empezamos a hablar de cosas que se mueven en una escala temporal de años, o décadas, perdemos la sensación de interacción directa, y eso que se trata de periodos inferiores a nuestro tiempo de vida. Cuando tratamos con fenómenos que tardan siglos o milenios en producirse resulta muy difícil tener la percepción de que los datos que recogemos nos ayudan a entrar en contacto con esa realidad. No es que la interactividad se haga imposible (enseguida hablaremos de esos casos), sino que la demora entre el *input* y el *output* es tan grande que al final no está claro si el *output* obtenido es siquiera consecuencia del *input* que hemos introducido. Obviamente, este problema afecta a nuestra capacidad de decisión en temas como, por ejemplo, el cambio climático.

Hoy en día todas las sociedades del globo toman decisiones que afectarán a la trayectoria de la vida en la Tierra durante mucho tiempo. Pero no obtenemos información inmediata sobre las consecuencias de tales decisiones. No podemos «esperar a ver qué pasa» si reducimos las emisiones de dióxido de carbono, como tampoco podemos esperar a verlo si no las reducimos. Apenas hay sensación de interactividad en el sistema, ya que el resultado está demasiado lejos en el futuro. Eso es un problema para la ciencia tanto como para la política y los gobiernos. En cuanto la escala temporal se alarga lo suficiente, sabemos que también tendrán la oportunidad de intervenir muchas otras variables, no solo la que nosotros estamos manipulando y de la que queremos ver la respuesta.

En todos estos ejemplos no es que no exista ninguna realidad «ahí fuera», sino que hay numerosas cuestiones cuya realidad nos resulta muy difícil establecer. Eso deja mucho margen para el debate. Pero la ciencia no se rinde cuando las cosas se ponen difíciles. Lejos de ello, se han inventado nuevas herramientas científicas e ideado ingeniosos experimentos que pretenden «triangular» la realidad para ayudarnos a afrontar las situaciones en las que la interactividad se hace más difícil e, idealmente, proporcionan un vínculo a una interpretación compartida de la realidad en estos casos. No podemos retirarnos cada uno a nuestro rincón y hacer como si no importara que dos personas o grupos actúen con base en ideas contradictorias acerca de cómo es realmente el mundo. Además, si de verdad intentamos averiguar aspectos de la realidad que son difíciles de comprender de manera directa, tenemos que buscar de forma proactiva a personas con una imagen distinta de la realidad para que nos ayuden a «triangular» lo que verdaderamente está ocurriendo en el mundo habida cuenta de que nos resulta difícil averiguar por nosotros mismos en qué podríamos equivocarnos. Como veremos en el capítulo 10, también podemos intentar aprovechar lo mejor de la exploración interactiva en escenarios aún más complicados adoptando estrategias que busquen una combinación de enfoques experimentales y mejoras iterativas.

Este planteamiento basado en el uso de la triangulación y la exploración interactiva para construir una imagen compartida de la realidad nos habla claramente no solo de en qué consiste el mundo, sino también de qué está afectando a qué. En el próximo capítulo nos centraremos específicamente en este tema de las relaciones causales, tan crucial para los procesos de toma de decisiones y la planificación en el mundo.

UN EPÍLOGO LÚDICO

He aquí un divertido ejercicio mental que el lector puede probar a realizar con otra persona, y que constituye una forma de ilustrar hasta qué punto compartimos ya cierta percepción de la realidad. Considera cada uno de los conceptos de la siguiente lista y pídele a la otra persona que haga lo mismo. ¿Cuáles de ellos estáis ambos razonablemente seguros de que hacen referencia a algo que existe realmente en el mundo, y cuáles son solo elementos imaginarios de nuestros relatos interiores?

Un objeto que ves ante ti.
Un objeto que ves a través de un cristal.
Un objeto que ves a través de una lupa.
Un objeto que ves a través de un microscopio.
Gérmenes que causan enfermedades.
Un objeto cuya existencia deduces comparando la masa y la energía medidas en las partículas que han entrado en un aparato experimental con la masa y la energía de las partículas que han salido de dicho aparato.
La duración temporal: «un intervalo de tiempo de cinco horas».
La gravedad.
El alma.
La luz en sí, por oposición a las cosas que ilumina.
El hambre.
El amor romántico.
La belleza.
La inflación en economía.
La preferencia de la gente por la canción *Yesterday*.
El altruismo.
La inspiración.

Nos gusta este ejercicio mental porque refleja una de las formas en que la ciencia y la filosofía son difíciles, pero divertidas a la vez. (Suponemos que el lector y su colega lo estaréis pasando tan mal como nosotros para llegar al final de la lista.)

Capítulo 3

HACER QUE PASEN COSAS

La ciencia puede transformar nuestra imagen ordinaria del mundo. Más allá de aquellos de sus rasgos que resultan fáciles de observar –montañas y ríos, mesas y sillas, personas y mascotas–, hoy somos conscientes de que existe un importante sustrato de elementos relevantes que antes no podíamos percibir, como las células biológicas, las partículas físicas fundamentales o el lento pero inexorable desplazamiento de las placas continentales. Pero la ciencia no se limita solo a identificar una lista de los elementos –y de los animales, vegetales y minerales– que componen la realidad material: también se ocupa de averiguar cómo estos interactúan y se influyen mutuamente.

Las causas y efectos devienen las manivelas y palancas que giramos y accionamos para transformar nuestro mundo. Sin el conocimiento de las causas y efectos seríamos meros espectadores de todo lo que ocurre, sin ninguna capacidad para reflexionar acerca de cómo intervenir e influenciar, manipular o cambiar las cosas para marcar una diferencia en nuestra propia capacidad de prosperar y sobrevivir (por ejemplo, observando que podemos afilar piedras cortándolas en lascas o hacer que los niños dejen de llorar al abrazarlos). Pero ¿cómo llegamos a conocer esas palancas y manivelas? ¿Cómo llegamos a conocer el mundo no solo como observadores, sino como actores capaces de intervenir en él y modelarlo?

A continuación examinaremos los problemas que nos plantea el enrevesado mundo real cuando intentamos averiguar qué causa qué y las técnicas que nos brinda la ciencia para ayudarnos a resolverlos. Sospechamos que muchos lectores ya estaréis familiarizados con la sentencia de que «la correlación no implica causalidad», con la que tal vez os hayáis tropezado en una clase de ciencias en el instituto o de filosofía en la universidad. Pero merece la pena analizar con detenimiento la concepción generalizada con base en la cual determinamos realmente la diferencia entre ambas, puesto que dicha concepción es la que nos permite descubrir las palancas para cambiar el mundo. El objetivo es que todos estemos en la misma onda en este aspecto, de manera que primero podamos ponernos de acuerdo en torno a qué causa qué, y luego podamos explicarles a otros cómo hemos llegado a esa conclusión.

CORRELACIÓN Y CAUSALIDAD

Imagina que un grupo de científicos realiza una encuesta entre la población –quizá en varios países distintos– con el fin de averiguar los factores de riesgo de la osteoporosis, una enfermedad que debilita los huesos, y descubre que, entre las personas entrevistadas, las que consumen más de dos copas de alcohol al día tienen más probabilidades de padecerla.[1] Al leer los resultados de la encuesta, te preguntas con inquietud si eso significa que tú personalmente debes reducir tu consumo diario de alcohol, cosa que los resultados de la encuesta no dejan claro. Una posibilidad con respecto al posible vínculo entre el consumo de alcohol y la osteoporosis es que las personas que toman más de dos copas al día tienden a tener también un estilo de vida sedentario, y eso es lo que produce la osteoporosis. En ese caso, puedes seguir manteniendo tu consumo de alcohol siempre que también hagas varias caminatas a buen paso cada semana y quizá añadas también algunos ejercicios ligeros de pesas. Otra posibilidad es que sea el propio alcohol el que cause la osteoporosis, en cuyo caso, en efecto, si no quieres padecer osteoporosis deberás limitar tu consumo de alcohol. ¿Cuál de las dos es, pues, la respuesta? ¿Y cómo podemos saberlo?

¿Por qué es difícil averiguar qué causa qué? He aquí el problema básico. Se empieza observando que dos factores están relacionados entre sí; por ejemplo, que las personas que consumen más alcohol tienen más probabilidades de padecer osteoporosis. El problema es que hay muchas estructuras causales distintas que podrían explicar esa relación. Considera las posibilidades de la página siguiente.

Todos estos modelos describen posibles patrones causales que podrían explicar la asociación entre el consumo de alcohol y la osteoporosis. En el modelo A, que nuestros datos ya descartan, estos dos factores no guardan absolutamente ninguna relación, o bien la correlación entre

Modelo A: No se observa correlación alguna

Consumo de alcohol *Osteoporosis*

Modelo B: El nivel de consumo de alcohol es causa de osteoporosis

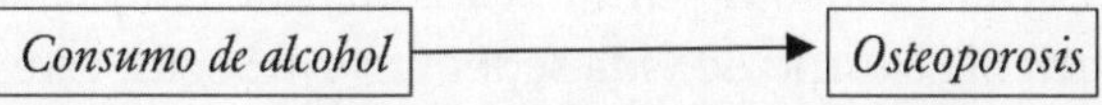

Modelo C: La osteoporosis es causa del nivel de consumo de alcohol

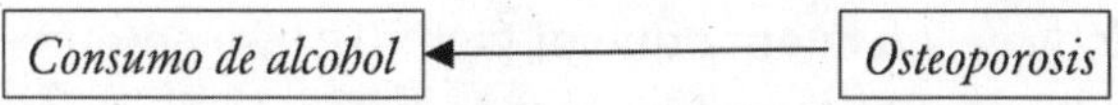

Modelo D: La osteoporosis y el nivel de consumo de alcohol son ambos efectos de un estilo de vida sedentario

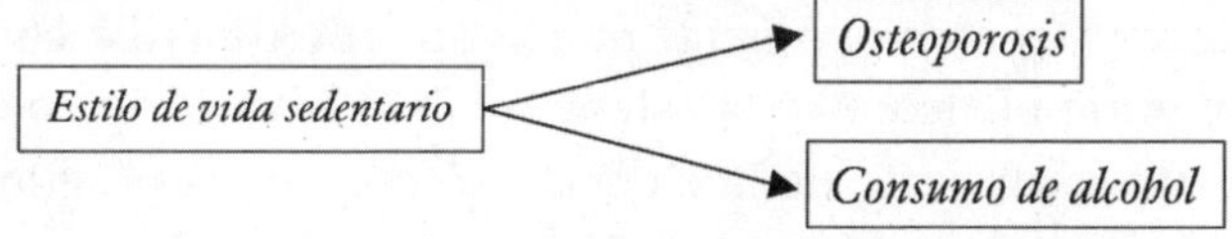

ellos es tan pequeña que resulta insignificante en la práctica. Pero los tres modelos restantes siguen siendo explicaciones viables, y no sabemos cuál de ellas es la correcta.

El modelo B es el tipo de interpretación que adoptan muchas personas cuando encuentran una correlación entre un comportamiento y un estado patológico. En este modelo, el alcohol aumenta el riesgo de osteoporosis, y la consecuencia es que debemos reducir el consumo de alcohol si queremos reducir ese riesgo. Ahora bien, aunque hay muchas razones por las que podría resultarnos beneficioso reducir el consumo de alcohol, si creemos que por lo demás este último no nos supone ningún problema, es posible que queramos contar con más evidencias antes de reducirlo basándonos únicamente en esta correlación.

El modelo C también postula que la correlación observada es causal, pero en este caso la causalidad es inversa. En nuestro ejemplo, puede parecer poco verosímil que la osteoporosis provoque un mayor consumo de alcohol, pero no es del todo imposible. Y, de hecho, si reemplazáramos «osteoporosis» por «desempleo», el modelo C podría parecer una alternativa plausible al modelo B. (Y tal vez exista un vínculo entre el desempleo, la osteoporosis y el consumo de alcohol.)

Por último, el modelo D sugiere que la correlación observada no es directamente causal, o al menos no se debe a una influencia causal directa de la osteoporosis en el consumo de alcohol o viceversa. En su lugar, ambas están correlacionadas porque cada una de ellas está causada por una tercera variable («estilo de vida sedentario»). Según este modelo, puede que queramos reducir el consumo de alcohol, pero no deberíamos esperar que ello reduzca el riesgo de padecer osteoporosis: sería más eficaz adoptar un estilo de vida físicamente más activo para mejorar la salud ósea. Téngase en cuenta que el factor «causa común» no tiene por qué ser necesariamente el «estilo de vida sedentario», ya que existen numerosos terceros factores posibles (conservantes alimentarios, radón, contaminación, extraterrestres...), y los investigadores podrían tardar décadas en descubrir cuál de ellos es el más importante.[2]

Entonces, ¿cómo averiguar qué postulado describe con exactitud la relación entre el alcohol y la osteoporosis? Ese es el tipo de cuestión que aborda una gran parte de la ciencia. Nótese que la pregunta presupone que ya hemos observado la correlación pertinente. Para ello necesitamos hacer buenas mediciones de cada variable, que nos permitan utilizar métodos estadísticos para determinar si están correlacionadas y establecer que el nivel, intensidad o cuantía de un factor aumenta cuando lo hace el otro y disminuye cuando lo hace el otro.

Por ejemplo, durante los últimos doscientos años el precio del pan en Inglaterra ha aumentado de forma constante, y lo mismo ha ocurrido con el nivel del mar en Venecia.[3] Dudamos de que haya muchos estudiantes de doctorado dispuestos a jugarse su carrera investigando esa correlación como tema de su tesis: sencillamente, no parece muy plausible (más adelante en este mismo capítulo hablaremos con más detalle sobre lo que se entiende por *plausibilidad*). Hay muchos casos en los que dos factores dados experimentan una variación paralela, y tratar de imaginar alguna red causal que pueda conectarlos da ocasión a un creativo divertimento: buscando en internet «correlaciones espurias» pueden encontrarse numerosos ejemplos de ello. Incluso existe un sitio web en inglés dedicado a este tema, «Spurious Correlations». Según este sitio, por ejemplo, entre 2000 y 2009 el consumo de queso per cápita aumentó de forma constante en Estados Unidos, y también lo hizo, exactamente al mismo ritmo, el número de personas que fallecieron enredadas en sus sábanas.

Ahora bien, podría ser teóricamente posible que el nivel del mar en Venecia provocara un aumento del precio del pan británico, por ejemplo, si Venecia fuera un importante exportador de trigo a Inglaterra. Pero sabemos que no es así. Y resulta aún más difícil pensar en una buena razón por la que los precios del pan inglés podrían aumentar el nivel del mar de Venecia. Hay dos opciones más plausibles. Una es similar a nuestro modelo D: podría haber un tercer factor que causara ambas variables, pongamos por caso algún tipo de patrón climático continental. Pero hay otra posibilidad, y es que la aparente correlación que observamos en nuestra muestra de datos haya surgido por puro azar y resulte altamente improbable que la volvamos a observar si obtenemos nuevas muestras de datos. En otras palabras: nuestra muestra de datos nos ha engañado, y el modelo correcto en este caso es el modelo A (no hay relación alguna).

Para intentar descartar esta posibilidad, los investigadores utilizan métodos estadísticos destinados a comprobar si la correlación observada en el conjunto de datos en cuestión es mayor de la que cabría esperar si se debiera únicamente a variaciones aleatorias de cada variable. Cuando los científicos dicen que una relación es «estadísticamente significativa» se refieren justo a eso; no están afirmando que dicha relación tenga alguna significación práctica para nuestra vida. Lo que intentan averiguar es si no hay ninguna red causal que sustente la relación, como en el caso del precio del pan y el nivel del mar, o el modelo A, o bien si hay alguna red causal que la explique, que podría ser del tipo que encontramos en cualquiera de los modelos B, C o D.[4]

Así pues, ¿cómo averiguamos si el consumo de alcohol es, de hecho, una causa de osteoporosis? ¿Cómo reducimos el número de posibles estructuras causales que podrían explicar la correlación que hemos encontrado?

No es fácil averiguar qué causa qué, pero resulta esencial si queremos reducir determinados factores no deseados en nuestra vida y fomentar, en cambio, los que nos parecen más deseables. Consideremos el caso de un virus que se está propagando en nuestra comunidad. Es genial saber lo que ocurre y por qué leyes científicas se rige: que hasta ahora el nivel de contagio es tal o cual, que podemos esperar que dentro de un año sea diez veces mayor, etcétera. Pero aquí no somos meros espectadores: queremos saber cómo podemos cambiar las cosas. ¿Afectará el uso de mascarillas a los niveles de contagio? ¿Influirá el tipo de alimentos que ingerimos en el impacto que tendrá el virus en nosotros? ¿El distanciamiento social sirve realmente para evitar que se transmita el virus entre personas? Todas estas son preguntas sobre causas y efectos. Para que la ciencia sea realmente útil, tiene que darnos algo más que una imagen detallada de cómo es el mundo y de lo que nosotros, como observadores, podemos esperar que ocurra. Tiene que hablarnos de sus causas y efectos, y proporcionarnos información que nos ayude a determinar qué hacer: cuáles serán los resultados de nuestras acciones a la luz de dichas causas y efectos. Si la ciencia no nos dice qué causa qué, es difícil ver cómo podría tener alguna relevancia de cara a adoptar decisiones prácticas.

EXPERIMENTACIÓN: LA «REGLA DE ORO» PARA PROBAR LA CAUSALIDAD

A lo largo de varios siglos, los científicos y pensadores han identificado diversos criterios para diferenciar entre posibles modelos causales y encontrar el que mejor puede explicar las correlaciones observadas en cada caso. Más adelante enumeraremos los más importantes, todos los cuales siguen utilizándose hoy día. Pero queremos empezar por el número uno, el mejor método que hemos identificado hasta la fecha: el método experimental.

El reto básico al que nos enfrentamos es que, si lo único que podemos observar son correlaciones, mientras que la causalidad nos pasa desapercibida en la medida en que subyace a dichas correlaciones, ¿cómo podemos llegar a conocerla? Dado que lo único que podemos obtener son nuevas correlaciones, históricamente este rompecabezas fundamental ha llevado a los científicos a mostrarse extremadamente escépticos ante la propia idea de poder establecer siquiera la existencia de determinadas conexiones causales. Pero la respuesta en la que en la actualidad nos basamos es que una forma crucial de averiguar la causalidad es comprobar qué correlaciones observamos en condiciones experimentales.

En el lenguaje popular, un *experimento* significa simplemente «probemos algunas cosas y veamos qué ocurre», pero el concepto que nosotros tenemos en mente resulta un poco más riguroso.[5] Un experimento científico es un procedimiento que tiene dos características clave: de entrada, «probamos algo» para ver qué ocurre –«intervenimos» en el sistema causal–; pero también lo hacemos de un modo tal que nos ayude a descartar la influencia de cualquier posible causa distinta de la que estamos poniendo a prueba.

Antes de hablar de la lógica de la intervención, veamos cuál es la receta científica para descartar otros factores causales. Un primer ingrediente es que tratamos de estandarizar el mayor número de factores posible; es decir, intentamos que no varíen por razones irrelevantes. Por ejemplo, si estamos probando si un nuevo método de instrucción es eficaz, querremos minimizar las diferencias en la forma de dar las indicaciones pertinentes a distintos sujetos o en distintas sesiones (por ejemplo, proporcionando un plan didáctico y un guion), e intentaremos utilizar un método coherente para medir el rendimiento de cada sujeto (por ejemplo, utilizando siempre las mismas preguntas de evaluación).

El segundo ingrediente es un grupo de control. En nuestra prueba del nuevo método de instrucción, el grupo de control sería un grupo de estudiantes que no recibiera instrucción con dicho método, ya fuera porque no recibiera instrucción alguna, o porque la recibiera, por ejemplo, con otro método más tradicional que el que estamos estudiando. Podemos observar a alguien que ha experimentado nuestro nuevo método de instrucción, pero, para saber si este ha tenido alguna relevancia, debemos inferir cómo le habría ido de no haberlo experimentado, un concepto que los teóricos y estadísticos denominan hipótesis o escenario contrafactual, o contrafáctico.

Para que el grupo de control y el grupo de «tratamiento» sean lo más similares posible, podemos tratar de emparejarlos al máximo. Por ejemplo, por cada mujer de dieciséis años que asignemos a nuestro grupo de tratamiento podemos reclutar a otra de la misma edad para que forme parte del de control. Aunque actualmente los métodos de emparejamiento resultan bastante sofisticados, lo que esta técnica permite conseguir tiene un alcance limitado, dado que solo controla específicamente aquellas variables que hemos decidido «emparejar»; en este caso el sexo y la edad, pero no otras diferencias como, por ejemplo, la situación económica, la nutrición, el estrés, etcétera.

No fue hasta principios del siglo XX cuando los científicos (entre los que cabe destacar al estadístico Ronald Fisher) se dieron cuenta de que había una forma de controlar cualquier variable irrelevante, y no solo las que conocemos. La forma de hacerlo es asignar aleatoriamente los sujetos a los dos grupos del experimento. Estadísticamente, si lanzamos una moneda al aire para decidir, de un conjunto de cien personas, cuáles formarán parte del grupo de tratamiento y cuáles, del grupo de control, es probable que acabemos con aproximadamente el mismo número de mujeres en cada grupo, con el mismo número de jóvenes de dieciséis años en cada grupo, y, de hecho —y eso es lo extraordinario del caso—, con el mismo número de sujetos en cada grupo para cualquier variable concebible, incluidas las que nunca se nos ocurriría estandarizar. Por ejemplo, habrá más o menos el mismo número de fans de Taylor Swift en cada grupo, el mismo número de personas con el signo zodiacal de Libra, el mismo número de entusiastas del golf, el mismo número de sujetos que han llegado con hambre, etc. De ahí que la asignación aleatoria se considere la «regla de oro» del método experimental.[6]

NO TE QUEDES AHÍ PARADO: ¡HAZ ALGO!

Las ideas derivadas del aprendizaje automático sobre la relación entre intervenciones y causalidad supusieron un auténtico bombazo para John cuando supo de ellas en 2002. Como filósofo, había estado dándole vueltas a un problema. Los físicos hablan de la causalidad con mucha alegría: que si la Luna causa las mareas, que si la colisión de dos partículas dadas ha causado la emisión de una tercera... Parece, pues, que consideran que la causalidad es un rasgo omnipresente de nuestro mundo, desde el nivel de las partículas subatómicas hasta la astrofísica; y la física tiene como fin analizar todo lo que existe en el mundo físico. Así que, del mismo modo que hay modelos y sistemas de ecuaciones que nos hablan de cosas tales como la masa, la carga eléctrica, los cuarks, la extrañeza o el encanto, cabría esperar que hubiera asimismo modelos y sistemas de ecuaciones que nos hablaran de la relación causal. Pero, tal como John lo veía, los físicos no parecían tratar las relaciones causales de esa misma forma. ¿Por qué no? ¿Están siendo los físicos chapuceros o incluso imprudentes cuando afirman haber descubierto qué causa qué, pero no plasman explícitamente la causalidad en sus modelos y ecuaciones? Tenemos sistemas de ecuaciones que regulan la carga eléctrica;

¿por qué no hay sistemas de ecuaciones que gobiernen las propias redes de relaciones causales?

La nueva idea surgida del aprendizaje automático era que, como dice el científico computacional Judea Pearl, el concepto de causalidad representa «una síntesis de lo que ocurre en el marco de las intervenciones». En lugar de concebir la causalidad como un misterioso «no sabemos qué» subyacente a las correlaciones que observamos, podemos pensar en los hechos causales como algo que tiene que ver con qué se correlaciona con qué cuando intervenimos en un sistema. Esa sensación de misterio asociada a la causalidad había atormentado a la filosofía de la ciencia durante siglos, pero de pronto parecía evidente que tenemos una forma sencilla de concebirla: se trata tan solo de las correlaciones que observamos cuando intervenimos en un sistema.

Supongamos que tenemos un sistema complejo, con muchas partes que interactúan entre sí –el cuerpo humano, la economía de un país o un circuito informático, por ejemplo–, y queremos saber cómo funciona. El primer diagrama adjunto muestra un sistema de este tipo, donde el contorno ovoide representa los límites del sistema, y las letras, las innumerables partes que lo integran. Es un complicado revoltijo de variables, y no estamos seguros de cómo se relacionan entre sí. Entonces, como se muestra en el segundo diagrama, observamos que existe una correlación entre dos de las variables. Por poner un ejemplo concreto, supongamos que medimos un montón de variables que son potencialmente relevantes para la salud, y encontramos una correlación entre el magnesio (M) y la salud cardiaca (C): niveles más altos de magnesio están relacionados con una buena salud cardiaca.

Ahora lo que nos preguntamos es: ¿protege realmente el magnesio frente a las enfermedades cardiacas o hay otra cosa que explique la correlación? Por ejemplo, tal vez la correlación se produce porque los niveles elevados de magnesio y la buena salud cardiaca son ambos consecuencia de alguna predisposición genética (variable G).

En el sistema que estamos estudiando, la genética, los niveles de magnesio y la salud cardiaca tienen cada uno montones de causas diferentes y montones de consecuencias distintas, por lo que resulta difícil dilucidar las direcciones causales. Aquí es donde la intervención sirve de ayuda. Cuando «intervenimos en el sistema», lo hacemos desde fuera de este y lo alteramos para ver qué ocurre. Por ejemplo, asignamos aleatoriamente a

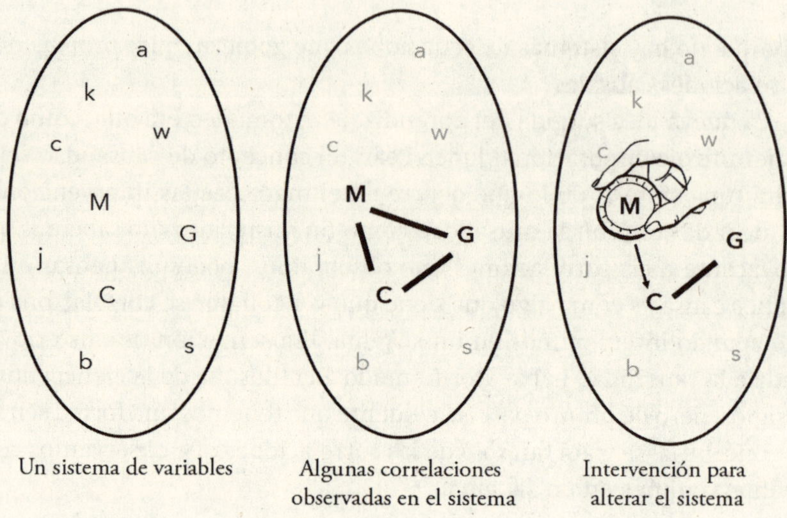

Un sistema de variables

Algunas correlaciones observadas en el sistema

Intervención para alterar el sistema

Nota: M = magnesio; G = predisposición genética; C = salud cardiaca

un grupo de personas que tome dosis de magnesio extra y a otro grupo que siga su dieta habitual. Al hacerlo, alteramos el patrón ordinario de factores causantes de los niveles de magnesio; a lo mejor antes los causantes de los niveles de magnesio eran los genes, pero ahora es el experimentador. De ahí que, como se muestra en el tercer diagrama, si ahora encontramos una correlación entre el magnesio y la salud, podamos estar seguros de que la dirección de la causalidad va de M a C.

Podemos intervenir en cualquiera de las variables relevantes. Si variamos el consumo de magnesio manteniendo constante todo lo demás, podemos averiguar si este tiene un impacto o repercusión causal. Por otro lado, tal vez la buena salud nos haga consumir más magnesio. De ser así, podríamos intervenir para lograr que de algún modo la mitad de las personas estuvieran más sanas (por ejemplo, haciendo más ejercicio), y comprobar si con ello aumentaban sus niveles de magnesio.

En este sentido, pues, un experimento define una situación en la que accedemos desde fuera al sistema que nos interesa e interferimos en él para ver qué ocurre. Por ejemplo, imagina que observas que la posición de la aguja de un barómetro está relacionada con el tiempo que va a hacer, y te preguntas: ¿es la posición de la aguja la causante del tiempo? ¿Cómo lo averiguarías? Fácil. Abre la carcasa del barómetro, agarra la aguja con la mano y colócala en cualquier posición que quieras: si cambia el tiempo al mover la aguja con la mano, entonces es que la posición de la aguja es en efecto la causante del tiempo; si no, significa que no es la causante del tiempo, sino solo un indicador de algún otro factor, como la presión atmosférica, que, esta sí, es causante del tiempo y, presumiblemente, de la posición de la aguja en el barómetro.

Otro ejemplo: si observamos un complejo circuito eléctrico e intentamos averiguar cómo funciona, podemos intervenir desde fuera del sistema y usar una punta de prueba para activar una parte de este; si al hacerlo se activa otra parte, se puede concluir que una cosa está haciendo que ocurra la otra.

CRITERIOS DE HILL

Sin embargo, hay muchos casos en los que resulta difícil o imposible realizar experimentos deliberados por diversas razones de índole práctica, ética o financiera. Por ejemplo, se ha descubierto que casi todas las grandes galaxias observadas tienen un enorme agujero negro en su centro o, por utilizar el término técnico, un agujero negro *supermasivo*. La masa gravitatoria de un agujero negro de este tipo puede ser de millones o miles de millones de veces la de nuestro Sol. Los astrofísicos han observado una correlación entre la masa del agujero negro supermasivo central de una galaxia y la masa estelar total de esta última. ¿La masa del agujero negro determina la de la galaxia que lo alberga? ¿Es la masa de la galaxia la que determina la de su agujero negro central? ¿O existe alguna causa común que determina ambas masas? Pasará mucho tiempo, por decirlo en términos optimistas, antes de que podamos manipular las masas de esos agujeros negros, o las de esas galaxias, para averiguar qué causa qué. De manera similar, los geólogos podrían querer saber qué causó qué en el proceso que llevó a la formación de una determinada cadena montañosa, pero no podemos manipular lo que sucedió hace millones de años. ¿Es posible que, aun así, encontremos formas de determinar la causalidad en este caso?

O veamos un ejemplo más práctico. Las causas del cáncer son difíciles de precisar, entre otras razones, porque entre causa y efecto pueden transcurrir muchos años. Es difícil saber a qué posibles factores cancerígenos pudo haber estado expuesta una persona en el pasado. Hoy en día los investigadores identifican nuevas causas ambientales de cáncer con tanta frecuencia que parece que ya no puedes comprar un alimento sin ver una etiqueta que diga que alguno de sus ingredientes puede ser cancerígeno. Pero la búsqueda de las causas del cáncer tuvo un comienzo. El primero que descubrió la existencia de un factor cancerígeno ambiental fue el cirujano inglés Percival Pott, que en 1775 observó que había una correlación entre la exposición al hollín, un riesgo laboral asociado a la profesión de deshollinador, y el cáncer de escroto, que los deshollinadores padecían con más frecuencia que otras personas. Como hemos visto, correlación no implica causalidad, pero ¿cómo podría llevarse a cabo un experimento decisivo en este caso para averiguar qué causa qué? Un ensayo de control aleatorio requeriría reunir a un conjunto de sujetos humanos y dividirlos aleatoriamente en dos grupos; luego habría que elegir al azar a uno de los grupos para exponerlo a grandes cantidades de hollín, mientras se mantiene en perfectas condiciones al otro, y finalmente se comprobaría si hay alguna diferencia en la incidencia de cáncer de escroto entre los dos grupos. No es difícil ver las razones éticas por las que un experimento así no debería haberse hecho nunca, aunque, por desgracia, hay otros precedentes históricos análogos.[7]

Pott hizo las cosas de otro modo. Buscaba una correlación muy evidente entre la exposición al hollín y esa forma concreta de cáncer. Básicamente, hasta donde él sabía, los deshollinadores eran casi los únicos que padecían cáncer de escroto, y también eran los únicos que se veían expuestos a diario a grandes cantidades de hollín (todavía en la década de 1920 las muertes de deshollinadores por cáncer de escroto eran unas doscientas veces superiores a las de los trabajadores que no estaban expuestos específicamente a la brea o a los aceites minerales del hollín). ¿Implicaba eso una causalidad? Para Pott, la clave estaba en la magnitud de la correlación.

¿Podría haber algún tercer factor, distinto de la exposición al hollín, que explicara aquella enorme incidencia del cáncer de escroto en los deshollinadores? Imaginemos, por ejemplo, que todos los deshollinadores ingirieran un mismo desayuno tradicional «típico» de su profesión. Pott concluyó que simplemente no había nada más, aparte de la exposición al hollín, que constituyera un rasgo específico de los deshollinadores y pudiera explicar aquella enorme diferencia en las tasas de cáncer.

En 1965, Austin Bradford Hill, un distinguido epidemiólogo y estadístico, y uno de los primeros científicos que estableció el vínculo entre el tabaco y el cáncer, publicó un artículo, hoy célebre, en el que abordaba el problema de encontrar conexiones causales cuando no se pueden hacer experimentos decisivos.[8] Uno de los criterios de Hill, derivado a su vez del estudio de Pott, era que, si se obtiene una fuerte correlación entre dos factores, se refuerza el fundamento para afirmar que uno es causa del otro. Y esto reviste especial relevancia en casos como el de la elevada incidencia del cáncer de escroto entre los deshollinadores, donde es difícil ver qué tercer factor podría estar en juego.

Otro criterio que podemos examinar es lo que Hill denomina consistencia: ¿se da la correlación en muchos contextos diferentes? Se podría observar, por ejemplo, si existe una fuerte correlación entre la exposición al hollín y el cáncer de escroto en diversos países. ¿Se repite lo mismo, con niveles similares, entre los deshollinadores de Polonia, de Azerbaiyán o de Australia? Si hay consistencia entre los distintos contextos, la posibilidad de relación causal se ve reforzada. La consistencia llega aquí al mismo resultado que la aleatorización, en tanto en cuanto se observa una relación entre numerosos contextos diferentes donde los demás factores que podrían ser relevantes para la enfermedad están repartidos al azar.

Otro de los criterios de Hill es la temporalidad. Sabemos que la causa precede al efecto en el tiempo. Si tenemos dos variables, la que acontece primero no puede ser el efecto; de modo que, si la presunta causa ocurre antes que el efecto observado, este hecho resulta coherente con la posibilidad de que sea la causa real, y se puede descartar la opción de que la causalidad actúe a la inversa. Este criterio de temporalidad permitía a Pott descartar la posibilidad de que la fuerte correlación observada entre la exposición al hollín y el cáncer de escroto se debiera a que este último causara de algún modo la exposición al hollín, o predispusiera a la gente a convertirse en deshollinadores.

Otra cosa que se podría examinar a la hora de pasar de la correlación a las causas, además de la magnitud de la correlación y del hecho de si se repite o no en muchos contextos distintos, es si existe una relación dosis-respuesta (o gradiente biológico) entre los dos factores en cuestión. Si observamos a los deshollinadores y descubrimos que, cuanto mayores son las dosis de hollín a las que se exponen, mayor es la probabilidad de que padezcan cáncer de escroto, se refuerza la idea de que la exposición al hollín provoca el cáncer. De manera similar, si el riesgo de padecer cáncer de pulmón aumenta cuando lo hace la cantidad de cigarrillos que se fuman, este hecho apoya el argumento de que fumar es una causa de cáncer. Si un factor es causante de otro, cabe esperar que haya una relación dosis-respuesta entre ambos.

El siguiente criterio que debemos mencionar es lo que Hill denominó plausibilidad. ¿Conocemos algún mecanismo por el que A pueda estar influyendo en B? ¿O bien nuestros conocimientos actuales no encajan con la idea de que A pueda afectar a B de algún modo? Si se nos ocurre algún mecanismo plausible que pueda explicar cómo la presunta causa engendra el efecto –si vemos una posible forma de que el hollín pueda producir biológicamente un cáncer de escroto–, también esto redunda en favor de nuestro argumento.

Nos hemos ceñido aquí al ejemplo de los deshollinadores, pero es obvio que estos criterios para poder hacernos una idea de qué está causando qué sin tener que llevar a cabo una delicada intervención experimental se aplican a muchos casos distintos. Si nos preguntamos si fumar causa cáncer, por ejemplo, realizar experimentos directos no sería factible por razones éticas, pero sí podemos aplicar perfectamente los criterios de Hill. De hecho, tales son los criterios que han convencido en la actualidad a la mayoría de la gente de que fumar causa cáncer. Si encontramos una fuerte correlación entre el tabaquismo y el cáncer, y dicha correlación se reproduce en muchos contextos distintos, y observamos que existe una curva dosis-respuesta (cuanto más se fuma, mayor es el peligro de padecer cáncer), y conocemos un mecanismo biológico que podría explicar cómo un factor es causante del otro, entonces, aun sin realizar experimento alguno, podemos estar bastante seguros de que fumar produce cáncer.

Aunque desarrollados para casos prácticos más accesibles, estos criterios también pueden servirnos de ayuda con el ejemplo astrofísico antes mencionado. Supongamos que lográramos determinar de algún modo que muchos agujeros negros supermasivos nacieron *después* de la formación completa de sus galaxias anfitrionas; eso sin duda debilitaría los argumentos en favor de la existencia del agujero negro supermasivo como causa de la cantidad de masa total de la galaxia.

Hill aportó varios criterios más. Hasta ahora hemos mencionado la magnitud o fuerza de la correlación, la consistencia con la que se observa en distintos contextos, la existencia de una relación dosis-respuesta entre la variable causa y la variable resultado, la temporalidad y la plausibilidad. Pero a veces también podemos argumentar por analogía de un ámbito a otro: si hemos descubierto que la exposición al hollín provoca cáncer y nos preguntamos si fumar tabaco provoca cáncer, una línea de argumentación que podría respaldar esa posibilidad sería encontrar analogías entre el modo en que el hollín actúa en el organismo y el modo en que lo hace el humo del tabaco.

Hill no pretendía que sus propuestas fueran más que criterios provisionales y aproximados que pudiéramos utilizar para encontrar conexiones causales en el enrevesado mundo real. Sin embargo, actualmente se han convertido en una referencia canónica en el ámbito científico, y los investigadores de distintas disciplinas suelen recurrir a ellas para sustentar teorías causales.[9]

CAUSALIDAD SINGULAR Y GENERAL

Hasta ahora, en este capítulo, hemos hablado de lo que podríamos denominar «causalidad general»: vínculos como que «fumar causa cáncer» o «el amor causa dolor», que son relaciones entre factores generales, como, por ejemplo, tabaquismo y cáncer. Es el tipo de relaciones que pretenden establecer los ensayos controlados aleatorios y todas las demás técnicas que hemos comentado hasta aquí.

Pero supongamos que se produce un importante vertido de petróleo en el golfo de México y queremos saber qué lo ha causado. Este tipo de cuestiones revisten una gran importancia práctica. Si hay que pagar indemnizaciones, si hay que identificar a quien tiene que arreglar el desastre, necesitamos saber cómo se ha producido el vertido de petróleo. Supongamos que nos dicen que ha habido una causa principal del vertido y que tiene que ver con las grietas que se han formado en una barrera de hormigón submarina. Se trata aquí de dos hechos concretos: el debilitamiento de la barrera de hormigón y la aparición de la marea negra, uno de los cuales es la causa del otro.

Pero esta no es una cuestión de causalidad general; no es una cuestión que afecte a la relación entre dos tipos de cosas. No puede afirmarse de forma generalizada que los defectos de las barreras de hormigón submarinas causen vertidos de petróleo; de hecho, hay muchas ocasiones en las que se forman grietas en barreras de hormigón y no por eso se produce ningún vertido. Por poner otro ejemplo, seguramente más trágico, supongamos que alguien sufre un accidente de coche, el cinturón de seguridad se le enrolla alrededor del cuello y le asfixia. En este caso diríamos que el cinturón de seguridad le causó la muerte. Pero no sería correcto afirmar que, en general, los cinturones de seguridad son causa de fallecimientos; más bien al contrario: salvan vidas.

Ahora bien, en este tipo de casos sabemos qué clase de cosas tendríamos que hacer para establecer la causalidad. Podríamos mirar de dónde proceden las partículas de petróleo que flotan en las aguas del golfo, averiguar qué ruta han seguido desde su origen: eso nos dirá de dónde proviene el vertido. Si se puede seguir su rastro desde el defecto en la barrera de hormigón hasta las aguas del golfo, se puede establecer su origen, que implica que la grieta en el hormigón es la causa del vertido. Esto requiere sin duda una investigación científica, pero esta es completamente distinta de los estudios que implican ensayos controlados aleatorios. Cuando preguntamos por la causa concreta de un episodio individual, estamos planteando un tipo de cuestión diferente.

¿Por qué es importante esta distinción entre causalidad general y singular? Dado que en ambos casos se trata de relaciones causales, es fácil confundirse acerca de cuál de ellas se está intentando establecer para un propósito determinado. Es fácil imaginar un argumento según el cual una empresa que fabrica un producto peligroso (por ejemplo, tabaco) no debería ser responsable de sus consecuencias porque no se puede demostrar que una consecuencia concreta (por ejemplo, cáncer) haya sido causada por un uso concreto del producto. Esta es claramente una interpretación correcta frente a una alegación basada en la causalidad singular, pero no frente a una basada en la causalidad general. Es interesante reflexionar acerca de cómo nuestra sociedad estructura su respuesta a estos distintos tipos de alegaciones causales. Normalmente esperamos que se establezcan normativas para evitar acciones irresponsables que provoquen resultados nocivos a través de una causalidad general (por ejemplo, un diseño defectuoso que dañará a muchas personas que compren una determinada lámpara), pero también permitimos que se demande (y se culpe) a gente por comportamientos irresponsables que conducen a un resultado perjudicial vía causalidad singular (pongamos por caso, una lámpara mal instalada que le cae en la cabeza a alguien), y, de hecho, hay toda una serie de mecanismos legales que manejan ambos tipos de causalidad.

ACCIONAR LAS PALANCAS CAUSALES... CON PRECAUCIÓN

Si podemos establecer qué causa qué, entonces abrimos la posibilidad de cambiar nuestro mundo, idealmente para mejor. Podemos tratar enfermedades, resolver hambrunas, educar a nuestros hijos... Sin embargo, un tema recurrente en este libro –¿el tema recurrente?– es que debemos ser capaces de estar atentos a las posibles formas de equivocarnos. Nuestra comprensión de las conexiones causales en condiciones complejas es casi siempre imperfecta, y necesitamos un modo de tener en cuenta esta incertidumbre que aun así nos permita avanzar y tomar medidas razonables cuando resulte apropiado.

Esto nos lleva al siguiente tema de nuestro pensamiento crítico para el tercer milenio: el pensamiento probabilístico.

Segunda parte

COMPRENDER LA INCERTIDUMBRE

Capítulo 4

UN GIRO RADICAL HACIA EL PENSAMIENTO PROBABILÍSTICO

Cuando empezamos a discernir lo que sabemos sobre la realidad, de inmediato se hacen evidentes dos cosas: que hay mucho que ignoramos y que hay mucho de lo que todavía no estamos seguros. La incertidumbre nos puede generar inquietud. Somos humanos, fisiológicamente preparados para la supervivencia: si no sabemos qué nos acecha en el bosque, es lógico que recelemos de aventurarnos en él. Pero lo cierto es que saber qué es lo que ignoramos, o solo sabemos parcialmente, también resulta vital para sobrevivir, y para prosperar. Eso nos lleva a la que quizá sea una de las divisas fundamentales del pensamiento científico, y que nosotros consideramos esencial en el PC3M: usar la incertidumbre de tal forma que nos permita adquirir una sólida confianza en lo que hacemos.

La ciencia nos ofrece una forma radicalmente distinta de concebir nuestra conexión con esa realidad de la que sabemos algo, pero no todo. Nos permite pasar de una postura basada en la idea de que solo podemos trabajar con cosas de las que estamos absolutamente seguros a otra que parte de la base de que en realidad tendremos más éxito si podemos trabajar con cosas en las que tengamos distintos grados de confianza. Además, el mero hecho de comprender el concepto de que la confianza admite diversos grados puede revelarse mucho más potente que insistir en obtener respuestas definitivas en un mundo en el que las evidencias disponibles no suelen darnos la certeza absoluta que nos gustaría tener.

Imagina que intentas esquiar por una pendiente con las piernas extendidas y el cuerpo rígido, sin equilibrar el peso ni flexionar las rodillas. Parece una forma segura de buscarte problemas. Para mantenerte erguido mientras esquías, necesitas la estabilidad que se obtiene al desplazar constantemente el peso de una pierna a otra, una estabilidad dinámica. De manera similar, cuando tomamos decisiones que deben basarse en el conocimiento de la realidad, no nos interesa insistir rígidamente en que todo lo que creemos en este momento ha de ser cierto. Por el contrario, debemos dar más peso a unas creencias y menos a otras, y cambiar tales ponderaciones a medida que vamos conociendo nuevos hechos sobre el mundo, de forma que podamos actualizar nuestras decisiones según sea necesario. Aunque rara vez se expresa de ese modo, este es uno de los trucos más importantes de la ciencia; un truco que nos proporciona la flexibilidad mental necesaria para franquear las «pistas de esquí» de nuestra incertidumbre a la hora de comprender el mundo. Lo denominamos «pensamiento probabilístico».

El giro hacia el pensamiento probabilístico ha tardado en llegar, y de hecho aún está lejos de completarse. Mucha gente sigue exhibiendo una forzada visión binaria en la que cualquier afirmación empírica –sobre la eficacia de un nuevo medicamento, o dieta, o política de justicia penal– solo puede ser o acertada o errónea. Desde tal perspectiva, cualquier contraejemplo –«Mi tío se vacunó y, aun así, cogió la gripe»– se considera un motivo de absoluto descrédito de la afirmación original, y quizá una razón para que los científicos que la hicieron se sientan avergonzados.

Los científicos se han apartado de este tipo de pensamiento en blanco y negro forjando una cultura en la que cualquier proposición se formula con una provisionalidad implícita, y esa misma provisionalidad –la práctica de atribuir cierto grado de incertidumbre a cada afirmación– constituye uno de los principales factores responsables de la fortaleza de la ciencia. Nos ayuda a no sentirnos demasiado apegados a ninguna creencia concreta que tengamos en ese momento. Al no basar toda nuestra autoestima en el hecho de que nuestras afirmaciones sean siempre correctas, nos permitimos la posibilidad de ser orgullosos y confiados científicos y, aun así, equivocarnos algunas veces cuando decimos: «Estoy bastante seguro de que esta teoría explica lo que está ocurriendo». (En nuestra metáfora del esquí, repartimos el peso en diferentes proposiciones con diferentes niveles de fuerza, esto es, con diferentes probabilidades de ser acertadas.) De hecho, en lugar de apostar nuestra identidad a tener que acertar siempre (lo que resulta imposible), el objetivo es invertir en nuestra capacidad de juzgar de manera aproximada nuestro propio grado de confianza en algo. Al igual que un esquiador aprende a mirar al frente para reducir las sorpresas desagradables, al reconocer la incertidumbre los científicos aprenden a anticipar las razones por las que podrían estar equivocados. Esta postura probabilística constituye un elemento esencial del PC3M, además de aportar numerosas ventajas y capacidades. Podemos pensar en ella como un movimiento de *jiu-jitsu* que permite convertir nuestra debilidad (la incertidumbre) en una fortaleza.

Los científicos aprenden varios hábitos saludables para expresar la incertidumbre. Uno de ellos consiste, siempre que sea posible, en cuantificar sus predicciones asignándoles un número, una probabilidad. Por ejemplo, si buscamos en Google «probabilidad de que se produzca un gran terremoto en la bahía de San Francisco» –algo que muchos hemos buscado más veces de las que nos gustaría admitir–, encontraremos afirmaciones tales como: «En los próximos 30 años, la probabilidad de que se produzca un terremoto de magnitud 6,7 en la región de San Francisco es del 72%».[1] En cierto sentido, este tipo de afirmación refleja que somos bastante ignorantes con respecto a la probabilidad de que se produzcan terremotos, pero también revela una enorme cantidad de conocimientos: nos indica que los científicos deben de estar utilizando modelos de riesgo temporal («los próximos 30 años») y espacial («la región de San Francisco»), mientras que ese «6,7» extrañamente concreto sugiere que deben de tener alguna razón para utilizarlo como umbral, quizá algún rasgo de su teoría o de los datos de los que disponen.

Si un científico quiere decir que está muy muy seguro de que algo es cierto –de que lo es obvia, definitiva y absolutamente–, su formación, no obstante, tiende a hacer que se muestre reacio a afirmar que «sí, es obvia, definitiva y absolutamente cierto al 100%»; en lugar de ello podría decir que está seguro en un 99%, o incluso en un 99,9999%. Afirmar que estás seguro de algo al 99,9999% equivale básicamente a decir: «Me juego el cuello a que es cierto»; pero también dice: «Admito que podría resultar que estoy equivocado». Esta capacidad de distanciarse de cualquier afirmación absoluta constituye una de las primeras claves del superpoder del pensamiento probabilístico (es posible que todos los cisnes que hayamos visto hasta ahora sean blancos; pero, si bien «ninguna cantidad de observaciones de cisnes blancos permite inferir que todos los cisnes son blancos [...], basta la observación de un solo cisne negro para refutar esa conclusión», tal como argumentaba en una conocida sentencia el filósofo decimonónico John Stuart Mill, elaborando un argumento de David Hume, y aparentemente parafraseado por Nicholas Taleb).[2]

Por supuesto, hay muchas cosas de las que no estamos seguros al 99,9999%. De hecho, uno de los aspectos más productivos de la ciencia es el hecho de que estamos constantemente revisando nuestros conocimientos, y aprendiendo y descubriendo cosas nuevas. Además el propio mundo es dinámico: su funcionamiento nos sorprende de continuo. Necesitamos una forma de hablar del mundo que refleje esta consciencia que tanto nos ha costado adquirir de que nuestro conocimiento de él es una empresa en constante evolución. Tenemos que ser capaces de decir cosas tales como: «Creo de veras que esta interpretación de cómo funciona el mundo probablemente sea acertada; de hecho, le doy un 87 % de probabilidades de serlo». Y asimismo hemos de ser capaces de expresar dudas aún mayores, por ejemplo: «Le doy a esta nueva teoría solo un 51 % de probabilidades de que sea correcta». Este rango de confianza del 0 % al 100 % constituye una de las herramientas de la ciencia que todos podemos usar para lidiar con el mundo. (Más adelante hablaremos de los métodos que emplean los científicos para calcular el grado de confianza.)

Es interesante concebir el desarrollo de esta herramienta probabilística del pensamiento científico como el último de una serie de pasos que hemos ido dando durante siglos a medida que desarrollábamos una batería más completa de descripciones de nuestro mundo que nos ayudaran a entenderlo mejor y a trabajar con él de forma más eficaz. Comenzamos poniendo nombre a las cosas del mundo; luego comenzamos a clasificarlas en categorías y jerarquías; después pudimos medir y cuantificar de

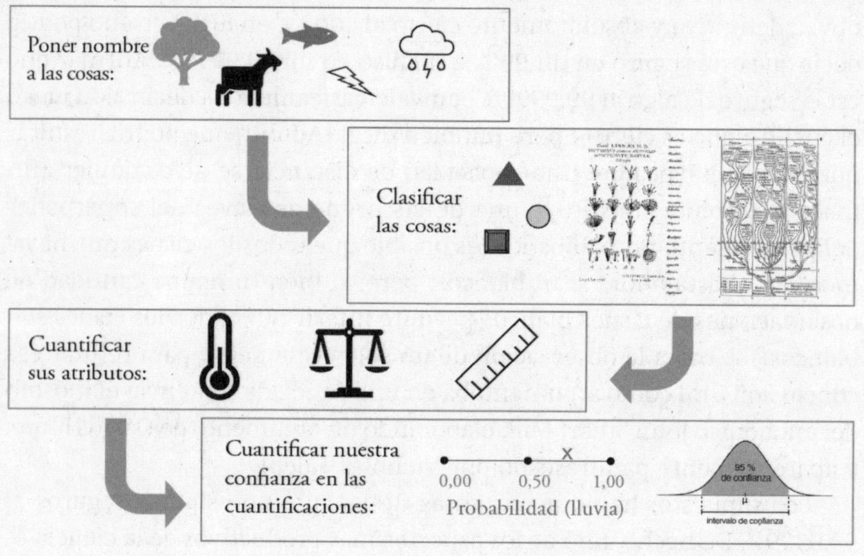

otras formas sus propiedades, ¡y ahora hemos empezado a cuantificar nuestra confianza en tales cuantificaciones!

LA FUERZA DE LA DUDA

¿Por qué es tan importante esta herramienta? Quizá lo más obvio sea que nos permite hacer un uso fluido de la información parcial. Por ejemplo, supongamos que queremos construir un puente sujeto con pernos, pero sabemos que los pernos pueden fallar (pueden aflojarse o romperse). Nos basta con saber cuál es la probabilidad de que un perno individual falle a lo largo de la vida útil del puente para proceder a su construcción: solo tenemos que asegurarnos de que todas las conexiones importantes tengan un número suficiente de pernos «redundantes» (es decir, repetidos) a fin de que las probabilidades de que fallen todos en cualquier conexión del puente sean lo bastante bajas como para que estemos dispuestos a apostar nuestra vida. (Siendo más realistas, estaremos dispuestos a apostarla a que no falle un número suficiente de pernos como para que se vea comprometida la integridad estructural del puente, pero aquí es donde deberíamos buscar un buen ingeniero para hacer bien las cosas.) Si no pudiéramos echar mano de esta información probabilística, nos quedaríamos atascados, no podríamos confiar en el puente, ya que casi ningún aspecto de nuestro mundo físico real ofrece garantías absolutas. Aprender estas técnicas probabilísticas de la ingeniería moderna nos abrió un mundo de posibilidades reales de construcción que de otro modo no tendríamos.

Una ventaja más sutil pero igualmente potente del pensamiento probabilístico es que brinda a los científicos una forma de salvar las apariencias cuando se equivocan en la medida en que les permite errar sin perder su credibilidad, puesto que, como científicos, casi todo lo que han dicho llevaba aparejado cierto grado de incertidumbre. Pero los científicos no son los únicos que pueden beneficiarse de esta técnica.

Resulta asombroso lo importante que es tener una forma adecuada de salvar la cara cuando uno resulta estar equivocado en algo. Al parecer, esa necesidad de guardar las apariencias hunde sus raíces en las primeras etapas de la infancia. Cierto estudio realizado sobre las mentiras que contaban una serie de niños de dos años sugería que una de las principales motivaciones que tienen los niños de muy corta edad para mentir es, aparentemente, el deseo de salvar las apariencias y no revelar que han cometido un error.[3] En uno de los ejemplos del estudio, un niño de dos años al que se le preguntaba «¿Dónde está tu papá?» respondía: «Está arriba»; pero entonces, al oír a su padre en la puerta de atrás, el niño añadía: «Mi otro papá está arriba». (Hay que precisar que en este caso no había ningún otro papá.) ¿Por qué ese niño intentaba salvar las apariencias? No puede decirse que exijamos a nuestros hijos de dos años un alto grado de credibilidad en ese tipo de cosas, y, sin embargo, está claro que existe un poderoso impulso que nos lleva a evitar que nos pillen en un renuncio.

Es interesante comparar la anécdota de este niño de dos años con otra relacionada con un profesor de Física con el que Saul solía trabajar. Se trataba de un reputado científico que había descubierto lo que parecía ser el equivalente magnético de una partícula cargada eléctricamente, el llamado «monopolo magnético». Si se verificaba, sería un hallazgo monumental, dado que, si bien observamos partículas cargadas eléctricamente con una carga positiva o negativa, no se ha observado ninguna partícula cargada magnéticamente que tenga un solo polo, norte o sur; las partículas magnéticas siempre parecen tener los dos polos, norte y sur, tal como todos hemos podido comprobar si hemos jugado con imanes.

El científico que aparentemente había encontrado el monopolo magnético publicó su hallazgo, informando del resultado según el procedimiento recomendado: presentó lo que había observado; presentó las razones que podrían plantear la inquietud de que la partícula descubierta no fuera un monopolo magnético; presentó las probabilidades relevantes relativas a la identificación de la partícula, y se limitó a concluir que los «[...] hechos respaldan firmemente la identificación de la partícula como un monopolo magnético [...]». Más tarde, sin embargo, empezó a resultar cada vez más improbable que se tratara realmente de un monopolo magnético, ya que diversos análisis posteriores del experimento, más exhaustivos, mostraron que la partícula descubierta, aunque seguía siendo sorprendentemente misteriosa, no encajaba bien con las características de un monopolo. Un nuevo artículo publicado sobre el tema dejó claro que el científico y su grupo habían cambiado de opinión, y ya no creían haber encontrado un monopolo magnético.[4]

Sin embargo, la reputación del profesor como científico no se vio dañada, puesto que había presentado su conclusión con un enfoque probabilístico: «Estos son nuestros datos. Esta es la probabilidad de que tengamos pruebas de un monopolo magnético habida cuenta de las probabilidades de que sean otras cosas las que imiten dicho comportamiento en este experimento». Al parecer, en efecto, algo había imitado al monopolo sin serlo. Pero su forma científica de expresarse había salvado la situación porque él nunca había pretendido estar seguro al 100 %, y había preservado su capacidad de decir que se había equivocado sin perder su credibilidad por ello.

El lenguaje probabilístico no solo nos permite mantener debates útiles sin tener que reprocharnos constantemente que estamos equivocados, sino que también nos anima de forma proactiva a considerar con mayor detenimiento posibles escenarios en los que algún aspecto del mundo resulta ser distinto de como pensábamos.

Para explicar los hechos, los científicos a menudo tienen que referirse a circunstancias y sucesos que podrían darse muy bien en un mundo como el nuestro, pero que de hecho no ocurren realmente. Para hacer alusión a tales posibilidades suelen utilizar el término *contrafactual*, o *contrafáctico*. Lo contrafactual puede ayudar a establecer un contraste entre lo que se está probando y lo que probablemente no acontezca. A menudo suponemos que algún acontecimiento o circunstancia es contrafactual basándonos en nuestros mejores conocimientos, pero no lo sabemos con certeza. Aunque el concepto de «supuesto contrafactual» puede resultar un tanto extraño, es frecuente recurrir a este tipo de razonamiento fuera del ámbito científico. Por ejemplo: «Tengo que ir corriendo a casa a pasear al perro porque mi mujer está de viaje; voy a suponer que no se ha producido la improbable situación de que su vuelo haya llegado antes de lo previsto y que por tanto esté ya en casa».

Si uno piensa en términos probabilísticos, es más probable que considere seriamente estos supuestos contrafactuales: «Vale, de acuerdo, estoy bastante seguro de que esto es correcto; quizá estoy un 90 % seguro de que es correcto. Pero, si estuviera equivocado, ¿entonces qué?». Probablemente no sea tan importante plantearse esta pregunta cuando se trata de pasear al perro, pero en otras circunstancias podría conducir –y de hecho ha conducido– a resultados científicos de lo más interesantes. Por tanto, resulta una práctica útil convertir esos «supuestos contrafactuales» en «escenarios alternativos» y tomarse en serio la posibilidad de que se correspondan con la realidad fáctica.

Proponemos al lector un ejercicio que no solo le ayudará a apreciar la importancia de cuantificar su grado de confianza cada vez que haga una determinada proposición o marque un punto en un gráfico, sino que también imbuirá de ese enfoque a casi cualquier cosa que haga. Se trata de mantener una conversación real en la que se reconozca el grado de confianza en la veracidad de todo lo que se diga. Puede usar cualquier tema sobre el que haya diversidad de opiniones. Imagine, por ejemplo, que está debatiendo con un grupo de amigos acerca de si el uso de exámenes estandarizados en la enseñanza mejora la calidad de la educación o la empeora. En cualquier momento de la discusión, cuando alguno de los participantes haga una proposición que pueda ser verdadera o falsa, esa persona debe detenerse y decir un número del 0 al 100 que indique su porcentaje de confianza en la veracidad de tal afirmación. Si alguien se olvida de hacerlo, los demás deben interrumpirle para que se detenga un segundo y manifieste su número de confianza. A veces también es interesante hacer una pausa para centrarse en aquellas cosas de las que no se está tan seguro –cuando se acaba de dar un nivel de confianza en la veracidad de una afirmación muy por debajo del 95 %– y preguntarse: «Si me equivoco, ¿en qué sentido es más probable que me equivoque? ¿Y qué preguntas debería formular para saber más sobre lo que ignoro?».

Una vez que hayas encontrado algunos amigos dispuestos a soportar el experimento, puede que todos descubráis que de este ejercicio surgen cosas interesantes independientemente del tema que se esté tratando. Los estudiantes que lo han probado afirman que los oradores se sienten más presionados para aportar pruebas de las afirmaciones que hacen cuando las acompañan de elevados valores de confianza. Además, al escuchar las estimaciones de confianza de otras personas en sus propias afirmaciones tendemos a querer actualizar las nuestras. Y en el transcurso del debate los niveles de confianza descienden de alrededor del 90 % a cifras algo más bajas conforme los participantes se vuelven más cautelosos. Algunos grupos observan que muchas estimaciones de confianza acaban situándose entre el 60 % y el 75 % una vez que la gente empieza a darse cuenta de que no está tan segura de las afirmaciones que tal vez había formulado de forma más dogmática al inicio de la conversación. Los participantes también descubren que existe una relación inversa entre la especificidad de una afirmación dada y la confianza que están dispuestos a asignarle: en la mayoría de las situaciones en las que no disponemos de un conjunto de datos detallados, podemos confiar más en la veracidad de una afirmación vaga y general (puesto que no nos vemos constreñidos a una única versión de la verdad) que en la de una afirmación detallada y específica.

Estas observaciones plantean una cuestión importante: si los ciudadanos de nuestras sociedades mantuvieran debates reales siguiendo esta metodología, ¿cambiaría la dinámica de la conversación? ¿Alentaría a la gente a escuchar más? ¿A ser más prudente a la hora de hacer afirmaciones? ¿A estar más predispuesta a plantearse escenarios alternativos? Quizá deberías intentar obligar a todos los comensales de tus próximas dos cenas a hacer esto contigo y ver qué ocurre. O, si te parece que de ese modo podrías terminar cenando solo, podría resultar entretenido probar a hacerlo únicamente con un par de temas y ver si cambia la percepción de la conversación, sobre todo si os veis inmersos en algún debate interesante.

UNA FORMA DE HONESTIDAD ABSOLUTA

Cuando uno participa en este tipo de conversaciones, o incluso cuando las observa como mero espectador, probablemente no pueda evitar la sensación de que el uso de niveles de confianza constituye un modo de ser cien por cien honesto, en tanto en cuanto se revela abiertamente y de forma precisa hasta qué punto se conoce la veracidad de cada afirmación que se hace. En la cultura de los físicos (¡cada disciplina científica tiene su propia cultura!), casi se considera deshonesto no indicar el rango de confianza relativo a cualquier resultado de medición del que se informe.

Obviamente, cuando los científicos participan en los equivalentes reales de ese tipo de debates basados en el grado de confianza, el listón suele estar más alto en cuanto a la procedencia del número de confianza que se espera que comuniquen: en la medida de lo posible, sin duda prefieren utilizar métodos estadísticos en lugar de suposiciones viscerales. De hecho, en cualquier experimento, se invierte mucho esfuerzo en desarrollar formas de calcular y expresar el rango de incertidumbre basadas en ciertos principios.

Por ejemplo, uno no dice que cierta noche midió la distancia de la Luna a la Tierra y resultó ser de 229.733 millas (unos 369.719 kilómetros),

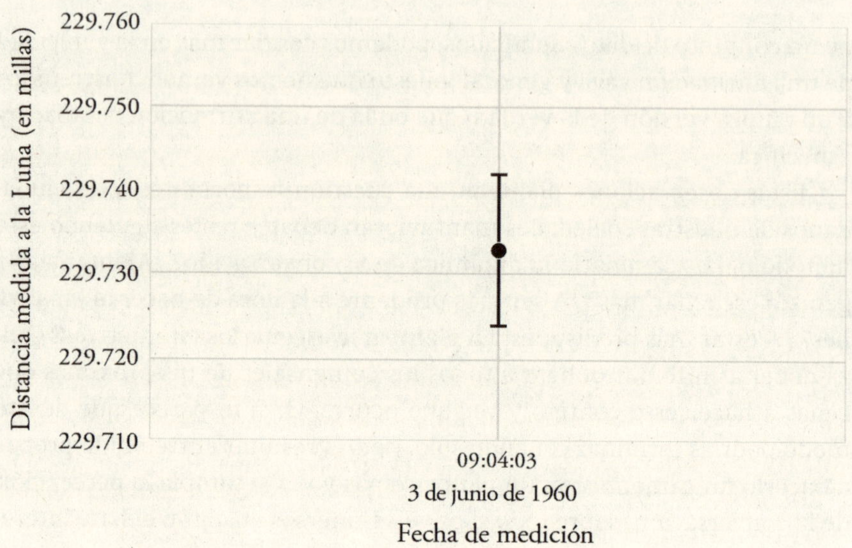

sino de 229.733 más o menos (±) 9 millas (unos 15 kilómetros), lo cual significa «Tengo un 68 % de confianza en que esa noche la distancia real estaba entre 229.724 (733 menos 9) y 229.742 (733 más 9) millas». El rango más-menos (a veces denominado «intervalo de confianza») se representa en los gráficos como una barra de error que indica dentro de qué margen podría encontrarse la respuesta por encima o por debajo de un determinado punto. Para los lectores que no estén acostumbrados a ver barras de error en los gráficos, puede verse un ejemplo en el gráfico adjunto relativo a la medición de la distancia de la Tierra a la Luna.

Luis Álvarez, ganador del Premio Nobel de Física, solía celebrar los lunes por la noche una serie de seminarios en su casa, en las colinas de Berkeley. Cada semana invitaba a hablar sobre su investigación en curso a un físico, con frecuencia un profesor de renombre que estuviera de visita en Berkeley o un miembro destacado de un proyecto de colaboración internacional de física experimental. Él se sentaba en su gran sillón, y los docentes, estudiantes, científicos y alumnos de posdoctorado lo hacían en varias hileras de sillas plegables que colocaba en su sala de estar. Acostumbraba a ponerles las cosas difíciles a los oradores formulándoles preguntas a pillar. Saul aún recuerda una tarde en concreto en la que, mientras todos estaban sentados en sus asientos, el conferenciante invitado aquella semana se levantó y mostró un gráfico en el retroproyector.

Luis preguntó: «¿De dónde salen esas barras de error en su gráfico?». El invitado respondió que no estaba muy seguro. Entonces, Luis replicó: «Bueno, si no entiende sus propias barras de error, no creo que tenga sentido seguir escuchando su charla», y detuvo la conferencia allí mismo. El resto de los asistentes protestaron: «¡Venga, Luis, oigamos la charla!». Pero él se negó en redondo.

Su punto de vista –quizá una interpretación bastante estricta de la mencionada «cultura de los físicos»– era que, si no conoces el rango de incertidumbre relativo a una medición, no tienes ni idea de cuán errónea podría resultar, por lo que básicamente esa medición no te está diciendo nada. (Y puede ser también que en aquella época los físicos fueran más rigurosos unos con otros, ¡aunque Luis era un caso extremo!)

En un tono más jocoso, Saul también recuerda haber asistido a un taller de cosmología de tres días durante el cual los científicos bromeaban entre sí acerca de cómo expresar su grado de confianza en diversos resultados en los casos en que no dispusieran de una buena estimación cuantitativa. El rango de niveles de confianza iba desde «Apostaría mi vida» y «Apostaría mi casa» hasta «Apostaría a mi hámster» o, en el caso más extremo, ¡«Apostaría a tu hámster»!

CONSECUENCIAS PARA LA ADOPCIÓN DE DECISIONES

Hasta aquí hemos mostrado de qué modo reflexionar sobre los diversos niveles de confianza y compartir el grado de confianza en nuestras propias afirmaciones puede hacer que estemos más predispuestos a cambiar de opinión cuando resulte apropiado y seamos más conscientes de determinadas posibilidades en las que normalmente no nos fijaríamos. Ello nos permite dar la pertinente relevancia a los conocimientos parciales, entablar debates más productivos y preservar el orgullo y la reputación cuando tengamos que cambiar de opinión o admitir que nos hemos equivocado en algo. Pero esta cuantificación de los niveles de confianza también puede tener consecuencias en el mundo real. Por ejemplo, imagina que formas parte de un jurado en un proceso en el que un testigo ha identificado al sospechoso como la persona que cometió un robo. ¿Cuál debería ser tu grado de confianza en la identificación para estar dispuesto a votar a favor de condenar y encarcelar al sospechoso? En el próximo capítulo hablaremos de las mejores y peores formas de calcular los niveles de confianza, pero de momento vamos a suponer que tienes una idea bastante clara de cuál es tu grado de confianza (pongamos en una escala del 0 % al 99,999 %) en que el testigo ocular ha identificado correctamente al sospechoso. Una vez que hayas decidido qué umbral debe superar tu nivel de confianza para votar a favor de la condena, empezarás a ser consciente de que esos números tienen consecuencias.

Veamos otro ejemplo de la vida real que nosotros, los autores, experimentamos casi todos los días. Imagina que asistes a una clase en la Universidad de California en Berkeley, nuestro lugar de trabajo. Imagina también que todos los días tienes que cruzar una transitada calle para llegar allí (en nuestro ejemplo dicha calle es la avenida Hearst, pero para el caso te valdrá igualmente tu propio lugar de trabajo y la correspondiente calle transitada que debas cruzar para llegar a él). ¿Cuál es la probabilidad de que te atropelle un coche al cruzar la calle de camino a clase? Tus opciones son estas: *a*) alrededor de 1 entre 1.000; *b*) alrededor de 1 entre 100.000; *c*) alrededor de 1 entre 10 millones; *d*) alrededor de 1 entre 1.000 millones, y *e*) alrededor de 1 entre 100.000 millones.

A mucha gente le parece acertado situar las probabilidades de que le atropelle un coche en torno al nivel de 1 entre 100.000. Pero analicemos esta cifra con más detenimiento. ¿Con qué frecuencia solemos cruzar esa calle muy transitada (en nuestro caso la avenida Hearst)? Probablemente unas pocas veces al día, lo que significa que casi 1.000 veces al año cruzamos una calle en la que nos podría atropellar un coche. Imaginemos que lo hacemos, por término medio, todos los días de nuestra vida; y, por supuesto, todos damos por hecho que vamos a vivir 100 años, ¿no? De manera que, si nos arriesgamos a que nos atropelle un coche 1.000 veces al año, eso significa que en 100 años correremos 100.000 veces ese riesgo. Si resulta que las probabilidades de que nos atropellen son de 1 entre 100.000, las cosas empiezan a pintar bastante mal para nosotros: ¡es muy probable que tarde o temprano nos atropellen al cruzar la calle!

Ahora bien, la mayoría de nosotros confiamos en que, cuando muramos, no será porque nos ha atropellado un coche al cruzar una calle transitada de camino a clase o al trabajo. Así que la mayoría de nosotros deberíamos insistir en buscar un paso de peatones donde, si vamos a cruzar la calle varias veces al día, las probabilidades de hacerlo con seguridad sean superiores a 1 entre 10 millones (lo que significa que tenemos más de un 99% de probabilidades de vivir toda nuestra vida sin que nos atropellen). Lo importante aquí es que estas estimaciones cuantitativas de nuestro grado de confianza pueden suponer una gran diferencia. Podemos tomar decisiones basándonos en esas cifras.

POLÍTICA Y CERTIDUMBRE

¿Es siempre una buena idea evaluar y compartir nuestro grado de confianza sobre lo que decimos? Un problema que viene inmediatamente a la cabeza es: ¿qué ocurre cuando alguien habla en términos de grados de confianza en un entorno político? Imaginemos que en un discurso importante el presidente de un país presenta una nueva propuesta sobre la reforma sanitaria. ¿Qué tipo de declaración nos haría confiar más en la reforma?

a. La política que propongo es la adecuada para nosotros. Garantizo que es la mejor para el país.
b. Creo que la política que propongo es la que tiene más probabilidades de ser la adecuada para nosotros. No hay ninguna garantía de que funcione; de hecho, solo le doy un 75% de probabilidades, pero todas las alternativas que se han presentado tienen mucha menos probabilidad de éxito.

Rara vez oímos de labios de los políticos un lenguaje como el de la declaración B. Apostaríamos a que cualquier asesor político nos diría que no se puede decir algo como B y esperar obtener muchos votos. La razón que probablemente aduciría es que por lo general los ciudadanos queremos que el presidente de nuestro país sea como el padre todopoderoso que no tenemos desde que éramos criaturas de dos años. Probablemente todos recordamos aquella época en la que experimentábamos la vaga sensación inconsciente de que nuestros padres siempre tenían la respuesta y podían resolver todos nuestros problemas. Era increíble lo mucho que sabían en comparación con lo que nosotros sabíamos por entonces. A muchos de nosotros, ya de adultos, nos gustaría recrear esa sensación de seguridad contando con un verdadero experto, alguien en quien poder confiar siempre, en un puesto de liderazgo como es la presidencia de un país.

Por otro lado, para nosotros, los autores, y probablemente para al menos algunos lectores del libro, resultaría de lo más reconfortante escuchar una declaración como la B, ¿no es así? Ya hemos oído demasiadas veces declaraciones como la A. Y hemos experimentado que el mero hecho de que alguien diga que conoce la respuesta y es la correcta no significa que lo sea. Una declaración como la B nos daría más la sensación de que esa persona ha reflexionado de veras sobre la complejidad del problema y conoce las probabilidades de acertar a la primera. Por nuestra parte, preferiríamos ver un mundo en el que todos los argumentos políticos se redactaran en un lenguaje como el de la declaración B, porque ello demuestra que hay margen para aprender y adaptarse. Pero, obviamente, no es el tipo de declaración que hace que el ciudadano medio vaya y diga: «Vale, este es el candidato al que voy a votar». O al menos no todavía. Pero, cuando todo el mundo haya leído este libro en los próximos años, ¡seguro que tendremos una respuesta distinta por parte de la ciudadanía bien informada!

Llegados a este punto, debería quedar claro por qué el pensamiento probabilístico es tan importante para un «ciudadano PC3M». Podemos cambiar de opinión, o que una de nuestras afirmaciones anteriores resulte ser errónea, y aun así conservar nuestro orgullo. Podemos considerar escenarios alternativos y no estancarnos en una expectativa rígida de la realidad. Podemos enorgullecernos de ser brutalmente honestos con respecto a lo que sabemos y lo que ignoramos, y, lo que es aún mejor, cuando dudemos entre lo uno o lo otro, podemos cuantificar con honestidad no menor la probabilidad de que una afirmación sea cierta. Podemos estar menos a la defensiva y mostrarnos más abiertos en nuestras conversaciones con los demás. Podemos usar de forma productiva los conocimientos inciertos y buscar proactivamente información que pueda llevarnos a revisar nuestras tendencias. E incluso podemos tomar decisiones prácticas –condenar o liberar a un acusado, o simplemente cruzar la calle– basándonos en esos grados de probabilidad.

Pero todas estas ventajas cruciales constituyen solo el principio. El pensamiento probabilístico podría ser como la navaja suiza del PC3M. Es una herramienta con mil usos posibles que aumenta nuestras probabilidades de sobrevivir y prosperar en cualquier terreno. En los capítulos anteriores hemos hablado de cómo intentamos comprender cada vez mejor lo que ocurre realmente en el mundo, de qué está hecho y cuáles son las relaciones causales que nos permiten actuar sobre él para cambiarlo, a ser posible para mejor. La postura probabilística refleja la relación entre nuestra imperfecta comprensión humana y la auténtica realidad que todos compartimos «ahí fuera». En última instancia, todos nuestros ensayos controlados aleatorios de relaciones causales (o, para el caso, nuestras evaluaciones de los criterios de Hill) simplemente nos brindan estimaciones cuantitativas de cuán probable resulta que una determinada relación causal describa nuestro mundo de forma correcta. Y cuando tenemos muchos «troncos» de tal conocimiento probabilístico unidos en la «balsa» de nuestra comprensión científica de la realidad, estos se sustentan unos a otros y pueden reforzar nuestra confianza en una parte estrechamente sujeta de la balsa; o, a la inversa, una sección de la balsa formada por muchos troncos poco seguros puede hacernos sospechar que algo podría fallar en nuestra comprensión de esa parte de la realidad.

Hemos insistido aquí en nuestras incertidumbres humanas acerca de cómo está construido el mundo y sus relaciones causales, pero es interesante añadir que también hay incertidumbres que parecen estar integradas en la propia realidad. Aun en el caso de que entendiéramos perfectamente el funcionamiento de un sistema como, por ejemplo, una estrella cercana, su comportamiento seguiría estando caracterizado por un grado de aleatoriedad similar al de lanzar una moneda al aire en relación con posibilidades como, pongamos por caso, si explotará o no en una supernova en la próxima década. O, lo que resulta más preocupante, no podemos saber cuándo la próxima gran tormenta solar dará al traste con nuestras redes eléctricas: ¿será en la próxima década?, ¿o en el próximo siglo? (En 1859 hubo una enorme tormenta solar, y en el siglo pasado se produjeron varias de menor envergadura –por ejemplo, en 1921 y 1989– que, aun así, dejaron varias redes eléctricas fuera de servicio.) De manera similar, hay situaciones en las que no sabemos si un tratamiento médico funcionará en un caso concreto, pero tenemos una gran confianza (98 %) en que tiene una probabilidad del 70 % de funcionar. En este tipo de situaciones en las que el propio mundo exhibe aspectos aleatorios podemos utilizar el pensamiento probabilístico para identificar, clasificar y gestionar los riesgos.

Vivimos en un mundo con innumerables preguntas sin respuesta, y no hay garantías de que encontremos las claves que nos digan cómo funciona todo. Ser capaces de basarnos en el conocimiento probabilístico de nuestros niveles de confianza resulta crucial, constituye una de las bases de nuestra fortaleza y eficacia. Reviste, pues, especial importancia aprender cómo, en cuanto individuos, podemos mejorar constantemente nuestro uso de las herramientas probabilísticas calibrando mejor las estimaciones de nuestros niveles de confianza. Y asimismo, lo que no es menos importante, tenemos que entender cómo utilizan dichas herramientas los expertos a los que consultamos, hasta qué punto saben calibrar ellos las estimaciones de sus propios niveles de confianza y hasta qué punto centran sus esfuerzos en ir calibrando cada vez mejor dichas estimaciones a lo largo del tiempo.

Desarrollar la capacidad de calibrar nuestros propios niveles de confianza, y evaluar la habilidad (o falta de ella) con la que los expertos calibran los suyos, constituye el núcleo del pensamiento probabilístico, y es el tema de nuestro próximo capítulo.

Capítulo 5

EXCESO DE CONFIANZA Y HUMILDAD

En el capítulo anterior argumentábamos que el pensamiento probabilístico representa un importante avance conceptual en la ciencia y describíamos los niveles de confianza como ejemplo de dicho pensamiento. De vez en cuando, no obstante, vemos incluso a científicos de lo más competentes ignorar la incertidumbre. En julio de 2020, un científico muy reputado anunciaba en Twitter que «En Estados Unidos la covid-19 terminará en cuatro semanas con un total de muertes registradas inferior a 170.000». En retrospectiva, hoy podemos decir que esta predicción era errónea, y lo era además de forma bastante espectacular, dado que en el momento de escribir estas líneas la covid-19 sigue definitivamente presente en Estados Unidos y se ha cobrado más de un millón de vidas. Es habitual que, con la perspectiva que da el tiempo, al mirar atrás descubramos que algunos expertos se equivocaron. Pero si mencionamos este ejemplo no es porque el experto en cuestión se equivocara; en su momento tenía razones plausibles para pensar que la pandemia podría desarrollarse de forma distinta. Lo mencionamos más bien por la absoluta ausencia de cualquier mención a su grado de confianza (pongamos «Estoy seguro en un 80% de que...»). Ni siquiera hacía la menor insinuación de que su teoría sobre la pandemia pudiera estar incompleta o resultar errónea.

Merece la pena señalar que en este ejemplo concreto el experto estaba dando su opinión sobre un tema que quedaba fuera de su principal ámbito de especialización, y que además estaba dando dicha opinión en Twitter. Nosotros sospechamos –con al menos un 75% de confianza– que, si hubiera escrito para otros especialistas sobre el tema de las enfermedades infecciosas o la salud pública en una revista especializada, habría sido mucho más cauto a la hora de exponer su punto de vista, entre otras cosas porque, de no hacerlo, el director y los revisores de la revista le habrían exigido que lo reformulara con un nivel de confianza justificable o, en caso contrario, se retractara. Resulta tentador, pues, justificar al científico y decir: «Bueno, escribió aquello en su tiempo libre, y todo el mundo sabe que la gente puede decir lo que quiera en Twitter». Pero preguntémonos: ¿cuántas personas en el mundo habrían leído su opinión en la revista académica especializada? Seguramente solo una pequeña fracción del número de las que la leyeron (y retuitearon) en Twitter. Haríamos todos bien en reflexionar sobre otra conocida sentencia del filósofo David Hume: «Un hombre sabio [...] adecua su creencia a la evidencia».

El exceso de confianza en los expertos puede tener graves consecuencias. Tras la explosión del transbordador espacial *Challenger* en 1986, una investigación descubrió que la NASA había predicho oficialmente que se produciría un fallo por cada 100.000 lanzamientos (más o menos las mismas probabilidades que nos planteábamos en el capítulo anterior respecto a la eventualidad de que nos atropelle un coche al cruzar una calle transitada). Sin embargo, otras pruebas revelaron que dicho organismo tenía sólidas evidencias que contradecían tan halagüeña proyección: solo cinco años antes, un grupo de expertos de la NASA habían señalado en un informe que la tasa histórica de fallos de los cohetes de combustible sólido —los que se utilizaban para poner en órbita el *Challenger*— era de uno por cada cincuenta y siete lanzamientos. Dado que en cada despegue del transbordador se usaban dos cohetes de este tipo, cabía esperar que se produjera un fallo por cada veintiocho o veintinueve lanzamientos, y eso suponiendo que la tasa histórica de fallos se mantuviera constante. El lanzamiento del *Challenger* en 1986 era el vigésimo quinto en el programa del transbordador espacial, por lo que casi podría decirse que estaba destinado a fallar. Algo ocurrió, pues, en el seno de la NASA que hizo que una estimación de riesgo bastante pesimista se transformara en otra mucho más optimista y, al parecer, poco ajustada a la realidad.[1]

A mediados del siglo XX, el físico teórico Lev Landáu ofreció una sucinta descripción del exceso de confianza de los expertos en el ámbito científico: «Los cosmólogos caen a menudo en el error, pero nunca en la duda», lo cual probablemente resulte un tanto exagerado, dado que de vez en cuando los científicos se retractan de sus hallazgos.[2] En 2010, un total de veintitrés expertos publicaron una carta abierta al entonces presidente de la Reserva Federal estadounidense, Ben Bernanke, en la que argumentaban que sus políticas de flexibilización cuantitativa producirían «degradación de la moneda e inflación». En 2014, cuando se hizo patente que tal predicción era errónea, dos periodistas se pusieron en contacto con los firmantes: catorce de ellos se negaron a hacer comentarios, pero los que lo hicieron dijeron que sus opiniones no habían variado.[3] Tras haberse mofado anteriormente de aquellos expertos, a principios de 2022 Paul Krugman, columnista de *The New York Times* (y ganador del Premio Nobel de Economía), se mostró más tolerante tras reconocer su propio error al desestimar las predicciones de que el paquete de estímulo para 2021 del presidente Biden produciría una elevada inflación: «No quiero ser como esos tipos. Así que actualmente estoy dedicando bastante tiempo a tratar de entender por qué mi relajada visión de la inflación a comienzos del año pasado se ha visto refutada por los acontecimientos». Aun así, siguió argumentando que su análisis original era correcto en lo fundamental, y que los patrones habituales de la economía se habían alterado por culpa de la pandemia de covid.[4] (La economía es un juego complicado, y sobre el que incluso resulta difícil escribir: aunque Krugman subestimó la inflación, todavía no está claro quién está en lo cierto con respecto al papel concreto desempeñado por el paquete de estímulo de Biden.)

LA IMPORTANCIA DE LA HUMILDAD INTELECTUAL

Habida cuenta de estos ejemplos, uno de los retos para la autoridad experta en el tercer milenio es cultivar lo que suele denominarse «humildad intelectual» (o epistémica). El psicólogo Mark Leary, que lleva muchos años estudiando este rasgo, ha descubierto que quienes poseen un alto nivel de humildad intelectual «prestan más atención a la solidez de las pruebas que respaldan las afirmaciones fácticas» y «se interesan más por comprender las razones por las que otros discrepan de ellos».[5] Asimismo, señala que «las diferentes culturas varían en el grado en que valoran la apertura y la flexibilidad y toleran la incertidumbre y la ambigüedad».

Por ejemplo, la de Silicon Valley es una cultura que ha fomentado una actitud abierta ante los errores, como ejemplifica el popular eslogan «Fracasa rápido, fracasa a menudo». Obviamente, esta sentencia no constituye una celebración del fracaso por sí mismo, sino una afirmación del hecho de que los fracasos constituyen un subproducto inevitable del emprendimiento tecnológico de vanguardia. Se expresa una idea similar en la noción que sostienen muchos científicos de que todo estudiante de posgrado tiene garantizado cometer ciertos errores experimentales, de modo que lo mejor es dejarlos atrás adquiriendo mucha experiencia de investigación lo antes posible.

Recientemente, una comunidad de jóvenes académicos del ámbito de la psicología ha empezado a promover una cultura en la que los investigadores se muestren dispuestos a admitir sus errores. En un proyecto que lleva por título «Pérdida de confianza», dichos académicos documentan una serie de hallazgos que habían comunicado, pero que ahora ponen en duda; e informan asimismo de una encuesta anónima realizada a 315 científicos que revela que el 44% de ellos se cuestionaban al menos uno de sus resultados anteriormente publicados. En la mayoría de los casos, los investigadores no habían reconocido públicamente su pérdida de confianza, o lo habían hecho en un foro distinto de la revista que había publicado su estudio.[6]

CALIBRAR NUESTROS NIVELES DE CONFIANZA

Como ya hemos señalado, las pruebas científicas pueden proporcionarnos probabilidades, pero no certezas absolutas. Eso implica que resulta tan necio como injusto esperar que nuestros expertos sean infalibles: aunque hagan su trabajo a la perfección, a veces se equivocarán. En cambio, es bastante sensato esperar que nuestros expertos estén calibrados.

¿Qué entendemos aquí por «estar calibrado»? Si el experto ofrece la probabilidad de un suceso, podemos analizar muchas situaciones distintas y ver si la predicción coincide con la frecuencia del suceso. Si el experto hace una afirmación categórica –«Es un tumor cerebral»–, podemos pedirle que cuantifique la probabilidad de que esté en lo cierto. Y si se trata de una estimación cuantitativa, podemos pedirle que describa el intervalo de estimación (del límite inferior al superior) en el que cree, con un 95% de confianza, que se encuentra el valor correcto.

Una persona estaría, pues, bien «calibrada» cuando su grado de confianza declarado en el momento de la predicción coincide con su tasa de acierto una vez conocido el resultado real. Nosotros, los autores, mostramos lo que eso significa a nuestros alumnos haciéndoles preguntas dicotómicas tales como: «¿Cuál de los dos es más largo, el canal de Panamá o el canal de Suez?».[7] Es cierto que la mayoría de la gente no se ha dedicado a buscar y memorizar la respuesta a esa pregunta, pero aquí no pretendemos evaluar el conocimiento de «trivialidades inútiles» de nuestros alumnos: lo que queremos saber es cómo califican su grado de confianza en la respuesta. Cuando su nivel de confianza expresado se corresponde con la probabilidad de acertar, decimos que están perfectamente calibrados. Por ejemplo, en todas las ocasiones en las que uno expresa un nivel de confianza del 50 % debería acertar la mitad de las veces y equivocarse la otra mitad, mientras que en todas las ocasiones en las que afirme tener un 100 % de confianza debería acertar siempre. Si el porcentaje de aciertos es inferior al nivel de confianza expresado, tenemos un exceso de confianza: estamos subestimando nuestra propia ignorancia.

En el gráfico de la página siguiente se muestran los resultados basados en muchos años de ejercicios de calibración con nuestros alumnos. Cuando estos declaran que su nivel de confianza es del 50 %, lo cual significa que están haciendo conjeturas, aciertan algo más del 50 % de las veces, probablemente porque saben más de lo que creen; pero conforme expresan una confianza cada vez mayor en sus respuestas, estas resultan sistemáticamente menos precisas de lo que creían. Este patrón de calibración «clásico», que muestra una clara tendencia hacia el exceso de confianza, se ha obtenido una y otra vez en numerosos estudios diferentes con muchas poblaciones distintas.[8]

Este tipo de error de calibración por «exceso de confianza» también se evidencia en los juicios de expertos. A principios de la década de 2000, varios investigadores se propusieron estudiar el exceso de confianza entre los analistas bursátiles de Alemania. Para ello propusieron a 350 expertos financieros que formularan sus predicciones sobre el DAX (el equivalente alemán del Dow Jones o el IBEX 35) con seis meses de antelación y actualizándolas cada mes. Y lo que es más importante: pidieron a cada experto que especificara un intervalo de confianza del 90 % para cada predicción, es decir, el rango de valores dentro del cual creían que se situaría el valor real del DAX nueve de cada diez veces.[9] Esto fue lo que ocurrió: un mes tras otro, el valor real del DAX quedaba completamente fuera de los intervalos de confianza que muchos de los expertos habían dado seis meses

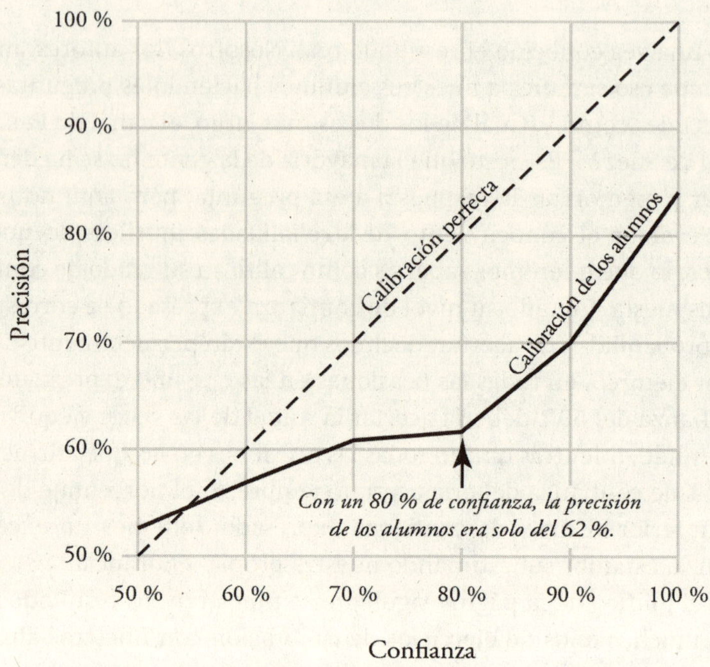

antes. De hecho, a lo largo del estudio, que se prolongó durante 26 meses, más de la mitad de las veces resultó que menos de la mitad de los expertos habían dado intervalos de confianza lo bastante amplios como para incluir el valor real del DAX del mes en curso. Muchos de los expertos no solo se equivocaban sobremanera a la hora de predecir la evolución del mercado bursátil alemán, sino que además se les daba muy mal estimar de antemano hasta qué punto podían llegar a equivocarse.

Esta última frase alberga de hecho la clave del concepto de calibración: contiene la idea de que, además del conocimiento (que utilizamos, por ejemplo, para predecir el DAX a seis meses vista), existe el metaconocimiento, es decir, el conocimiento de nuestro propio conocimiento. Los expertos financieros alemanes que dieron intervalos de confianza que resultaron ser demasiado estrechos demostraban con ello tener un metaconocimiento deficiente: no sabían cuánto ignoraban. Podrían haber hecho mejor las cosas si hubieran mejorado su metaconocimiento, esto es, si hubieran calibrado sus niveles de confianza.[10]

Otro ejemplo interesante procede de la investigación del politólogo Phil Tetlock sobre los expertos profesionales en política exterior. Las predicciones de dichos expertos pueden tener una gran influencia en las políticas públicas de un país: en Estados Unidos, por ejemplo, el Congreso asigna partidas del presupuesto militar basándose en parte en sus predicciones y previsiones, a las que también recurre el presidente a la hora de elaborar estrategias diplomáticas, económicas y militares, y de negociar tratados. Cuanto mayor sea la confianza de los expertos en sus predicciones, mayor será la probabilidad de que los responsables políticos se dejen influir por ellos en uno u otro sentido. Pues bien, la investigación de Tetlock sugiere que debemos recelar de tales predicciones. En su investigación pidió a varios centenares de expertos en política exterior que formularan predicciones afirmativas o negativas sobre determinados acontecimientos a cinco y diez años vista. Les preguntó cosas tales como: «¿Vladímir Putin seguirá siendo presidente de Rusia en 2016?»; y, para cada predicción, también les pidió que indicaran su grado de confianza en una escala del 1 al 9. Los resultados revelaron dos problemas: para empezar, las predicciones apenas resultaban más precisas que las que se habrían obtenido lanzando una moneda al aire; y, en segundo término, no había prácticamente relación alguna entre la precisión y el nivel de confianza expresado. Las predicciones que resultaron acertadas tenían una confianza media declarada de entre 6,5 y 7,6, mientras que en las que resultaron erróneas el nivel de confianza media se situaba entre 6,3 y 7,1. Ambos valores no eran, pues, significativamente distintos: los expertos que se equivocaban tenían el mismo grado de confianza que los que acertaban. Eso significa que la confianza con la que un experto en política exterior afirmaba su predicción resultaba ser muy mala guía para decidir si había que creerle o no.[11]

Cabría esperar que a los físicos y otros científicos naturales se les dé mejor calibrar su confianza que a los científicos sociales, especialmente habida cuenta de que investigan rasgos del mundo natural que no tienen nada que ver con la política. Al fin y al cabo, los científicos naturales tienen a su disposición conjuntos de datos, con distribuciones de frecuencia y mediciones múltiples, así como fórmulas estadísticas avanzadas en las que introducen montones de datos y obtienen intervalos de confianza precisos. Sin embargo, parece que en el pasado los expertos en ciencias «duras» a menudo han tenido los mismos problemas que los expertos en finanzas y política exterior para juzgar el nivel adecuado de confianza que debían asignar a sus conclusiones.

Curiosamente, parte de la razón por la que sabemos tal cosa de los científicos naturales es que los físicos se han mostrado especialmente interesados en saber cuán bien calibradas están sus estimaciones de confianza, por lo que llevan décadas estudiando y monitorizando esta cuestión. La física fue una de las primeras disciplinas científicas que empezó a trabajar con conjuntos de datos extremadamente grandes, y los físicos tienen una larga tradición de colaboración en un contexto de competición entre equipos de todo el mundo, por lo que a finales de la década de 1950 y principios de la de 1960 comenzaron a recopilar, comparar y combinar sus mediciones dispares, así como sus estimaciones de confianza. Pronto descubrieron indicios de que sus niveles de confianza no se correspondían con los resultados. Por ejemplo, al tratar de determinar los valores exactos de constantes físicas como la velocidad de la luz y la masa de un electrón, cabría esperar que los físicos mostraran una gran incertidumbre en relación con sus mediciones iniciales, a la que seguirían estimaciones progresivamente más seguras a lo largo del tiempo. En otras palabras, las barras de error deberían empezar siendo muy amplias y estrecharse cada vez más con cada nuevo estudio, y cada nueva medición de la constante en principio debería situarse dentro del margen de error de la anterior. Pero no era eso lo que ocurría. Cuando los físicos representaron gráficamente sus estimaciones históricas del valor de *c*, la velocidad de la luz, desde 1870 hasta la década de 1960, junto con sus barras de error, descubrieron que dichas estimaciones se dispersan por todas partes, y con frecuencia el valor estimado en un estudio se sitúa completamente fuera del margen de error asignado por el estudio anterior. Ese mismo patrón contradictorio y aparentemente incoherente se repite en las estimaciones de constantes físicas como la inversa de la constante de estructura fina, la constante de Planck, la carga del electrón, la masa del electrón y el número de Avogadro.

Por supuesto, durante toda esta secuencia de mediciones los científicos han creído que su trabajo representaba finalmente una aproximación cercana a la verdad. Por ejemplo, en 1941, el físico Raymond Birge escribía: «Después de una larga y a veces ajetreada historia, por fin se ha establecido el valor de *c* en un estado "estable" bastante satisfactorio».[12] No mucho después, la mayoría de las estimaciones del valor de *c* empezaron a ser muy superiores a la de Birge y a situarse bastante fuera de su intervalo de confianza declarado, y la estimación actual, conocida con un alto grado de confianza, se encuentra igualmente alejada del «estado estable» de Birge.[13]

Cuando los físicos vieron tales fallos en su estimación de los niveles de confianza, se volvieron mucho más cautos a la hora de confiar en simples estimaciones internas y empezaron a exigir muchas más comparaciones externas de resultados a fin de evaluar las incertidumbres, además de pautas mucho más estrictas para aceptar un supuesto descubrimiento científico. Aun así, una de las principales lecciones que los físicos experimentales enseñan a sus alumnos es que, hagan lo que hagan, seguirán confiando en exceso en sus propias mediciones.

Aunque el exceso de confianza sea un rasgo característico de la psicología humana, es posible mejorar nuestra calibración. De hecho, en ciertas circunstancias podemos calibrar bastante bien nuestra confianza. Cuando se estudia la calibración de los niveles de confianza en distintas profesiones en las que las predicciones forman parte integral del trabajo, se comprueba que, por ejemplo, las previsiones a corto plazo de los meteorólogos están sorprendentemente bien calibradas. Si analizamos todas las ocasiones en que un meteorólogo afirma que las probabilidades de que llueva al día siguiente son del 80%, comprobaremos que aproximadamente el 80% de las veces el día resulta lluvioso. ¿A qué obedece que su calibración sea tan precisa? La clave podría estar en que los meteorólogos reciben de forma constante un *feedback* inmediato sobre sus propias predicciones. Además, su prestigio profesional depende de su metaconocimiento (es decir, de estar bien calibrados) al menos tanto como de su conocimiento (esto es, de ser precisos).[14]

En cualquier profesión o ámbito, tanto las exigencias profesionales como las fuerzas sociales y culturales influyen en los juicios de las personas sobre el estado de sus propios conocimientos. Ser conscientes de las influencias que afectan al modo de calibrar los niveles de confianza en nuestras circunstancias concretas puede ayudarnos a identificar y resistir las fuerzas que nos empujan sutilmente hacia el exceso de confianza. Deberíamos esforzarnos, en cierto sentido, por emular a *Watson*, un superordenador de IBM. *Watson* derrotó a los mejores participantes humanos de *Jeopardy!* –un célebre concurso televisivo de preguntas y respuestas– no solo por su vasto conocimiento, similar al de Wikipedia, sino también por su sagaz metaconocimiento.

En *Jeopardy!* el metaconocimiento es sumamente importante porque solo un concursante tiene la oportunidad de dar la respuesta correcta (en realidad, se trata de formular la «pregunta» que corresponde a una «respuesta» dada), y es el concursante que pulsa primero el timbre. Dado que las respuestas incorrectas se penalizan, existe un fuerte elemento disuasorio para limitarse a pulsar el timbre al tuntún lo más deprisa posible: solo hay que pulsarlo si se sabe, o se cree saber, la respuesta correcta. Los concursantes que ganan son, pues, los que se muestran capaces de determinar rápidamente si conocen o no la «pregunta» apropiada. *Watson* está programado para hacer justo eso en tiempo real, y hacerlo muy bien. Conoce su propio estado de ignorancia. Básicamente viene a decirnos: «en este caso deberías creerme», «en este otro hay pocas razones para hacerlo»; y esa es una cualidad muy valiosa en un experto.[15]

CONFIANZA EN LA CONFIANZA DEL PRÓJIMO

Ahora bien, para comprender plenamente el exceso de confianza de los expertos, tenemos que ver cómo se utilizan en el mundo las predicciones y valoraciones de estos. Hemos de ver las cosas desde la perspectiva del «observador»: el paciente del médico que evalúa el riesgo de una intervención quirúrgica, el miembro del jurado que considera la declaración de un perito, el inversor que se guía por las predicciones bursátiles de su asesor financiero... Cuando examinamos casos como estos e investigamos qué tipo de indicios utiliza la gente para decidir si debe creer o no al experto en cuestión, la confianza que este manifiesta se revela como uno de los más importantes: los asesores, peritos y expertos nos parecen tanto más creíbles cuanto más seguros de sí mismos se muestran.

Un tipo de situación en la que interviene esta clase de dinámica es el contexto de la justicia penal, en el que los jurados escuchan la declaración de testigos presenciales y tienen que juzgar su credibilidad. Aquí el testigo ocular es el «experto» y el jurado es el «observador». Los psicólogos que desean investigar qué tipo de indicios utilizan los observadores en estos casos para juzgar la credibilidad pueden crear simulaciones en las que se representa un delito ante un público y luego se recurre a testigos reales de dicho «delito» para que testifiquen ante jurados simulados. Por regla general, en tales situaciones los psicólogos descubren que la percepción de la credibilidad exhibe una correlación positiva bastante marcada con la percepción de la confianza del testigo, lo que sugiere que los jurados reales pueden depender en gran medida de esta última a la hora de responder a la cuestión clave «¿Debería creer a esta persona o no?».[16]

Pero aquí hay un problema. Sabemos que la confianza declarada en una predicción o evaluación es una guía poco fiable de su precisión. Si una persona se basa en la confianza de un experto –ya sea percibida o declarada– para juzgar su credibilidad, no es infrecuente que se engañe y tome malas decisiones por ello: los jurados pueden enviar a inocentes a la cárcel, los inversores pueden elegir valores ruinosos, los pacientes pueden optar por someterse a cirugías que acarreen complicaciones... y todo porque se habrán centrado en la confianza de una persona como indicio clave para juzgar la credibilidad y la precisión de sus opiniones.

Por fortuna, hay evidencias de que es posible alterar esta dinámica. Se han realizado estudios psicológicos en los que, tras demostrarse que diversos analistas, expertos o testigos que parecían muy seguros de sí mismos resultaban estar equivocados, se comprobaba que sus manifestaciones de confianza dejaban de tener el mismo peso entre los observadores. En el momento en que se demuestra que una persona aparentemente segura de sí misma ha cometido un error, quienes confiaban en ella se sienten traicionados. (En cambio, los expertos o testigos que se demuestra que se han equivocado, pero que previamente habían expresado menos confianza en su predicción o evaluación, no ven reducida su credibilidad.)[17]

Parece de sentido común que los observadores modifiquen su respuesta ante los indicios que denotan el grado de confianza cuando se les presenta información sobre la precisión real del experto: ya no se requiere la confianza como indicador de la precisión si se conoce esta última. Pero el requisito de que el observador reciba la información pertinente constituye un obstáculo crucial: no siempre es posible obtener información sobre la precisión de un experto; y, además, algunos estudios sugieren que, si obtener dicha información supone un esfuerzo, muchas personas eligen el camino fácil y prefieren seguir recurriendo a la confianza del experto como indicador de su precisión.[18]

¿Es posible para un experto nadar y guardar la ropa, es decir, evitar el exceso de confianza y, a la vez, evitar cometer errores? Una forma de hacerlo es optar por un intervalo de confianza tan amplio que incluya la verdad casi con toda certeza: «Tengo un 95 % de confianza en que el presidente obtendrá entre el 30 % y el 70 % de los votos si se presenta a la reelección». El dilema al que se enfrenta aquí el experto es que nadie le considerará tal si adopta una postura tan poco arriesgada. (A medida que la horquilla se estrecha, la confianza disminuye necesariamente: el mismo experto podría haber dicho que tenía un 70 % de confianza en que el presidente obtendría entre el 40 % y el 60 % de los votos, o un 60 % de confianza en que la horquilla se situaría entre el 40 % y el 50 %.) Los expertos tienen que estar lo bastante calibrados para ser dignos de confianza, pero mostrarse lo bastante concretos para proporcionar información útil, lo cual no es tarea fácil. Lo bueno del caso es que una evaluación honesta y realista de la propia confianza del experto puede preservar la confianza ajena en este.

COMPROBAR NUESTRO EXCESO DE CONFIANZA

Si solo hubiera dos tipos de expertos, los «precisos» y los «imprecisos», la mayoría de nosotros no dudaríamos en escuchar al primer grupo antes que al segundo. Pero, aparte de las cuestiones más simples –para las que en realidad no necesitamos a un experto–, no es realista esperar que ningún experto sea capaz de ofrecer apreciaciones cuya exactitud esté garantizada. De ahí que las declaraciones sobre el propio grado de confianza constituyan una fuente de información crucial de cara a evaluar a nuestros expertos, aunque no de la forma en la que la mayoría de los lectores probablemente están acostumbrados a hacerlo.

La próxima vez que oigas hablar a un experto en tu programa de actualidad favorito, presta atención a las palabras que utiliza para describir su nivel de confianza. ¿Manifiesta una certeza absoluta? ¿Utiliza expresiones «protectoras» como «es posible que...», «hay un riesgo de...», «una opinión es que...», etc.? En este mundo nuestro de inherente incertidumbre, deberíamos valorar a los expertos que estén *calibrados*. Por desgracia, los expertos suelen verse presionados –por periodistas, responsables políticos, abogados y la opinión pública en general– para que al hablar parezcan seguros de sí mismos.

El famoso psicólogo Daniel Kahneman afirmó en cierta ocasión que el exceso de confianza es el sesgo cognitivo humano «que más le gustaría eliminar si tuviera una varita mágica».[19] Dudamos de que el exceso de confianza pueda llegar a erradicarse nunca, pero ya hemos visto que hay pasos concretos que todos podemos dar para reducirlo.

No lo hemos recalcado aquí, pero quizá el primero sea este: no nos sintamos obligados a opinar sobre algo si no sabemos mucho al respecto. Tal vez podríamos limitar nuestro propio «presupuesto de opinión»: «Hoy solo me permitiré exponer cinco opiniones, de modo que será mejor que las elija sabiamente».

En caso de sentirnos obligados a dar una opinión, si es posible, expresémosla como una probabilidad, o acompañémosla de alguna indicación sobre nuestro propio nivel de confianza: «Estoy seguro en un 75% de que...»; o tal vez: «Creo que esta opción tiene más probabilidades que la contraria».

Cuando escuchemos la opinión de expertos, prestemos mucha atención a si reconocen o no su propia incertidumbre y a las posibles formas en que podrían equivocarse. Aunque nos gustaría que nuestros expertos acertaran al 100%, eso no va a ocurrir. Pero podemos y debemos buscar expertos que se acerquen a ese 100% en cuanto a su nivel de calibración. Los expertos que nos dicen «no sé lo bastante para ofrecer una opinión firme» no son inútiles: son fiables y dignos de confianza. Y si creemos que se cuentan entre quienes más saben sobre un determinado tema, acaban de indicarnos que ese es un tema sobre el que se requiere más investigación. Mientras tanto, si necesitamos actuar, sabremos que lo mejor es hacerlo con cautela, y mostrarnos humildes con respecto a cuánto se sigue ignorando.

Capítulo 6

ENCONTRAR LA SEÑAL ENTRE EL RUIDO

Los científicos experimentados saben que su primera interpretación de un fenómeno a menudo resulta ser errónea. Y con frecuencia lo aprenden por las malas. Saul aprendió esta lección cuando era un joven estudiante de posdoctorado y trabajaba con varios científicos veteranos en una apasionante investigación astrofísica que comenzó con la explosión de una estrella relativamente próxima. La supernova 1987A, como se dio en llamarla, era con diferencia la supernova más cercana –y, en consecuencia, la más brillante– que se había visto en centenares y centenares de años. Científicos de todo el mundo acudieron a los telescopios del hemisferio sur del globo (donde era visible) para estudiarla de toda clase de formas distintas. El equipo con el que trabajaba Saul tuvo esta idea: cuando este tipo de supernova explota, deja tras de sí un remanente extremadamente denso y comprimido del astro que fue antaño, que se conoce como «estrella de neutrones». Ese remanente, la estrella de neutrones, gira y gira sin parar, y suele arrastrar consigo en su giro un campo magnético muy intenso, emitiendo haces de luz (y de radio) en sus dos polos magnéticos. Si los polos magnéticos están desalineados con respecto al eje de rotación, el haz de luz de uno de ellos puede apuntar hacia nosotros una vez en cada giro, como la luz de un faro. Normalmente la rotación se produce en torno a 1.000 veces por segundo, por lo que se puede observar un pulso regular de luz (o de radio) cada milisegundo (¡siempre, claro está, que se disponga de un potente telescopio y un buen dispositivo para registrar la luz!).

La primera vez que alguien vio uno de esos objetos –los llamados «púlsares»– anotó «LGM», siglas en inglés de *«little green men»* u «hombrecillos verdes», en el gráfico original que estaba elaborando (en este caso de señales de radio, no de señales ópticas), porque pensó que ese pulso repetido y regular podría ser una señal de inteligencia extraterrestre. Luego, Jocelyn Bell Burnell y Antony Hewish, los astrofísicos que encontraron la señal, empezaron a descubrir un montón de púlsares en distintos lugares del cielo, algunos de los cuales parecían estar asociados a los mencionados remanentes de supernovas. Y empezaron a darse cuenta de que un púlsar no era en absoluto nada tan emocionante como una señal de inteligencia extraterrestre. Aun así, seguía siendo un objeto muy interesante, ya que los púlsares resultan asombrosos en sí mismos.

El equipo de Saul pensó que, por primera vez, podrían tener la oportunidad de captar un púlsar en el momento de formarse justo después de la explosión. Así que construyeron un nuevo instrumento, un detector de fotones infrarrojos, y volaron a Chile para montarlo en el telescopio.

En efecto, detectaron una señal con una frecuencia de repetición cercana a la esperada, 2.000 veces por segundo. Si esta señal fuera un sonido —una pulsación de presión de aire, en lugar de una luz pulsátil— sería aguda, aproximadamente un si casi tres octavas por encima del do central. (Aquí resulta útil imaginar el equivalente sonoro de una pulsación tan rápida: si bien tenemos cierta idea intuitiva de cómo puede ser un sonido muy agudo o muy grave, no la tenemos, en cambio, de cómo son las señales luminosas oscilantes tan veloces, dado que nuestros ojos no perciben la oscilación de la luz cuando esta se produce a una velocidad superior a unas 50 veces por segundo.) Curiosamente, el «tono» de oscilación de la luz de la supernova era variable: primero bajaba un poco (es decir, oscilaba un poco más despacio) durante unas horas, y luego volvía a su tono inicial en las horas siguientes. ¿A qué se debía?

El equipo reflexionó sobre ello y se dio cuenta de que podía haber una buena razón para esperar que la señal variara un poco, pues entraría en juego un cierto efecto Doppler (el cambio de tono que oímos cuando el claxon de un coche o la sirena de una ambulancia se acerca a nosotros y después se aleja). Como la Tierra gira, a veces el instrumento del observatorio de Chile se acercaba a la señal, haciendo que «sonara» un poco más aguda, y otras veces se alejaba de ella, lo que la hacía «sonar» un poco más grave.

Además, la Tierra también gira alrededor del Sol, y ese movimiento debería asimismo intervenir en la variación de tono. Así pues, para determinar si la señal variaba y por qué, el equipo tuvo que corregir esos dos efectos que distorsionaban el tono. Una vez corregidos, el tono de la señal seguía variando, pero ahora su variación había adquirido un aspecto bastante regular, era casi una onda sinusoidal perfecta. Esto resultaba emocionante, porque una onda sinusoidal es justo lo que se esperaría del desplazamiento Doppler si el púlsar tuviera un planeta orbitando a su alrededor: el planeta haría que el tono se desplazara de forma regular, alejándose y acercándose a nosotros, y la señal tendría justo el aspecto de onda sinusoidal que observaba el equipo.

En el momento de conocerse este apasionante resultado, los científicos aún no habían encontrado ningún planeta fuera de nuestro sistema solar (los denominados «exoplaneta»). La señal del púlsar contenía la primera prueba jamás hallada del descubrimiento de tal exoplaneta, el tipo de descubrimiento que hace que ser científico sea una pasada. Estás explorando, un poco como por diversión; miras, y de repente aparece una señal. Es difícil de reconocer. Corriges una de las distorsiones que conoces (por ejemplo, el efecto del movimiento de la Tierra), y se convierte en algo que se parece exactamente a otra cosa que ni siquiera habías estado buscando: en este caso, un planeta orbitando alrededor de un lejano púlsar. El artículo que detallaba el descubrimiento del equipo se envió de inmediato a la revista científica internacional *Nature*.

Pero luego las cosas se complicaron...

Tras haber leído los dos últimos capítulos, es posible que el lector se esté preguntando cuál era el nivel de confianza del equipo en aquel descubrimiento. Al fin y al cabo, hemos hecho hincapié en el papel crucial que desempeña el pensamiento probabilístico para la adopción de decisiones en este mundo nuestro repleto de incertidumbres, y, por ende, en la importancia de calibrar nuestro nivel de confianza en nuestros propios argumentos, o el nivel de confianza que acompaña a las afirmaciones de los expertos a los que escuchamos. Examinemos con un poco más de detalle cómo manipulamos, cuantificamos y utilizamos el pensamiento probabilístico, dado lo útil que resulta manejar con soltura esta herramienta.

Un buen punto de partida es explicar algunos términos propios de la jerga científica. Gran parte del debate probabilístico implica la búsqueda de «señales entre el ruido», pero lo que los científicos entendemos por *señal* y *ruido* es distinto de lo que normalmente significan estas palabras en otros contextos.

¿Qué solemos entender por *señal*? En el contexto de la comunicación, puede ser cualquier elemento que una persona utiliza para intentar transmitir un mensaje a otra, como palabras habladas, letras, música o el haz de luz de un faro. Estas señales contienen las ideas, instrucciones o emociones que se pretende comunicar. Pero una señal también puede ser algo un poco más abstracto: cuando tratamos de detectar algo –una forma, un sonido o un olor– que nos habla de cómo es el mundo, la señal es el rastro o la prueba de ese algo.

Si estas dos nociones perfilan lo que entendemos por señal, ¿qué es el ruido? Por ruido entendemos casi cualquier cosa que obstaculice la detección de una señal. Algunos tipos de ruido pueden ser muy similares a la señal, pero en realidad no pretenden comunicarse con nosotros o no nos proporcionan la información que buscamos sobre el mundo. Por empezar con algunos ejemplos auditivos (ya que esta terminología tiene su origen en la ingeniería radioeléctrica), imagina que estás en una sala concurrida intentando escuchar las palabras de alguien y entender lo que dice, pero al otro lado de la sala hay otra persona hablando que mantiene una conversación distinta. Es de suponer que las palabras de la otra persona tienen como fin comunicarse con alguien, pero desde nuestra perspectiva son «ruido» que interfiere con la «señal» que tratamos de recibir. Nuestra capacidad para concentrarnos en nuestro interlocutor en medio de tales distracciones se conoce como «efecto cóctel», o «efecto de fiesta de cóctel».

El ruido también puede consistir en distracciones aleatorias, como sonidos, formas u olores que casualmente se solapan con aquello en lo que tratamos de centrarnos. Por ejemplo, si intentamos escuchar a alguien con quien hablamos mientras caminamos por la playa y, al mismo tiempo, ruge el mar embravecido, ese rugido no es intencionado como lo son las conversaciones de otras personas en un cóctel. Pero el sonido de las olas es un ruido aleatorio que igualmente puede ocultar nuestra señal.

Aunque resulta fácil pensar en ejemplos de ruido en forma de sonido, es importante tener claro que el ruido, tal como aquí lo definimos, también se presenta en otras variantes, y existe de hecho cuando intentamos detectar casi cualquier cosa, sensorial o de otro tipo. Y se dan los mismos problemas para diferenciar la señal del ruido cuando, por ejemplo, tratamos de detectar el sarcasmo en la conversación de un amigo de rostro inexpresivo, el cariz de un correo electrónico que nos ha enviado nuestro jefe, el sabor de la canela en una tarta de manzana o una garrapata en el pelo de nuestro perro.

QUÉ SE CONSIDERA SEÑAL, Y QUÉ RUIDO

Con estas definiciones de señal y ruido, es posible que el lector ya sospeche que lo que para una persona es una señal puede ser mero ruido para otra, dado que ambas pueden estar tratando de detectar aspectos diferentes del mundo. Imagina, por ejemplo, que estás viendo una película en televisión y que en el transcurso de esta ocurre una de estas cosas:

a. En la película, un ladrillo vuela a través de una ventana hacia la estancia donde se encuentra el protagonista, causando un fuerte estruendo.
b. En la película, una densa niebla que apenas permite ver nada dificulta el avance del protagonista por un desolado bosque.
c. La película se ve interrumpida por una alerta que advierte de la proximidad de un incendio forestal.
d. En la película, durante un dramático discurso político, el protagonista hace una importante observación sobre la democracia.

¿Cuál de tales circunstancias clasificarías como «ruido» para tu experiencia cinematográfica? Podrías tener la tentación de decir que la B, porque una densa niebla sin duda parece ser una distracción. Pero en tu papel de espectador la niebla no es ruido. Por el contrario, que el protagonista tenga dificultades para atravesar la niebla es un dato importante en la narración; la niebla es una señal para ti como espectador, forma parte de la trama. Habría que elegir más bien la C. Como espectador de una película, la exasperante interrupción para alertar sobre algún tipo de incendio forestal constituye una distracción innecesaria. Resulta patente que, en cuanto espectador, es ruido para ti, aunque probablemente no lo sea como ser humano al que le gustaría seguir vivo mañana.

¿Cuántas de las mencionadas circunstancias son ruido desde la perspectiva del protagonista del filme? Podemos descartar la C, porque el protagonista no la experimenta en absoluto, pero, en cambio, ahora sin duda la niebla es ruido: la señal para el protagonista es el sendero que atraviesa el bosque, y la densa niebla constituye un obstáculo para seguirlo. ¿Es posible que la opción A, el ladrillo que atraviesa la ventana, sea también ruido? Este suceso es ciertamente ruidoso desde la perspectiva del protagonista, pero solo en términos del significado literal de la palabra *ruido*. Si pensamos en el ruido como distracción, en cambio, el ladrillo que atraviesa la ventana no cumple los requisitos para serlo. Hay que asumir que, a efectos narrativos, que alguien lance un ladrillo por la ventana es un hecho significativo para el protagonista y forma parte de la trama; le está diciendo algo que debe saber.

¿Y cuántas de ellas son ruido desde la perspectiva de un perro que intenta que el espectador de la película lo saque a pasear? Probablemente aquí tengamos que marcar la casilla de «todo lo anterior». Al perro no le interesa nada de eso: solo quiere salir a pasear, y desde su punto de vista todo lo que ocurra en la película o se anuncie en televisión no es más que ruido de fondo, cosas que se interponen en el camino de la señal importante, que es la lastimera mirada de «necesito salir» del perro.

Demos ahora la vuelta a la cuestión y preguntémonos si estos cuatro sucesos, del A al D, podrían ser señales en un contexto dado. Cabría pensar que no, porque el suceso B, la densa niebla que apenas permite ver, parecería ruido en cualquier posible contexto. Pero supongamos que tenemos un billete de avión: la niebla sería una señal de que nuestro vuelo podría retrasarse.

La gracia de esta serie de ejemplos es que no siempre resulta evidente qué es señal y qué ruido. Hay que tener en cuenta lo que se intenta averiguar: qué se considera señal en un contexto concreto y qué se considera ruido. En muchas situaciones probablemente merece la pena hacerse varias preguntas: ¿hay alguna señal aquí?, ¿hay ruido?, ¿los diferenciamos claramente?, ¿podemos confundir una cosa con otra? Este tipo de indagación adquiere relevancia cuando empezamos a analizar problemas del mundo real, como los que se plantean en relación con el cambio climático y el calentamiento global. Observa el gráfico adjunto, que muestra las mediciones anuales de la temperatura media global en superficie durante el periodo comprendido entre 1850 y 2000.[1]

Obviamente, el lector querrá saber si aquí hay una señal de aumento de la temperatura. También es posible que desee saber si la señal de calentamiento se inicia más o menos en la misma época en la que los humanos empezamos a introducir dióxido de carbono en la atmósfera en

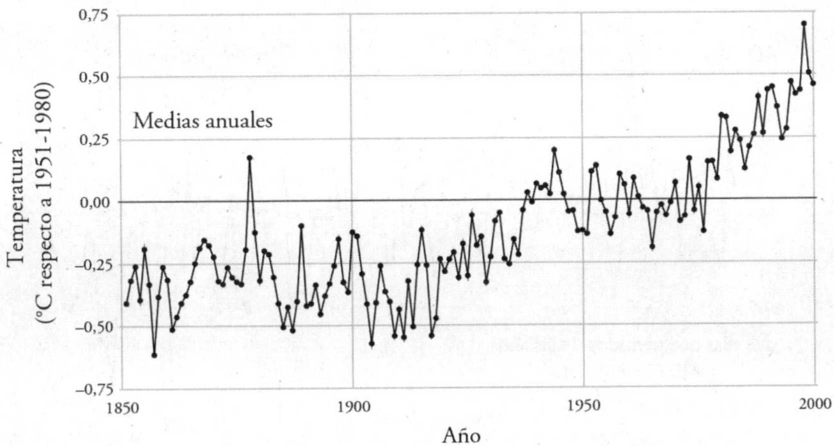

cantidades mucho mayores. Pero lo primero que se ve al observar el gráfico es que en realidad resulta bastante ruidoso, en el sentido de que las mediciones fluctúan mucho de un año a otro y de una década a otra. Sin duda, se necesita saber mucho acerca de lo que está causando ese ruido, esas variaciones en la temperatura que parecen ser aleatorias, para poder interpretar el gráfico y detectar la señal. Cuando se produce un pequeño aumento, pongamos de un cuarto de grado más o menos, durante un periodo de veinte años, ¿se trata de una señal de cambio climático?, ¿o se trata simplemente de una de las fluctuaciones aleatorias que se producen en este sistema concreto? Al fin y al cabo, observamos un montón de fluctuaciones más grandes de un año a otro.

Las cosas se complican todavía más si se atiende a la fluctuación de la temperatura global en un contexto a más largo plazo. En el segundo gráfico adjunto, que muestra las temperaturas medias por periodos de veinte años desde el 400 a. C. (utilizando datos de núcleos de hielo de Groenlandia como aproximación a los cambios de temperatura global), se puede ver que el periodo representado en el gráfico anterior es la pequeña sección de la derecha, y sin duda parece que solo forma parte de una larga serie de fluctuaciones, es decir, ruido en lugar de señal.[2] (Roma se forjó durante un periodo cálido, y la peste negra causó estragos en un periodo frío; puede, pues, que lo prefiramos cálido.)

Por desgracia, a medida que nos adentramos en los años más recientes (véase el tercer gráfico, en la página 115), la señal del calentamiento

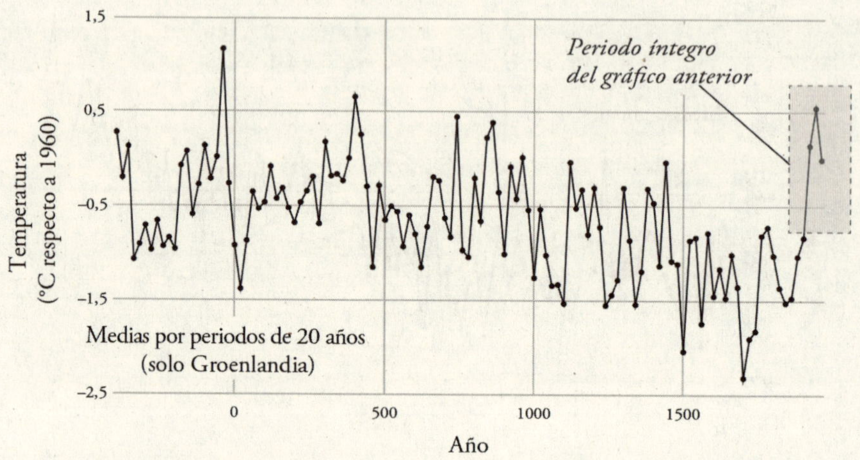

global parece aumentar con más fuerza en relación con el ruido. Asimismo, un estudio más exhaustivo del reciente aumento de la temperatura media global indica que, en lo que respecta al siglo pasado, la mayor parte del aumento se debe a la actividad humana. Gran parte de las pruebas de ello proceden de la identificación de las fuentes de ruido en este gráfico. Por ejemplo, muchos de los pequeños descensos de temperatura producidos a corto plazo están asociados a volcanes que emiten gases a la atmósfera, que a su vez enfrían el planeta al reflejar la luz solar. También tenemos indicios de que el ruido no es solo un indicador de deficiencias en las mediciones de las temperaturas terrestres, sino que de hecho constituye un reflejo de la realidad, dado que la mayoría de las fluctuaciones a corto plazo restantes coinciden perfectamente con las fluctuaciones de las temperaturas superficiales del Atlántico Norte. Aparte de estas dos correlaciones de ruido a corto plazo, la otra tendencia que se observa es la forma lentamente ascendente del gráfico de la temperatura, que se corresponde con la forma, también lentamente ascendente, que adoptan los gráficos del CO_2 de la atmósfera en el mismo periodo, lo cual constituye justamente la señal que nos preocupaba encontrar, puesto que esta variación del CO_2 es primordialmente de origen humano.[3] He aquí un buen ejemplo de un problema en el que diferenciar la señal (la tendencia de incremento de la temperatura asociada al aumento del CO_2) del ruido (las fluctuaciones a corto plazo asociadas a los volcanes y a las temperaturas oceánicas) resulta crucial para entender una situación.[4]

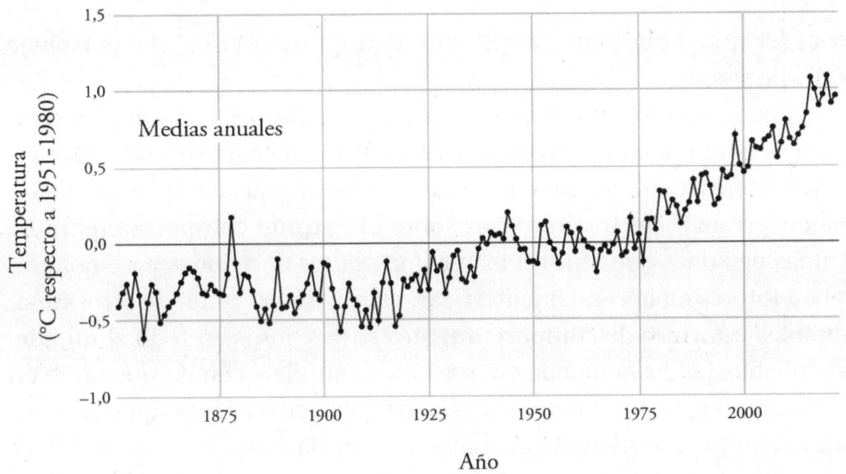

Repasando todo lo anterior, vemos que –como ocurre con el efecto cóctel, en el que en principio se puede averiguar quién más está hablando y dificultando que escuchemos a un amigo– a veces es posible identificar las fuentes de lo que parece ruido aleatorio que interfiere con la señal. A menudo, como en un cóctel, no merece la pena hacerlo, ya que tenemos otras formas de mejorar la señal y suprimir el ruido (por ejemplo, podríamos trasladarnos a un rincón más tranquilo para mantener nuestra conversación). Pero, en cambio, en el caso del clima global hay una razón adicional para identificar las fuentes de ruido: nuestro deseo de mantener la temperatura de la Tierra, a ser posible, en el rango del último siglo, habida cuenta de las consecuencias de un cambio significativo de temperatura en un mundo que hoy sustenta a miles de millones de personas más que en toda su historia. Sin embargo, sería difícil controlar la temperatura si no supiéramos qué variables (como el CO_2) son las palancas del cambio, y cuáles otras son meras fuentes de ruido que no afectan a la temperatura del planeta a largo plazo.

Una vez que empiezas a pensar en el problema de detectar una señal en medio del ruido, comienzas a verlo en todas partes mientras haces tu vida diaria, y no solo cuando acudes a una fiesta. Por ejemplo, si le lees a tu hijo la fábula de «Pedro y el lobo», descubres que la historia trata de un niño que, tras haber creado ruido, pierde la capacidad de enviar una señal de alarma. Y si le enseñas los rompecabezas visuales de *¿Dónde está Wally?*, adviertes con cuánto ingenio crea el ilustrador un patrón de imágenes (el ruido) que imita vagamente la impresión visual del personaje Wally (la señal).

Viendo las noticias, también podemos mostrarnos más comprensivos con aquellas personas cuyo trabajo en 2001 era detectar posibles amenazas terroristas, pero que no encontraron la señal –del complot del 11-S– que encerraban ciertos informes sobre el extraño comportamiento de algunas personas que se formaban como pilotos de aviones pero no mostraban interés en aprender a aterrizar, en medio del ruido de otros innumerables informes de comportamientos sospechosos en todo el mundo. Es probable que haya habido circunstancias similares en las que también se pasaron por alto señales de advertencia en otros acontecimientos históricos (como, por ejemplo, el ataque a Pearl Harbor).

Incluso hay algunas situaciones insólitas en las que podríamos decir que el ruido es «nuestro amigo», ocasiones en las que nos gustaría ignorar la señal. Obviamente, esa es la razón por la que las llamadas «máquinas de ruido blanco» llevan la palabra *ruido* en su nombre: nos ayudan a no tener que escuchar la señal de la molesta por más que fascinante conversación que tiene lugar en la habitación de al lado cuando queremos dormir. Una de las posibles explicaciones de por qué nos rascamos cuando sentimos picor nos brinda un ejemplo más sorprendente de los beneficios del ruido: podría ser que estuviéramos enmascarando la desagradable señal de escozor derivada de la picadura de un mosquito en el brazo con el ruido de la sensación, menos desagradable, que nos produce rascarnos.

RELACIÓN SEÑAL/RUIDO

Hay otro aspecto de la jerga científica relacionada con los conceptos de señal y ruido que probablemente merezca la pena conocer aunque no sea algo que utilicemos a diario. Es un término que surge porque los científicos a menudo tienen que diseñar técnicas para extraer una señal enterrada en ruido, lo cual requiere saber cuantitativamente a qué profundidad está enterrada dicha señal, es decir, qué magnitud tiene exactamente el ruido en comparación con la magnitud de la señal. El término en cuestión es «relación señal/ruido».

El proceso básico para determinar la relación señal/ruido es fácil de explicar. Supongamos que tenemos una señal formada por 14 caracteres:

mas_vale_tarde

Imaginemos que se trata de un mensaje secreto que alguien nos lee letra a letra a través de una mala conexión telefónica con muchas interferencias que actúan como ruido. Para imitar esta situación, añadamos ruido a la señal eligiendo al azar dos de los caracteres y sustituyéndolos por otros también elegidos al azar:

mxs_valq_tarde

En este ejemplo, la «relación señal/ruido» es de 12:2 (o 6:1): 12 caracteres de señal y 2 de ruido. Con esta relación, o nivel de ruido, todavía es posible distinguir la señal, o al menos adivinar el mensaje. Pero ¿qué ocurre si la conexión telefónica es aún peor? Simulémoslo reemplazando otros dos caracteres más por ruido:

mxsnvalq_tardp

Ahora, con la relación señal/ruido en 10:4 (o 5:2), resulta considerablemente más difícil detectar la señal. Puede que uno lo adivine después de muchos intentos, pero el ruido se convierte en un verdadero obstáculo. Si reemplazamos otros dos caracteres por ruido para reducir la relación señal/ruido a 8:6 (o 4:3), detectar la señal se hace casi imposible:

mxsnzalq_turdp

En estos ejemplos se puede ver que la suerte puede influir cuando una señal queda oculta por el ruido. Algunos tipos de información aleatoria ocultan mejor una señal que otros. En ciencia, a veces uno simplemente acaba teniendo suerte: aparece una señal que, por fortuna, no está demasiado distorsionada por el ruido, y le da una pista que le lleva a hacer un descubrimiento.

Lo más importante aquí, no obstante, es que la cuantificación de la relación señal/ruido nos ayuda a medir la «ruidosidad» y la calidad de la señal y a comparar unas situaciones con otras. En nuestro ejemplo, una relación de 6:1 hace que la señal todavía resulte bastante evidente, pero con una relación de 5:2 las cosas se complican lo suyo. Con la cuantificación podemos proyectar qué nivel de señal versus ruido vamos a necesitar para nuestros objetivos. Eso es algo que los científicos tienen que hacer (o deberían hacer) a menudo, por lo que conviene saber que suele ser una consideración importante cuando se pide a un científico que opine sobre un factor clave en una decisión.

Ahora bien, cuando los científicos hablan de la relación señal/ruido, suelen utilizar una definición estadística más sofisticada. No obstante, se aplica el mismo principio: se trata de calcular cuánto ruido hay en comparación con cuánta señal tenemos, y cuáles son las probabilidades de que, dada esa relación, seamos capaces de reconocer la señal en medio de ese ruido. De ahí la utilidad e importancia de conocer este concepto.

QUÉ HACER CON EL RUIDO

Ya hemos dicho que los científicos a menudo se dedican a extraer una señal enterrada en ruido. Veamos una de las formas de hacerlo, usando el ejemplo de una escena ficticia de una película dramática en la que el protagonista es el lector (partimos de la teoría de que siempre resulta más entretenido protagonizar nuestras propias películas de ficción). Imagina que estás de patrulla aérea, pilotando tu avión sobre el Pacífico en la Segunda Guerra Mundial. Captas una señal de radio que parece una interferencia. ¿Qué hacer con ese ruido que te llega por los auriculares?

Como has recibido formación en la materia, tienes una teoría. Piensas que tal vez haya una señal que llega en un tono determinado, en una frecuencia dada, y te parece oírla muy débilmente. Resulta que tu radio tiene un ecualizador, un filtro de frecuencias, que te permite suprimir todos los tonos excepto el que intentas oír. Jugueteas un poco con la radio y entonces lo oyes: tres pulsos cortos, tres pulsos largos, tres pulsos cortos. Es «SOS» en código morse. Viras el avión en dirección a la señal para investigar.

Esta historia tiene dos aspectos interesantes. Para empezar, la única diferencia entre oír todo ese ruido y oír la señal residía en suprimir todas las frecuencias que no coincidían con la de esta última. Una vez eliminado todo lo demás, lo único que llegaba era la frecuencia que contenía la señal. De pronto, se hacía evidente que había una señal oculta.

El segundo aspecto interesante es que resulta que a nuestro cerebro se le da extraordinariamente bien hacer esa tarea de eliminar el ruido si sabe dónde buscar la señal, en este caso el tono en el que se espera que se emita la señal de SOS. De hecho, si fueras ese piloto de la Segunda Guerra Mundial que acaba de escuchar una señal de SOS oculta entre un montón de interferencias y apagaras el filtro ecualizador, seguirías siendo capaz de reconocerla a pesar de todo el ruido, porque sabrías dónde escucharla y tu cerebro actuaría como filtro. El cerebro es increíblemente bueno aprendiendo a filtrar. (Es importante que lo tengas en cuenta cuando busques señales entre el ruido, puesto que estamos a punto de explorar los problemas que surgen precisamente porque nuestro cerebro realiza ese filtrado de forma automática. Como ocurre con todos nuestros dones humanos, también este tiene dos caras.)

Un ejemplo clásico de busca de señales filtrando el ruido es el actual proyecto científico internacional de búsqueda de inteligencia extraterrestre (SETI, por sus siglas en inglés). Una de las cosas que hace un científico del SETI es apuntar una antena de radio hacia estrellas lejanas. Lo que escucha entonces son interferencias que suenan muy parecidas a las que oía nuestro piloto de la Segunda Guerra Mundial: es el zumbido de todo el ruido del universo, o, más bien, del ruido de ese lugar concreto del cielo hacia el que ha apuntado la antena.

El problema es que no podemos limitarnos a tratar de escuchar solo sonidos del tipo bip-bip-bip-bip, porque, que sepamos, los extraterrestres no hablan en código morse, de manera que lo que tratamos de hacer es inventar todos los filtros posibles que podamos imaginar. En eso consiste de hecho la labor de los científicos del SETI: no dedicarse únicamente a buscar a ciegas una señal obvia en el ruido, sino inventar filtros capaces de centrar nuestra atención en cualquier posible señal de comunicación que creen que podría utilizar una inteligencia extraterrestre. No resulta nada fácil saber cómo hacer eso. Si nos paramos a pensarlo, ¿en qué señal de comunicación concreta querríamos centrarnos (eliminando todo lo demás)? ¿Qué creemos que podría utilizar un presunto extraterrestre como equivalente del código morse?

Una sencilla posibilidad sería ver si está intentando enviar un pulso repetido regular en un determinado tono. De hecho, sería interesante que resultara que solo había que buscar un tono o frecuencia concreto, como en el ejemplo del SOS. Por desgracia, hay otros fenómenos naturales en el universo que producen pulsos repetidos y no se deben a inteligencias extraterrestres.

Volveremos a poner un ejemplo dramático de esto cuando lleguemos al desenlace de nuestra anterior historia sobre el planeta que orbita alrededor de un púlsar, pero antes deberíamos abordar un problema particularmente insidioso al que nos enfrentamos cuando practicamos este juego de filtrar el ruido en busca de un patrón significativo: ¡nuestro cerebro ve patrones en el ruido aleatorio, y además les atribuye significado! Como veremos, nuestra capacidad de reconocer las señales que necesitamos para tomar decisiones en nuestra vida cotidiana (y a largo plazo) en medio de todas las posibles fuentes de ruido depende de lo bien que comprendamos nuestra propensión a dejarnos engañar de ese modo. Es un tema tan importante para la forma en que todos deberíamos manejar diariamente las señales y el ruido que dedicaremos el siguiente capítulo a darle —junto con la historia del púlsar— el tratamiento que merece.

Capítulo 7

VER COSAS QUE NO ESTÁN AHÍ

La siguiente parte de la historia comienza con nuestra ingenua expectativa de lo que puede hacer el ruido aleatorio.

¿En qué sentido decimos que tales expectativas son ingenuas? Nosotros hicimos el siguiente experimento: en primer lugar, pedimos a los alumnos de una clase que lanzaran 50 veces una moneda al aire y registraran las caras con una «A» y las cruces con una «B». A continuación encargamos a otro grupo de alumnos que creara una secuencia de «caras» y «cruces» que les pareciera tan aleatoria como la que resultaría de lanzar una moneda al aire, pero sin llegar a hacerlo. A continuación reproducimos ambas secuencias, aunque todavía no vamos a desvelar cuál de ellas, la 1 o la 2, se generó lanzando realmente una moneda al aire:

A:

ABABBABBBABAAAABBBBBAABAABBBABBBBBABBBBBBBABAAABAB

B:

BBBABBAABBBBBABAABBABBBABBBBABABAAABBBAAAAABBAAABA

¿Sabría decir el lector qué secuencia es auténticamente aleatoria y cuál pretende parecerlo con solo echar un vistazo a ambas? Cuando comparamos las dos secuencias, nuestro cerebro se fija de inmediato en las series de «A» y «B» seguidas (que aquí destacamos con un rectángulo). La secuencia 1 exhibe una serie de siete «B» y otras dos de cinco «B», un nivel de coincidencia que no se da en la secuencia 2, aunque esta última exhibe una serie de cinco «A» y una de cinco «B». Sobre esta base podríamos afirmar que la secuencia 1 es la «falsa», puesto que no es probable que una «auténtica» secuencia aleatoria tenga tantas series, incluidas siete «B» seguidas.

Pero, si dijéramos esto, nos equivocaríamos. La secuencia falsa es la 2. Los estudiantes que la crearon debieron de pensar que si ponían demasiadas caras o cruces seguidas no parecería aleatoria (de hecho, probaron a incluir dos series bastante largas, pero luego se echaron atrás). Tras empezar a escribir «cara, cara, cara, cara...» o «cruz, cruz, cruz, cruz...» probablemente pensaron que eso no parecía muy aleatorio, y acortaron las series. Pero resulta que las secuencias aleatorias reales contienen muchas series sorprendentemente largas que no esperaríamos ver en ellas.

Situemos ahora esto en el contexto de nuestros anteriores ejemplos sobre el piloto de la Segunda Guerra Mundial intentando encontrar una señal de SOS en un mar de interferencias, y el esfuerzo por identificar una frase con sentido tras alterar varias letras al azar en una secuencia de palabras. En ambos casos éramos conscientes de lo difícil que puede resultar encontrar una señal en el ruido. El nuevo factor que ahora deberíamos tener también en cuenta es que, cuando uno busca de forma incesante una señal en lo que parecen ser datos extremadamente ruidosos, acabará engañándose. A la larga esos datos ruidosos terminarán mostrándole cosas que parecen patrones significativos, y lo harán de formas que jamás habría esperado. En otras palabras: cuando uno busca una señal en medio de un ruido aleatorio, a menudo acaba creyendo ver una señal donde en realidad no la hay.

Ninguno de nosotros tiene una impresión demasiado acertada de con qué frecuencia aparecen patrones en el ruido aleatorio. Probablemente lo máximo que podemos hacer sea aprender a cuestionar siempre los patrones que nos parece descubrir, y ser conscientes de que nuestra intuición acerca de lo que es una señal o no posiblemente sea errónea y requiere que la contrastemos con la frecuencia con que ese patrón aparece en los datos aleatorios (la estadística nos ofrece muchas técnicas matemáticas para hacerlo). Si al terminar de leer el presente volumen el lector ha interiorizado esta idea, sin duda le será de gran utilidad. De modo que, si no lo has hecho nunca, ve a buscar una moneda (¡sí, todavía existen!), lánzala al aire un centenar de veces y anota todas las series largas de caras y cruces que obtengas. Y si ya estás familiarizado con el experimento, busca a otra persona a la que asombrar y divertir con esta demostración.

Si eres propietario de un negocio, nunca volverás a hacer un pedido excesivo de un producto basándote en lo que parecía ser un patrón de agotamiento de existencias observado cinco jueves seguidos; al menos, no sin antes consultar a un estadístico que te diga cuáles son las probabilidades de que se trate simplemente de una serie fortuita de agotamientos de existencias producidos los jueves por una mera cuestión aleatoria.

EN BUSCA DE LA PARTÍCULA DE HIGGS

¿Cómo ver, entonces, de qué modo funciona todo esto, de qué modo se produce la diferenciación entre señal y ruido? Empecemos con un ejemplo espectacular, como el extraordinario descubrimiento del bosón de Higgs (una partícula subatómica) por parte de los físicos de partículas, dado que revela lo mucho que tienen que esforzarse los científicos para no confundir el ruido con la señal. (La próxima vez que veas a un periodista intentar que un científico se muestre menos cauto en sus declaraciones, sin duda sentirás más simpatía por la cautela del científico.)

El descubrimiento del bosón de Higgs fue el resultado de un proyecto clásico en la física de partículas, en el que ciertas partículas elementales bien conocidas –en este caso protones, los núcleos de los átomos de hidrógeno– se aceleran hasta alcanzar velocidades inmensas haciéndolas circular una y otra vez por un enorme anillo de varios kilómetros de diámetro gracias al impulso que les proporcionan un gran número de electroimanes. Los protones de cada haz se hacen circular en «racimos». Entonces se lanza un racimo de protones que viaja por el anillo en el sentido de las agujas del reloj contra otro racimo que viaja en sentido contrario con el objetivo de generar colisiones de protones individuales de cada racimo que tengan suficiente energía total para crear nuevas partículas elementales nunca antes detectadas. El resultado de cada una de estas colisiones es complejo, ya que los dos protones que colisionan se transforman completamente en una rica variedad de partículas distintas que se dispersan en todas direcciones, cada una de las cuales absorbe parte de la energía total de la colisión. Casi todas las partículas de esa dispersión son bien conocidas y previamente estudiadas, como los electrones, los fotones y los muones, pero, investigando los resultados de billones de tales colisiones, los físicos de partículas pueden buscar los raros casos en los que se detecta una partícula nunca vista. En el ejemplo aquí mencionado, los científicos buscaban una partícula cuya existencia se había predicho, llamada partícula o bosón de Higgs, que podía reconocerse por tener una masa única, diferente de todas las demás partículas conocidas.

Imagina ahora que estás en el acelerador de partículas de Ginebra, el llamado *Gran Colisionador de Hadrones* (*LHC*, por sus siglas en inglés). Tras bajar por un ascensor hasta un túnel situado a 100 metros de profundidad, te encuentras en un enorme anillo subterráneo de 27 kilómetros de circunferencia recubierto de miles de electroimanes, cada uno de ellos más largo que un autobús. En varios puntos de ese anillo subterráneo hay unas oscuras cámaras situadas en los lugares donde los racimos de protones colisionan entre sí, y en cada una de esas ubicaciones diversos proyectos científicos de colaboración internacional han construido gigantescos sistemas de detección. Estos detectores se componen a su vez de muchas partes más pequeñas («subdetectores») diseñadas para captar las señales producidas por cada una de las partículas que se dispersan tras las colisiones.

El objetivo es utilizar todos esos datos sobre las señales para averiguar qué nuevas partículas han generado las colisiones. En particular, es importante calcular la energía contenida en las partículas, dado que ello puede decirnos algo sobre la energía contenida en las nuevas partículas esperadas, como los bosones de Higgs, que se han creado temporalmente en las colisiones. (Aquí es donde todos los que hemos crecido en el siglo XX o en el XXI recitamos nuestra ecuación de Einstein favorita, $E = mc^2$, que nos dice que, si conocemos la velocidad de la luz, c, podemos convertir esa energía total, E, en la masa total, m, de la partícula original... ¡pero seguro que el lector ya lo sabía!) Los científicos recopilan datos estadísticos de muchísimos miles, millones o incluso billones de esas colisiones, y elaboran histogramas (gráficos de datos) que muestran cuántas de ellas han evidenciado (a partir de la dispersión de partículas resultante) la presencia de una nueva partícula con una masa total dada.

Dos grandes proyectos de colaboración internacional, cada uno con su propio sistema de detectores en una de las cámaras de colisión, competían en la búsqueda de la partícula de Higgs. El gráfico adjunto muestra los datos de la búsqueda de la partícula en uno de esos dos detectores, el detector *ATLAS*.[1] (Los tres autores del presente volumen dábamos clase en Berkeley mientras se construía allí la parte interna de este detector, de modo que el equipo ATLAS venía a ser para nosotros algo así como el «equipo local».) Lo que se ve en el gráfico es lo que parece un pequeño exceso, una pequeña protuberancia, que potencialmente señalaba el emocionante descubrimiento de un bosón de Higgs justo allí donde esperaban verlo, porque su masa rondaría la indicada por la flecha. La partícula de Higgs tiene una gran importancia, porque, si la encontramos, por fin tendremos pruebas convincentes de una teoría que explica cómo la mayoría de las cosas que nos rodean llegan a tener masa (a diferencia de todos los fotones sin masa que pasan zumbando constantemente a nuestro alrededor); y llevamos más de cuarenta años esperando encontrar tales evidencias, desde que el profesor Higgs y varios otros científicos postularan inicialmente esta explicación.

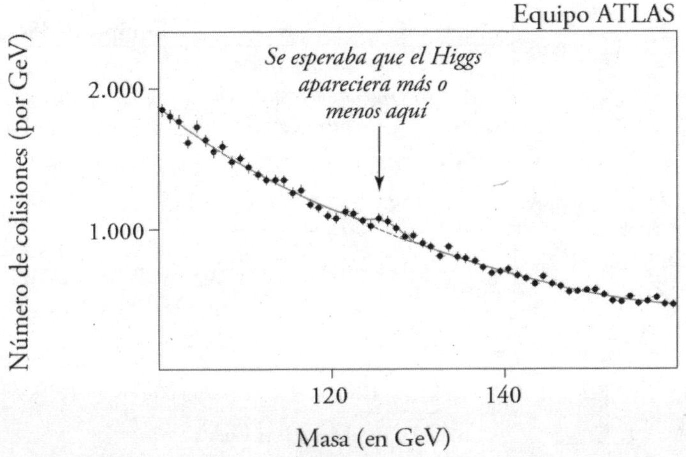

Ahora bien, la «pregunta del millón» (y nos quedamos cortos, ya que se gastaron en torno a 10.000 millones de dólares en construir el experimento) era esta: ¿es real esa pequeña protuberancia que se observa en el gráfico?; ¿cómo sabemos que es realmente una señal y no una mera fluctuación de ruido? Si nos fijamos en el gráfico, se puede ver que hay otros puntos en los que también se observa una pequeña elevación. Si la protuberancia en cuestión no estuviera resaltada por la línea continua que la atraviesa y la flecha que la señala, ¿estaríamos seguros de que difiere de los demás puntos del gráfico que, debido al ruido aleatorio, resultan estar un poco más altos que los demás?

Actualmente los físicos especializados llevan ya mucho tiempo dedicados a la búsqueda de partículas, por lo que previeron que podría presentarse este problema cuando se construía el *LHC*. Con bastante sensatez, hicieron que dos equipos distintos construyeran sendos detectores en dos de las cámaras de colisión del anillo acelerador del *LHC*, de modo que pudieran cotejarse sus resultados. Dado lo mucho que había en juego, los equipos acordaron que publicarían sus resultados al mismo tiempo y no intentarían adelantarse uno al otro con resultados no concluyentes.

El denominado experimento CMS (o el «otro equipo», como lo llamábamos en Berkeley) tenía, pues, su propia versión de ese mismo histograma, y todo el mundo estaba entusiasmado por cotejar los resultados de ambos equipos.[2] Esto es lo que observó el equipo CMS:

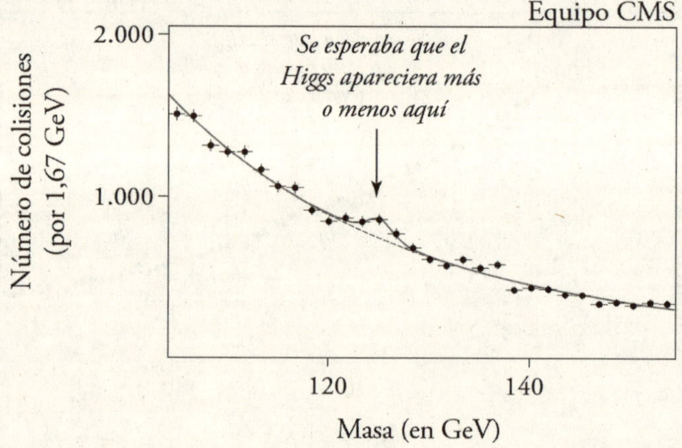

De modo que, en el extremo opuesto del anillo al lugar donde se habían instalado los detectores del equipo ATLAS, el equipo CMS detectaba una pequeña protuberancia similar en sus datos. Dado que ambos equipos la observaban, los científicos pudieron afirmar que estaban viendo lo que definieron como una partícula «de tipo Higgs». (Seguían mostrándose cautelosos, pues, al no definirla directamente como «la de Higgs».)

Así funcionan las cosas para los físicos de partículas, y muy a menudo para nosotros en la vida real: viendo una señal en medio del ruido y tratando de asegurarse de que no es falsa. Esto resulta de tal importancia que, de hecho, intentar ser hábil para no dejarse engañar por una pequeña fluctuación en los datos forma parte de la cultura científica. Los físicos practican toda clase de juegos entre sí para entrenarse en esta habilidad. Le muestran los datos a un colega y le preguntan si cree que una protuberancia en un determinado gráfico es real o solo una fluctuación aleatoria. O, cuando observan un nuevo resultado como el que obtuvieron con el bosón de Higgs, a menudo intentan generar montones de ejemplos del aspecto que podrían tener otros datos similares procedentes de su detector de no haberse generado la partícula (de modo que todas las protuberancias en los gráficos de ejemplo se deban únicamente a fluctuaciones aleatorias). Luego le dan a alguien diez de esos gráficos mezclados con el auténtico y le piden que identifique cuáles son los datos aleatorios y cuál es la verdadera señal; y si acaba eligiendo el gráfico equivocado, significa que lo que creían que era una señal interesante en realidad tiene las mismas probabilidades de ser solo ruido aleatorio.

Esta precaución extrema por diferenciar las señales reales del ruido tiene pleno sentido para los físicos, pues se esfuerzan por identificar aspectos fundamentales del mundo, entes y leyes que mantengan su vigencia hagamos lo que hagamos, de tal modo que podamos construir todas nuestras predicciones y tecnologías sobre esas verdades profundas de la realidad. Esto explica por qué a los periodistas que antes mencionábamos les cuesta tanto conseguir que un científico se comprometa demasiado con respecto a sus hallazgos: los científicos siempre querrán asegurarse de que el nuevo elemento de la realidad que creen haber identificado va a resistir la prueba del tiempo; de ahí que se limiten a decir que han descubierto una partícula «de tipo Higgs», no «la» partícula de Higgs.

En la mayoría de nuestras búsquedas cotidianas de señales entre el ruido no necesitamos ser tan meticulosos, pero una vez que nos hacemos más sensibles a este tema empezamos a ser conscientes de que también nosotros practicamos constantemente este juego de encontrar señales en medio del ruido: ¿acaba de anunciar el conductor del autobús que la próxima parada es «Avenida de la Huerta» o ha dicho: «No se queden en la puerta»?; el ciclista que circula delante de nosotros, ¿se ha desplazado hacia un lado para esquivar un bache o pretende meterse en nuestro carril?; ¿eso es una mancha en la manga de la camisa o solo la forma en que la luz incide en la tela del puño arremangado?

De manera similar, siempre estamos intentando leer las intenciones del prójimo a través de todas las pistas «ruidosas» de su comportamiento: ¿mi cita está interesada en mí?; ¿a quién de los presentes en la sala le ha gustado mi propuesta? Y lo que resulta aún más trágico: a veces los gobiernos no son capaces de reconocer amenazas reales entre todos los informes sobre comportamientos sospechosos o preocupantes que reciben (como ocurrió, por ejemplo, en Estados Unidos en relación con los casos ya mencionados de Pearl Harbor y el 11-S). En las situaciones en las que hay mucho en juego, como en estos ejemplos de fallos de inteligencia o, por ejemplo, en las inversiones empresariales, empezamos a necesitar casi el mismo nivel de prudencia que manejan los físicos.

CUANTO MÁS RUIDO, MÁS PROBABILIDADES DE DEJARSE ENGAÑAR

Por supuesto, la mayoría de las veces no podemos comparar los resultados con un segundo detector como se hizo en la búsqueda del bosón de Higgs (aunque detectar la mayoría de las señales que nos interesan no cuesta miles de millones). De manera que tenemos que aprender a reconocer las situaciones en las que somos particularmente propensos a imaginar que vemos una señal cuando en realidad lo único que hay es una fluctuación de ruido. Teniendo esto en mente, es hora de añadir un nuevo factor que complica nuestro análisis: el hecho de que, cuantos más datos se observan –incluso datos que consisten solo en ruido–, más ejemplos de patrones sorprendentes se encuentran, lo que nos llevará a creer que hemos detectado una señal. Una cosa es que un solo individuo lance una moneda al aire una docena de veces, y otra muy distinta que un grupo de personas esté lanzando monedas todo el día; en este último caso pueden obtenerse resultados muy interesantes.

Imaginemos que una amiga nos dice que, tras lanzar una moneda al aire, le salen diez caras seguidas. Este, por supuesto, es un resultado sorprendente. Pero ¿en cuál de los siguientes contextos lo sería más?

a. Ella es la única que lanza una moneda, y lo hace solo 10 veces.
b. Es solo una de un numeroso grupo de amigos que lanzan monedas; todos lo hacen 10 veces y nos informan de los resultados.
c. Es solo una de un numeroso grupo de amigos que lanzan monedas; todos lo hacen 100 veces y nos informan de los resultados.
d. Nuestra amiga es la única que lanza una moneda, y lo hace 100 veces.

La respuesta correcta es la a. Si se piensa bien, las probabilidades de que a uno de nuestros numerosos amigos le salgan diez caras seguidas si muchos de ellos lanzan monedas son mucho mayores que si solo lo hace uno de ellos. Podemos argumentar de forma bastante rotunda en contra de la opción c, porque, si hay muchas personas lanzando monedas y cada una lo hace 100 veces, obtener 10 caras seguidas no resulta tan sorprendente (de hecho, con solo un grupo de 15 amigos las probabilidades de que suceda tal cosa superan a las de que no lo haga). Esto puede parecer una obviedad, pero es bueno estar seguros de este punto de partida.

Ahora bien, la dificultad surge porque no siempre sabemos cuántos «lanzamientos de moneda» se han realizado cuando alguien publica un nuevo resultado científico o cuando leemos sobre alguna noticia sorprendente. De hecho, es habitual que ni siquiera las propias personas que han llevado a cabo la investigación sean conscientes de cuántos «lanzamientos» han hecho, es decir, cuántas oportunidades les han dado sus datos de ver patrones que parecen no ser aleatorios. Un par de ejemplos pueden ilustrarlo.

Empecemos por el mercado de valores. Cuando uno quiere invertir en bolsa, como un pequeño inversor típico, enseguida descubre que hay muchas empresas que tienen un experto en carteras de valores que crea un fondo de inversión y quiere venderle participaciones de su fondo. Para ello le dirá que su fondo de inversión ha superado la media del mercado en los últimos cinco años y que en múltiples ocasiones ha predicho correctamente el comportamiento de este. Es posible que entonces uno opte por suscribir ese fondo en concreto, pensando que su gestor es mejor que otros gestores de fondos de inversión. El gráfico adjunto muestra la rentabilidad de los principales fondos de inversión durante un periodo de cinco años, de 2013 a 2017. Se han clasificado en función de lo bien que se le dio a cada uno de sus gestores manejar la cartera. Puede verse que algunos lo hicieron un 4% mejor que la media, muchos lo hicieron más o menos en torno a la media, y algunos lo hicieron alrededor de un 10% peor que la media. Ante estos datos, uno podría tener la tentación de creer que los gestores de carteras con el mejor historial estaban de hecho más cualificados o tenían más conocimientos que los que obtuvieron peores resultados.

Pero ¿qué ocurre cuando se mide el rendimiento de esos mismos

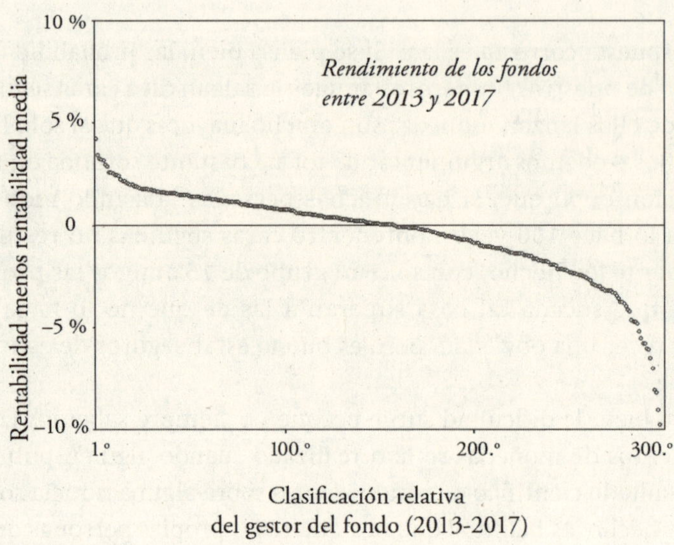

gestores durante los cinco años siguientes, entre 2018 y 2022? Lo que encontramos entonces es un patrón casi completamente aleatorio, como puede verse en el siguiente gráfico. El rendimiento en un determinado quinquenio no tiene apenas correlación alguna con el rendimiento en el quinquenio siguiente. Durante un quinquenio, a algunos gestores se les dio realmente bien realizar análisis económicos y acertar con sus corazonadas; sin embargo, por alguna razón, esas mismas corazonadas y análisis tendieron a no funcionarles en el quinquenio siguiente. Lo que vemos aquí es que, si analizamos a un suficiente número de gestores de fondos, al final encontraremos a alguien que parece haber acertado en toda su cartera, pero eso será solo consecuencia del hecho de ver patrones en el ruido aleatorio en un contexto en el que hay una gran cantidad de ruido en el que buscar. Y lo interesante del caso es que esas personas no falsean los datos de forma intencionada: están convencidas de haber realizado un estudio muy minucioso y de haber predicho realmente el rendimiento de las diferentes empresas, lejos de limitarse a lanzar monedas al aire; se consideran serios estudiosos de la economía y de los fundamentos de las buenas prácticas empresariales. Pero al parecer, sin embargo, el patrón es esencialmente aleatorio.

Puede que haya pequeñas excepciones (gestores de fondos que casi siempre lo hacen mejor que la media a lo largo del tiempo, u otros que lo hacen peor), pero quizá deberíamos darnos por advertidos.[3] La mayo-

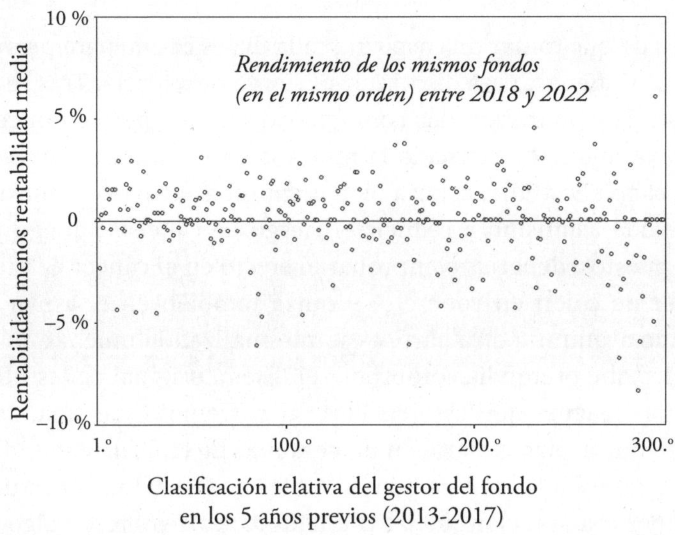

ría de la gente probablemente no es consciente de cuántos fondos están jugando a este juego en un momento dado, de tal manera que siempre habrá alguno –por suerte, no por una cuestión de conocimientos– en posición de hacer toda clase de grandes afirmaciones sobre su rendimiento. En cualquier distribución aleatoria de rendimientos de fondos siempre surgirán algunos con mejores resultados y otros con peores. (Esta es la razón subyacente por la que a menudo se aconseja ceñirse a un gran fondo indexado y no malgastar el dinero pagando los honorarios de un gestor de fondos.)

EL EFECTO «MIRAR A OTRA PARTE»

Existe otra forma de creer erróneamente que vemos una señal cuando tan solo nos hemos dejado engañar por un patrón en el ruido aleatorio. Este error, conocido como efecto «mirar a otra parte» o efecto LEE (por sus siglas en inglés, *look elsewhere effect*), o problema de las comparaciones múltiples, se produce cuando, en lugar de buscar un patrón en un conjunto de datos ruidoso que pudiera indicar una señal, se buscan varios otros patrones posibles, aumentando así las probabilidades de que el ruido aleatorio muestre alguno de los patrones buscados. Veamos un ejemplo: imagina que deseas realizar un estudio médico para probar la hipótesis de que tomar una aspirina cada día es bueno para prevenir un infarto o, al menos, para disminuir el riesgo de sufrirlo. Tras reclutar a un millar de voluntarios, das comienzo al estudio, pero entonces piensas que, ya que te has tomado la molestia de buscar a tantos sujetos y llevar a cabo el estudio, estaría bien comprobar de paso si una aspirina diaria ayuda asimismo a reducir el riesgo de cáncer. Y luego piensas que, ya puestos, deberías comprobar el efecto en el cáncer de pulmón y el cáncer de colon en concreto; y quizá también en el asma. Habrás empezado a «mirar a otra parte»: estarás analizando muchas más variables de las que pretendía comprobar el diseño original del estudio.

Ahora imagina que esto se lleva al extremo: estás analizando el efecto de una aspirina diaria en un centenar de enfermedades distintas y todavía tienes a las mil personas con las que comenzó el estudio. Podrás empezar a apreciar que las probabilidades de obtener algo similar a siete caras seguidas de una moneda aumentan, porque ahora hay más oportunidades de que sucesos fortuitos bastante poco habituales hagan parecer falsamente que la aspirina tiene algún efecto al menos en una de esas numerosas enfermedades. Es el equivalente a lanzar muchas más monedas al aire; comenzarás a ver cosas que parecen efectos reales. Esto ocurre realmente en la investigación médica. De hecho, se han dado casos bastante visibles de ello en diversos estudios, por ejemplo, sobre la terapia hormonal sustitutiva o sobre los efectos del plomo en el agua potable, cuyos resultados se han cuestionado posteriormente porque los investigadores habían analizado demasiadas variables sin diseñar sus estudios ni planificar sus análisis para ese número de variables.[4]

Ahora bien, obviamente hay formas de corregir este efecto. Antes de examinar los datos, uno puede comprometerse de antemano a estudiar las variables que va a probar y a calcular el número de sujetos que necesita para ese número de variables concreto. Así pues, es posible diseñar un estudio en el que se puedan analizar más variables, pero eso requiere más sujetos a fin de tener la potencia estadística necesaria para obtener resultados válidos.[5]

Todo esto puede ayudar al lector a comprender mejor los retos que afrontaron los físicos a la hora de examinar sus datos en busca de evidencias del bosón de Higgs. Mientras lo buscaban, los físicos no sabían exactamente cuál era su masa (ellos no tenían esa bonita flecha que señala el lugar correcto en los gráficos que hemos mostrado antes), así que habrían estado dispuestos a considerar cualquier punto sospechosamente alto en toda la gama de energías mostradas en el gráfico como signo de la existencia de la partícula; sin duda miraban «a otra parte», y no solo la ubicación señalada por la flecha en el gráfico. Por supuesto, los físicos de partículas son conscientes de este problema desde hace largo tiempo, por lo cual establecieron un umbral mucho más alto para definir lo que considerarían un «pico» real aun antes de adoptar la medida confirmatoria de comparar los resultados de los dos equipos de detectores. (Volviendo al anterior ejemplo de intentar determinar si nuestra cita está interesada en nosotros, si queremos considerar cada posible gesto de lenguaje corporal como un potencial indicio de ello, es mejor que esperemos a observar versiones bastante evidentes de tales indicadores, ya que de lo contrario estaríamos sobreinterpretando cada movimiento aleatorio: «¡Anda! Uno de sus pies está empezando a apuntar vagamente hacia mí... ¿y está levantando su meñique izquierdo para señalar que se siente feliz?». De hecho, deberíamos esperar a tener un contacto visual largo e intenso, no solo una mirada pasajera.)

EPÍLOGO SOBRE EL PÚLSAR

Anteriormente dejamos a nuestros héroes (el equipo con el que Saul trabajaba como estudiante de posdoctorado) en Chile, explorando los restos de la supernova 1987A. Habían observado lo que parecía ser la señal de un nuevo púlsar con un tono fluctuante, y, tras hacer ligeras correcciones para compensar el pequeño efecto Doppler derivado del movimiento de rotación y de traslación de nuestro planeta alrededor del Sol, aquella fluctuación aparentemente aleatoria, al representarla de forma gráfica, se convirtió en una hermosa onda sinusoidal que parecía ser justo lo que cabría esperar si hubiera un planeta orbitando en torno a los remanentes de la supernova. Entonces redactaron un artículo sobre su trabajo y lo enviaron a la revista *Nature*.

Al año siguiente, el equipo volvió para observar qué le había ocurrido al púlsar en el tiempo transcurrido desde la última vez que habían estado allí. Esperaban que la frecuencia del pulso se ralentizara, es decir, que bajara el «tono», ya que, al girar a velocidades tan extremas, los púlsares ceden mucha energía en forma de ondas gravitatorias. Volvieron al telescopio, pero la señal no aparecía por ninguna parte. A la noche siguiente regresaron de nuevo, y ahí estaba: la señal del púlsar había vuelto. Pero a la noche siguiente había desaparecido otra vez. En algún momento, el equipo empezó a darse cuenta de que había una correlación entre la detección de la señal del púlsar y el funcionamiento de un instrumento instalado al otro lado de la cúpula del telescopio que se utilizaba para otro propósito: cuando dicho instrumento estaba encendido, el púlsar hacía acto de presencia; pero ¡cuando estaba apagado no había púlsar!

El instrumento que el equipo utilizaba para detectar el púlsar era un sistema fotodetector extremadamente sensible; tanto que acabó captando una señal procedente del otro instrumento que casualmente se emitía en la frecuencia aproximada que ellos habían esperado que exhibiera el púlsar, unas 2.000 veces por segundo. [6] Y, también casualmente, la señal que se escapaba de ese otro instrumento fluctuaba de tal modo que, si se hacían las correcciones pertinentes para compensar los movimientos de rotación y traslación de la Tierra, se convertía en una hermosa y perfecta onda sinusoidal. Se trataba, pues, de ruido actuando de tal manera que parecía una señal. Eso significó, por supuesto, que el mes siguiente, en lugar de escribir nuevos artículos, los miembros del equipo estaban escribiendo una retractación del publicado anteriormente en *Nature*. En realidad resultaba que no habían descubierto la primera evidencia de un planeta situado fuera de nuestro sistema solar.

Este es el tipo de historia que debería infundir temor en el corazón de todo lector. Tanto si uno tiene la intención de convertirse en científico como si no, es probable que en algún momento de su vida apueste mucho dinero a la probabilidad de que algo no pase milagrosamente de ser un confuso ruido a convertirse en una hermosa señal por puro azar. Y de vez en cuando esa apuesta resultará ser errónea, porque la estadística de los números aleatorios acabará dándole algo sorprendentemente parecido a una señal.

Comenta Saul: «Por suerte, en el caso mencionado, yo era un joven en medio de una multitud de otros científicos muy reputados y experimentados, y creo que fuimos lo bastante rápidos a la hora de explicar lo que ocurría como para que la gente no nos lo echara demasiado en cara. Pero diré que ese tipo de error, debido a un ruido mal interpretado, lo tuve luego muy presente cuando, al cabo de una docena de años, mi equipo encontró pruebas de que la expansión del universo se está acelerando. Ya ves: si te has quemado una vez por culpa de un destino azaroso, en lo sucesivo te vuelves muy cauto. Nos lo tuvimos que pensar muy bien antes de hacer público el resultado sobre la expansión acelerada del universo».

En última instancia, el nuevo equipo que trabajaba en la expansión del universo hizo todas las comprobaciones y pruebas que pudo inventar antes de anunciar –¡con un nivel de confianza cuantificado!– su asombrosa medición, que indicaba que dicha expansión es cada vez más y más rápida, quizá debido a una «energía oscura» desconocida hasta entonces que domina el comportamiento del universo. A diferencia de lo ocurrido con el presunto púlsar, este resultado se ha visto respaldado desde entonces por otras múltiples mediciones, algunas de las cuales han utilizado la misma técnica de medición, mientras que otras lo han triangulado con enfoques completamente distintos. En la actualidad, la búsqueda de una explicación de la aceleración del universo y de la posible energía oscura constituye una de las cuestiones clave de la física moderna.

En todos los casos mencionados, los científicos tienen que juzgar si han reunido o no la cantidad adecuada de datos que pueda brindarles la confianza suficiente para concluir que han encontrado una señal y no ruido. Y, de manera similar, en los ejemplos de nuestra vida cotidiana también tenemos que ser capaces de evaluar las probabilidades de que lo que creemos que es un patrón real no resulte ser simplemente aleatorio. ¿Cómo decidimos qué probabilidades son suficientes para poder afirmar, ni que sea provisionalmente, que hemos descubierto una señal? Ese es el tema del próximo capítulo.

Capítulo 8

ENTRE LA ESPADA Y LA PARED: DOS TIPOS DE ERROR

Existe cierta tensión entre los datos que recopilamos y las decisiones que tenemos que tomar en el mundo real. Imaginemos de nuevo que somos miembros de un jurado en un juicio penal. Tenemos que examinar las pruebas para decidir si el acusado es culpable del delito. Puede que de hecho sea culpable (es decir, que esté presente una señal real) o puede que sea inocente (es decir, que las pruebas de la acusación sean mero ruido, sin señal alguna). En un juicio penal se presentan ante los jurados numerosas pruebas, algunas aparentemente incriminatorias y otras aparentemente exculpatorias. De modo que cualquier posible señal está mezclada con un montón de ruido, por lo que nuestro juicio sobre la presunta culpabilidad será necesariamente probabilístico. Pero si hemos de tomar una decisión, no podemos esperar a tener una certeza del 100 %; debemos decidir con base en la pregunta: «¿Dispongo de suficientes pruebas o indicios para justificar mi elección?». Para ello adoptamos lo que se conoce como «nivel de prueba», el umbral que exigimos que superen las pruebas presentadas para poder llegar a una conclusión. Normalmente, ya sea en un juicio penal o civil, el juez nos indicará cómo actuar: solo deberíamos condenar al acusado si creemos que la acusación ha cumplido los criterios probatorios y los requisitos relativos a la carga de la prueba que la ley exige en tales procedimientos.[1] En otras situaciones, en cambio, nadie nos da ninguna indicación con respecto a qué nivel de prueba utilizar, pero el hecho es que cada vez que tomamos una decisión categórica (de «sí» o «no») basada en evidencias probabilísticas estamos aplicando un determinado nivel de prueba, seamos o no conscientes de ello.

Establecer el umbral de un nivel de prueba requiere que equilibremos dos tipos de errores. En el caso de un juicio penal, por ejemplo, el acusado, o bien ha cometido el delito, o bien no lo ha cometido (hecho real), y nosotros podemos declararlo «culpable (condenado)» o «inocente (absuelto)», lo cual crea cuatro posibles resultados procesales:

		Veredicto del juicio	
		Inocente	**Culpable**
Hecho real	**Ha cometido el delito**	*Se libera a un culpable*	*Se condena a un culpable*
	No ha cometido el delito	*Se libera a un inocente*	*Se condena a un inocente*

Como jurados conscientes, nuestra elección de veredicto está, pues, plagada de riesgos: hay dos resultados buenos (en los que «el sistema funciona»), pero también dos tipos de errores graves. Es horrible contemplar la posibilidad de castigar a un inocente, pero también, si el delito no es menor, resulta angustioso pensar que podemos dejar libre a una persona peligrosa capaz de cometer otros delitos.

El juicio penal es un escenario familiar para la mayoría de los lectores (por las películas y las series de televisión, si no por experiencia personal), pero lo cierto es que afrontamos dilemas similares en muchos ámbitos de la vida. Por ejemplo:

¿Debo presentarme en el aeropuerto con antelación para asegurarme de no perder mi vuelo o debo llegar justo antes de la salida para evitar perder tiempo en la puerta de embarque?

¿Es mejor mostrarse permisivos con la vida social de nuestras hijas adolescentes, permitiéndoles sentir confianza en sí mismas y desarrollar su autonomía, o es mejor ser restrictivos, minimizando así la posibilidad de que acaben corriendo algún peligro?

¿Deberíamos imponer el control de los alquileres para ayudar a los más pobres a permanecer en sus pisos cuando suben los precios de la vivienda o es mejor dejar que suban para incentivar a los promotores a construir nuevas residencias?

¿Debemos dejar que los refugiados de guerra se instalen en nuestro país para garantizar su seguridad y bienestar o debemos impedirles la entrada porque existe el riesgo de que algunos de ellos sean terroristas o delincuentes?

Una de las formas en que la ciencia puede mejorar nuestra capacidad para resolver dilemas consiste en abstraernos (temporalmente) de los detalles peculiares de los problemas concretos para poder centrarnos en los rasgos generales comunes a muchos de ellos. Así, podemos generalizar la anterior tabla del juicio penal para convertirla en una plantilla más genérica:

		Decisión	
		No hay señal	**Hay señal**
Hecho real	**Hay señal**	*Falso negativo*	*Verdadero positivo*
	No hay señal	*Verdadero negativo*	*Falso positivo*

En esta tabla remodelada, se trata de tomar una decisión basada en nuestro mejor juicio acerca de si hay o no una señal presente. Esa «señal» puede ser cualquier estado dicotómico: inocencia versus culpabilidad en un juicio, no merecedor versus merecedor de ayuda pública, tormenta ordinaria versus tornado, ausencia de cáncer versus cáncer, etc. Si decidimos que hay una señal, calificamos nuestra decisión de positiva; si decidimos que no la hay, la calificamos de negativa. Esto crea cuatro tipos de resultados genéricos: si no hay ninguna señal presente, podemos decir que «no hay señal» y acertar (verdadero negativo), o afirmar que «hay señal» y errar (falso positivo); si hay una señal, podemos decir que «no hay señal» y errar (falso negativo), o afirmar que «hay señal» y acertar (verdadero positivo). La tensión entre falsos negativos y falsos positivos también puede concebirse en términos de «pecar por omisión» frente a «pecar por comisión».

Una implicación inmediata de esta tabla es que no tiene sentido etiquetar nuestras decisiones como «exactas» o «inexactas», puesto que hay dos formas distintas de ser exactos y dos formas distintas de ser inexactos. En esa línea, en ámbitos como la medicina (donde la señal puede ser «cáncer») o la evaluación educativa (donde la señal puede ser una respuesta correcta en un examen), se ha pasado de hablar de tasas generales de precisión (es decir, la proporción del total de decisiones que resultan ser correctas) a utilizar criterios más informativos sobre dicha precisión: a saber, la «sensibilidad» (la proporción de veces que afirmamos que «hay señal» cuando de hecho la hay) y la «especificidad» (la proporción de veces que decimos que «no hay señal» cuando de hecho no la hay). Cualquier test que pretenda ayudarnos a hacer predicciones –ya sea un cribado de cáncer o el examen de una junta médica– debe tener una elevada sensibilidad, pero también una elevada especificidad. Observa que siempre podemos maximizar la sensibilidad afirmando que «hay señal» en todos los casos; por ejemplo, si decimos siempre que un tumor es maligno, nunca pasaremos por alto ningún cáncer. Pero, al hacerlo, es probable que reduzcamos asimismo nuestro índice de especificidad; en el mencionado ejemplo, básicamente estaremos definiendo cualquier tumor como «canceroso», y el diagnóstico dejará de tener sentido. El umbral de utilidad de un test debe basarse en el equilibrio entre estos dos criterios diagnósticos.

NIVELES DE PRUEBA Y DISYUNTIVA ENTRE ERRORES

Una vez más: en un mundo como el nuestro, lleno de ruido e incertidumbre, estamos abocados a cometer errores. Y a menudo nos preocupa más un tipo de error que otro. Si creemos que lamentaríamos más cometer un error de tipo falso negativo (por ejemplo, no nos gustaría pasar por alto ningún tumor canceroso), podemos establecer un nivel de prueba (o umbral de decisión) bastante bajo, esto es, con un sesgo favorable a la opción de «Hay señal». Si, por el contrario, creemos que lamentaríamos más un error de tipo falso positivo (no nos gustaría asustar a alguien que en realidad no tiene cáncer), podemos fijar un umbral de decisión bastante alto, es decir, con un sesgo favorable a la opción de «No hay señal».[2]

En la tradición del derecho consuetudinario anglosajón, como en otras tradiciones jurídicas, es habitual instruir a los jurados para que utilicen un nivel de prueba marcado por un sesgo contrario a la posibilidad de condenar a personas inocentes. En una conocida opinión, el jurista británico sir William Blackstone argumentaba que es mejor dejar libres a diez culpables que condenar a un inocente.[3] Normalmente, pues, se indica a los jurados que deberían votar en favor de absolver al acusado a menos que estén seguros de su culpabilidad «más allá de toda duda razonable».

Para algunos podría parecer que esto refleja una postura «blanda con el delito», pero hay razones de peso para adoptar ese tipo de sesgo. Para empezar, los procesos penales enfrentan a un ciudadano individual contra todo el poder de la fiscalía, que suele disponer de muchos más recursos que el acusado. Pero, además, en muchos casos (por ejemplo, los delitos típicos «de novela policiaca», en los que sabemos que se cometió el delito, aunque no quién lo hizo) existe una asimetría lógica que favorece un sesgo estricto contra la condena: si condenamos a un inocente, es probable que a la vez estemos dejando libre al verdadero culpable.

Por desgracia, la expresión «más allá de toda duda razonable» resulta notoriamente vaga: el juez no nos dice si nuestras dudas son razonables o no; los jurados tienen que averiguarlo por sí mismos. En una encuesta realizada a una serie de jueces federales estadounidenses, alrededor de una tercera parte de ellos declararon que en su opinión «duda razonable» significaba estar seguro en un 95 %; aproximadamente otra tercera parte situaron el umbral en el 99 %, y el resto dieron otras cifras distintas. Uno de nosotros (Rob) ha intentado estimar los umbrales que los jurados aplican realmente, y al parecer se sitúan muy por debajo del 95 %.

Por desgracia, el margen de maniobra creado por esta vaguedad deja la puerta abierta a los propios prejuicios del jurado. Una forma de poner de manifiesto este hecho a la que hemos recurrido los autores consiste en plantear a nuestros alumnos un hipotético caso legal para que lo juzguen. A la mitad de ellos se les da una descripción escrita de un caso penal que incluye esta información crucial: «El demandado, un alumno de veintiún años de nuestra universidad, ha sido acusado de cometer una agresión en el aparcamiento de un bar de la localidad»; a la otra mitad se les dice que el acusado es «un desempleado de veintiún años residente en Berkeley». Tras preguntar a los grupos sobre la probabilidad de que el acusado haya cometido el delito, constatamos que los estudiantes que creen que es un residente de Berkeley en paro son más propensos a pensar, con exactamente las mismas pruebas, que es culpable de haberlo hecho. En resumidas cuentas, se muestran más dispuestos a conceder a su presunto compañero universitario «el beneficio de la duda».

En consonancia con esta interpretación, cuando pedimos a los alumnos que valoren lo malo que sería condenar a un inocente o absolver a un culpable, los que creen que el acusado es un residente de Berkeley en paro se muestran más preocupados por la posibilidad de condenar falsamente a un compañero universitario que por condenar falsamente a un desempleado. Este tipo de sesgo se ha detectado asimismo en otros estudios, donde se ha constatado que los criterios de los jurados se ven influidos por la raza, el atractivo físico u otros rasgos del acusado, aun cuando no existe una conexión lógica entre tales atributos y los hechos del delito.

UN EJEMPLO: LAS PRUEBAS ESTANDARIZADAS Y LAS ADMISIONES UNIVERSITARIAS

Para ilustrar mejor la interacción entre las decisiones que tomamos y los errores que corremos el riesgo de cometer, consideremos la relación entre los criterios de admisión a las universidades y el rendimiento de los estudiantes. En Estados Unidos, por ejemplo, las facultades y universidades llevan muchos años exigiendo a los aspirantes a alumnos que realicen una prueba estandarizada de sus conocimientos y su capacidad cognitiva; las dos más famosas son las denominadas Scholastic Aptitude Test (SAT) y American College Testing (ACT). En los gráficos adjuntos examinamos la relación entre las puntuaciones obtenidas en los exámenes estandarizados (nuestro predictor) y el rendimiento académico de los alumnos en el primer año de universidad, todo ello en una escala de 0 a 100.

En el primer gráfico, cada punto representa a un aspirante a universitario (en la realidad habría cientos o incluso miles de solicitantes, así que podemos imaginar que cada punto representa a 100 candidatos que tienen puntuaciones idénticas).

Nuestro gráfico está segmentado por una línea horizontal, que es el criterio de éxito marcado por la universidad: los estudiantes situados por encima de la línea tienen un rendimiento adecuado, mientras que los situados por debajo están en «periodo de prueba» y corren el riesgo de ser expulsados. También se incluye una línea vertical, que representa la nota de corte que el comité de admisiones suele utilizar para decidir a quién admite. *Este año, no obstante, el centro los admitirá a todos, a fin de constatar qué ocurrirá con los alumnos que normalmente habría rechazado.* Ambas líneas divisorias crean la característica tabla de 2×2 con la que ya nos hemos familiarizado, con dos tipos de predicciones acertadas (verdaderos positivos y verdaderos negativos) y dos tipos de predicciones fallidas (falsos

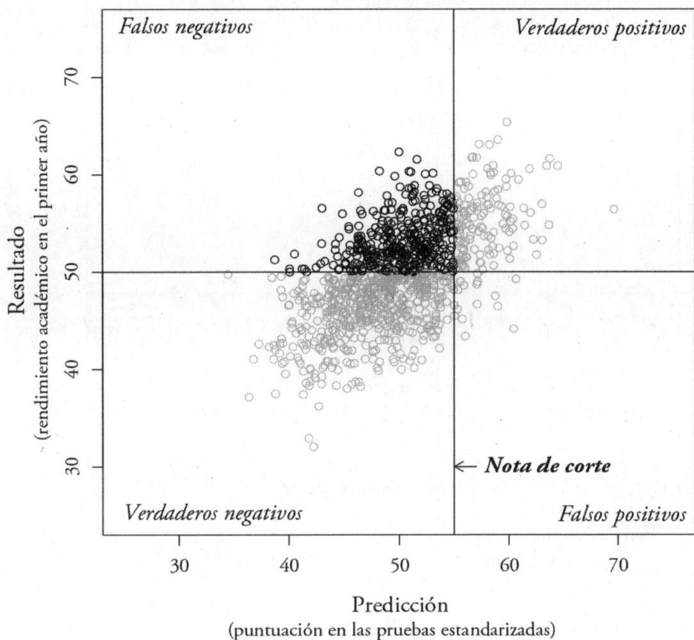

positivos y falsos negativos). Observa que los puntos forman una vaga línea diagonal entre la parte inferior izquierda y la parte superior derecha: eso indica que existe una correlación positiva entre nuestro predictor (nota obtenida en la prueba de acceso) y el resultado (éxito en el rendimiento académico), aunque dista mucho de ser perfecta.

Fíjate en que, al utilizar una nota de corte alta, incurriremos en relativamente pocos falsos positivos, puesto que minimizamos el riesgo de admitir a estudiantes que luego fracasen en la universidad. Pero, por otro lado, estamos cometiendo muchos errores de tipo falso negativo, dejando fuera a posibles alumnos que luego habrían prosperado.

Supongamos que la nueva rectora de la universidad anuncia que quiere dar a un mayor número de solicitantes la oportunidad de acceder a la enseñanza superior. En el segundo gráfico mostramos lo que ocurre cuando reducimos la nota de corte. Ahora cometemos menos errores de tipo falso negativo, pero a costa de incurrir en muchos más falsos positivos, admitiendo a estudiantes que luego probablemente tendrán dificultades para obtener calificaciones aceptables.

A menos que tengamos una bola de cristal bien calibrada, en el mo-

Una nota de corte baja incrementa los falsos positivos

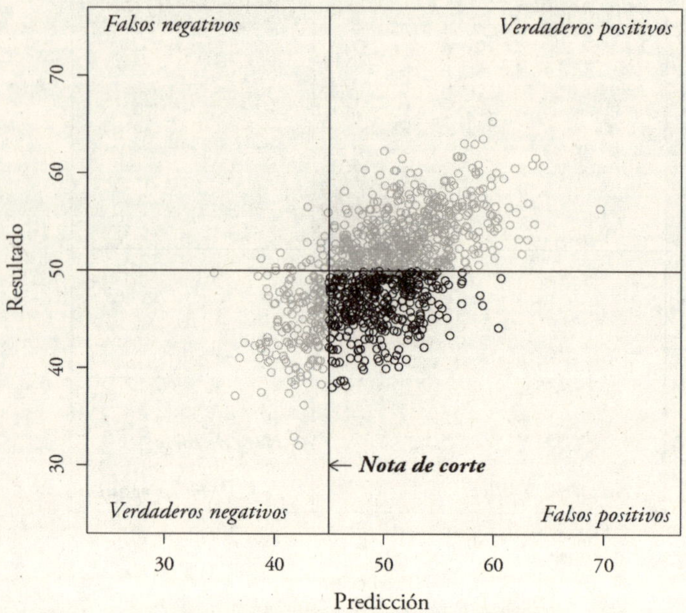

mento en que establecemos notas de corte en el predictor y en el resultado, inevitablemente vamos a cometer errores con respecto al objetivo ideal de admitir solo a los alumnos, pero a todos los alumnos, que luego prosperarán en nuestra escuela. Fijar esas notas de corte no es un cálculo científico o matemático; es una decisión normativa que refleja nuestros valores acerca de qué tipos de error nos parecen aceptables.[4] La adopción de decisiones en el mundo real puede basarse en datos y en principios matemáticos como la teoría de detección de señales, pero, de manera inevitable, dichas decisiones implican juicios de valor. Y no hay ninguna razón en particular por la que los científicos estén mejor preparados para resolver ese tipo de disyuntivas. Dichos juicios de valor requieren atender a una u otra combinación de los valores de las diversas partes interesadas: los administradores universitarios, el personal docente, los potenciales alumnos y sus familias.

Si fijamos una nota de corte alta, cometeremos menos errores de tipo falso positivo, pero más de tipo falso negativo; si establecemos un umbral bajo, obtendremos el resultado contrario. ¿Significa eso que la ciencia no puede ayudarnos con este dilema? No de manera trivial. En el tercer gráfico simulamos lo que puede ocurrir si, en lugar de limitarnos

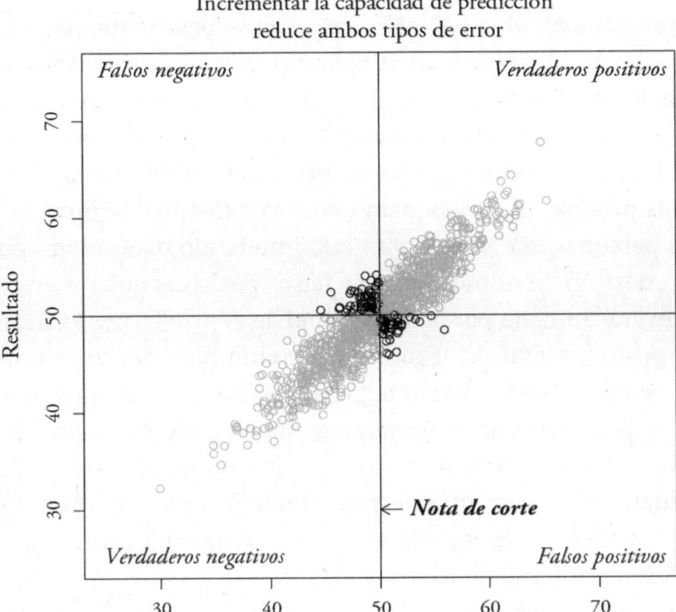

a ajustar nuestras notas de corte, reunimos los recursos necesarios para desarrollar una nueva prueba que sea capaz de predecir mucho mejor el rendimiento académico. Observa que la «nube» de datos es ahora más estrecha y diagonal, y que ambos tipos de errores se han reducido de forma considerable. Así pues, aunque el conocimiento científico no pueda eliminar las disyuntivas a corto plazo, a veces puede aliviarlas en gran medida a largo plazo, siempre que estemos dispuestos a invertir en la investigación y el desarrollo necesarios.[5]

OTRO EJEMPLO: LAS PRUEBAS DIAGNÓSTICAS

Otro ámbito familiar en el que entran en juego nuestros valores sobre los riesgos de cometer diversos errores es el de las pruebas diagnósticas en medicina. Utilizaremos este ejemplo para ilustrar otro factor que influye en las tasas de error: la «tasa base», es decir, el porcentaje de casos en los que realmente hay una señal presente.

Un reciente artículo de *The New York Times* documenta que, en el caso de varias enfermedades raras (por ejemplo, el síndrome de DiGeorge o el síndrome de Wolf-Hirschhorn), casi todas las personas que dan positivo en las pruebas en realidad no padecen la dolencia; esto ocurre entre el 81 % y el 93 % de las veces para las enfermedades examinadas.[6] ¿Significa eso que las pruebas no sirven para nada? Por fortuna, la inmensa mayoría de las personas que se someten a la prueba no padecen las enfermedades en cuestión. El número real de falsos positivos que observamos no solo viene determinado por la inexactitud de la prueba (es decir, sus tasas de falsos positivos y falsos negativos), sino también por lo común o rara que sea la enfermedad. Cuando la prueba es imperfecta y además la mayoría de las personas que se someten a ella no padecen realmente la dolencia, podemos encontrar más falsos positivos que verdaderos positivos por la sencilla razón de que no hay muchos verdaderos positivos que encontrar. (Como ya imaginará el lector, existe una forma de calcular esto: se llama «teorema de Bayes».)[7]

Pese a las elevadas tasas de falsos positivos, lo cierto es que merece la pena realizar pruebas para detectar estas enfermedades a fin de que los afectados puedan recibir el tratamiento necesario. Lo bueno del caso es que normalmente no se deja que los falsos positivos se preocupen durante mucho tiempo o reciban un tratamiento innecesario, ya que es habitual recurrir a una segunda prueba que resulta más cara de administrar pero da menos falsos positivos: podemos utilizar dicha prueba en las personas que han dado positivo, corrigiendo así muchos de nuestros errores.

PALOS DE CIEGO (AUNQUE NO DEL TODO)

Hemos estado analizando patrones de error mediante nuestras tablas de 2×2, pero en muchos entornos del mundo real nunca llegamos a ver las cuatro celdas de la tabla. Tomemos, por ejemplo, los criterios de admisión de la Universidad de California en Berkeley y la Universidad de Stanford, donde ejercemos la docencia los autores del presente volumen. Solemos decir (y con razón) a nuestros alumnos que son fantásticos, la flor y nata, y que tenemos suerte de que se hayan unido a nosotros. Aun así, los comités de admisión saben que, bajando un poco más en la lista, había un montón de otros candidatos igualmente fantásticos que no pasaban el corte. Pero lo cierto es que nunca sabremos realmente si cometimos un error al no admitirlos, porque nunca podremos constatar cómo les habría ido de haberlos admitido; o, para el caso, si a los alumnos que sí admitimos les habría ido mejor en una universidad rival. Nunca llegamos a ver el universo en el que tomamos la decisión contraria.

En 1973 surgió un caso interesante en ese sentido. En Estados Unidos existe un antiguo debate acerca de la capacidad de los psiquiatras y las juntas de libertad condicional para decidir si un preso o un interno de un centro psiquiátrico es demasiado peligroso para ser puesto en libertad. Sin embargo, debido a una grave crisis presupuestaria, algunas instituciones se vieron obligadas a liberar a todo el mundo, de modo que, aunque los peritos habían dictaminado que algunas personas eran demasiado peligrosas para ser puestas en libertad, los funcionarios públicos dijeron: «Bueno, nos da igual vuestra opinión; vamos a liberarlos de todas formas». Así pues, en este caso tuvimos la oportunidad de averiguar qué sucede cuando se libera a alguien a quien se considera peligroso; y resultó que la mayoría de las personas consideradas «peligrosas» no cometieron ningún delito violento en los tres años siguientes. Al parecer, los peritos solían estar predispuestos a aceptar una tasa muy alta de falsos positivos para evitar ser responsables de liberar a alguien que luego resultara ser peligroso; es decir, privilegiaban la seguridad de la sociedad sobre los derechos del individuo. Sin duda los lectores diferirán en sus opiniones acerca de si ese equilibrio es correcto o no.

ENTRE LA ESPADA Y LA PARED

Hemos visto que existe una dolorosa disyuntiva entre el riesgo de incurrir en falsos positivos y el riesgo de caer en falsos negativos: es difícil reducir uno sin aumentar el otro. Repitámoslo: fijar una nota de corte es una decisión normativa que refleja decisiones institucionales sobre los costes relativos de los errores, y estas son intrínsecamente decisiones políticas sobre valores más que decisiones científicas.

Reiteremos, pues, el quid de este capítulo. La ciencia puede decirnos cómo estimar probabilidades, pero no puede decirnos qué umbral de decisión debemos utilizar. Nuestros niveles de prueba o umbrales de decisión son la expresión de un juicio de valor: en una situación determinada, ¿qué tipo de error nos interesa más evitar?

Tanto los científicos como los entusiastas de la ciencia a veces pasan por alto este factor. Consideremos, por ejemplo, el debate en torno a la conveniencia de los confinamientos al principio de la pandemia de covid. Aunque no vamos a argumentarlo aquí, nosotros creemos que había razones científicas de peso para creer que un confinamiento podía reducir la transmisión del virus; pero el riesgo de transmisión debía contraponerse a los perjuicios que dicho confinamiento podía causar. A la larga es posible cuantificar cada uno de esos riesgos, pero en el momento en que hubo que tomar la decisión no sabíamos lo suficiente para hacerlo. Creemos que muchas personas tenían razón al defender los beneficios de los confinamientos para la salud pública dado el estado de la ciencia médica, pero eso no implica que su adopción fuera lo que dictaba la ciencia, habida cuenta de que tienen muchos otros tipos de efectos. Cuando compramos un coche, cada uno de nosotros decide cómo contraponer las ventajas de los dispositivos de seguridad con el coste del vehículo. De manera similar, imponer un confinamiento obligatorio conlleva diversos beneficios y costes contrapuestos, que implican consideraciones de salud pública, pero también económicas, educativas y de otros tipos. En los capítulos 16 y 17 volveremos a la cuestión de cómo las sociedades pueden trabajar con los valores que fijan sus umbrales de decisión.

DISYUNTIVA ENTRE ERRORES Y «SIGNIFICACIÓN ESTADÍSTICA»

El lector que haya estudiado estadística básica reconocerá los mismos tipos de disyuntiva en los llamados test de hipótesis o pruebas de significación. Seguramente habrá oído la expresión «estadísticamente significativo», que viene determinada por un umbral mágico definido como $p<0{,}05$, donde p es la probabilidad de detectar una correlación tan fuerte como la observada en los datos cuando en realidad no existe correlación alguna.

Este criterio no está exento de controversia. Si obtienes un valor p de 0,049 puedes salir a celebrarlo, pero si es de 0,051 caes en la desesperación. A muchos les parece irracional adoptar un criterio tan rígido sobre esta diminuta diferencia de probabilidad. ¿Con base en qué podemos decir que un dato es significativo y el otro no?

Fueron los estadísticos de una generación anterior quienes eligieron este umbral de 0,05 de forma bastante arbitraria. Por convención, se optó por procurar evitar más los falsos positivos que los falsos negativos. Pero cabría argumentar, no sin buenas razones, a favor de escoger umbrales más altos o más bajos. Tal vez la ciencia se ve más perjudicada cuando decretamos que el efecto no existía y, debido a ello, pasamos por alto un efecto verdadero.

Esto resulta preocupante porque en algunos ámbitos es habitual poner a prueba las políticas públicas llevando a cabo alguna intervención en el mundo real. Las muestras son pequeñas y la medición, ruidosa, por lo que resulta muy difícil detectar la señal. Y como hemos establecido ese umbral tan estricto que intenta evitar que se afirme que hay algún efecto cuando no lo hay, no podemos afirmar que hay un efecto si este es real pero muy pequeño (porque en tales circunstancias resulta más difícil obtener un valor $p<0{,}05$). Así pues, es perfectamente posible que hayamos abandonado muchas intervenciones eficaces en materia de políticas públicas debido a que no podíamos detectar sus efectos por el hecho de vernos obligados a utilizar ese estricto umbral en ámbitos en los que los datos eran escasos y ruidosos. En tales circunstancias, decidir si seguir adelante o no es un juicio de valor.

¿PODEMOS HACER QUE LAS DISYUNTIVAS SEAN MENOS TERRIBLES?

Ya hemos visto que la ciencia puede reducir los errores de decisión mejorando la calidad de nuestras herramientas de predicción. Y hay también otras medidas que podemos adoptar para gestionar las disyuntivas.

A veces –y diríamos que la mayor parte del tiempo– podemos adoptar una línea de actuación solo de manera provisional. Podemos probarla, examinar los resultados y luego reconsiderar nuestra decisión. Los legisladores, por ejemplo, pueden incluir en sus propuestas «cláusulas de extinción» por las que estas deberán evaluarse antes de proceder a renovar su financiación. Es cierto que este tipo de cláusulas entrañan cierta dificultad, en la medida en que crean incentivos para que los partidarios o detractores de una determinada propuesta distorsionen las pruebas que las avalan o refutan en beneficio propio.

En ocasiones podemos limitarnos simplemente a suspender el juicio y esperar a reunir más pruebas antes de tomar una decisión. Como sostenemos a lo largo de este libro, a veces resulta prematuro formarse una opinión. Las familias aplazan las decisiones que afectan a la compra de una vivienda o a un cambio de trabajo cuando la situación económica parece incierta. Los médicos posponen ciertos procedimientos intrusivos hasta que los resultados de las pruebas diagnósticas son más claros. Por supuesto, hay también otras situaciones en las que no podemos esperar a tomar una decisión. Por ejemplo, un alcalde tendrá que decidir si debe evacuar o no a los ciudadanos de su municipio cuando hay un aviso de inundación, o los mandos militares tendrán que decidir si disparan o no a un avión que ha invadido un espacio aéreo restringido. De manera similar, los miembros de un jurado no pueden decirle al juez: «Bueno, creemos que hay un 82% de probabilidades de que el acusado sea culpable, señoría»; si lo hicieran, el juez probablemente los enviaría de vuelta a la sala de deliberación hasta que tomaran una decisión en firme.

Esperamos que este capítulo haya ayudado al lector a comprender que las discrepancias públicas no siempre guardan relación con los hechos. A veces se trata de desacuerdos a la hora de establecer el nivel de prueba adecuado, es decir, la cantidad de pruebas que consideraremos suficientemente sólidas para que una de las partes cambie de opinión.

Este es un rasgo intrínseco del pensamiento probabilístico: no podemos esperar obtener certezas, de manera que todos nosotros tenemos que decidir cuántas pruebas consideramos suficientes. Y dada la ausencia de certeza absoluta, incluso las políticas públicas mejor fundamentadas empíricamente incurrirán en uno u otro error. Probablemente el lector y yo estemos de acuerdo en que sería un error no ayudar a los necesitados, y en que lo sería igualmente dejar que se aprovechen de la generosidad de la administración quienes no la necesitan; puede que solo discrepemos acerca de cuál de estos dos errores es peor. Argumentar nuestros puntos de vista sobre estas cuestiones no eliminará las discrepancias, pero puede aclararlas en gran medida. Y ambas partes siempre pueden coincidir en que mejorar la precisión de nuestras previsiones reducirá a la par ambos tipos de error.

Capítulo 9

INCERTIDUMBRE ESTADÍSTICA Y SISTEMÁTICA

¡Ojalá los objetos del mundo y sus propiedades fueran una cosa u otra! Si todo el mundo midiera exactamente 90 centímetros o exactamente 1,70 metros sería fácil saber si tu hijo pequeño es lo bastante alto para poder subirse a la mayoría de las atracciones del parque antes de comprar las entradas por internet y viajar hasta allí. En cambio, tienes que medir a tu entusiasta retoño, que puede haber alcanzado o no el requisito de un metro de altura establecido por el parque, y lo único de lo que dispones para hacerlo es una vieja cinta métrica que has encontrado en el fondo de un cajón. Resulta que la estatura de tu hijo se aproxima bastante al requisito del parque, y mientras tu mano vacila al sostener la cinta – introduciendo ruido en la medición –, piensas «Sí», y luego piensas «No». Entonces se te ocurre que podrías hacer un montón de intentos de medición y después promediarlos: eso debería contrarrestar el ruido asociado al movimiento de tu mano. Pero en ese momento recuerdas vagamente que un día te dejaste la cinta métrica en el bolsillo del pantalón al meterlo en la lavadora, y te preguntas si no habrá encogido (¡el pantalón desde luego que encogió!). Si es así, promediar varios intentos de medición no te ayudará en nada. Suspiras.

Esta emotiva historia nos sirve para introducir otra herramienta conceptual que resulta útil cuando nos enfrentamos al ruido y la incertidumbre en el mundo real. Para empezar, hay dos formas en que el ruido y la incertidumbre pueden afectar a las mediciones: a veces estas últimas oscilan de manera aleatoria, pero pueden promediarse (como cuando nuestra mano vacilante sujeta una cinta métrica), mientras que en otras ocasiones se ven sistemáticamente empujadas en una dirección u otra (todas las mediciones resultarán sobrestimadas si utilizamos una cinta métrica que se encogió al lavarla). Si de verdad queremos cuantificar nuestros niveles de credibilidad y reconocer las probabilidades de que haya cifras aleatorias que nos den falsas impresiones del mundo, tenemos que ser capaces de lidiar con ambos tipos de complicaciones.

La ciencia nos ofrece un lenguaje y un enfoque útiles para este fin. De hecho, saber cómo gestionar mejor estas distintas variedades de ruido e incertidumbre acaba siendo un problema tan importante que varias disciplinas científicas han desarrollado una terminología propia para referirse a ello. Los términos concretos difieren en cada caso, pero sus significados son similares. Los físicos como Saul suelen denominar a estos dos tipos de fuentes de ruido *incertidumbre estadística* e *incertidumbre sistemática*, mientras que los psicólogos sociales como Rob hablan de *fiabilidad* y *validez*. Los estadísticos, por su parte, pueden diferenciar entre precisión y exactitud, o utilizar términos de carácter más técnico como *varianza* y *sesgo* (en este último caso se trata de un uso específico del concepto, que no debe confundirse con su significado ordinario). Dado que todos estos términos tienen matices ligeramente distintos (volveremos sobre algunos de ellos más adelante en este mismo capítulo), John, el filósofo, puede elegir el que mejor se adapte a su significado.

LA BÁSCULA DE BAÑO

Para entender esta terminología, empecemos con otro ejemplo concreto que ilustra cómo estos dos tipos distintos de incertidumbre se manifiestan en la vida cotidiana. Imagina que tu médico te aconseja perder un par de kilos por motivos de salud. Inmediatamente después tienes que irte de viaje de negocios, y decides comprobar tu peso en la báscula de baño de cada hotel. Cada día, en cada habitación de hotel, utilizas una báscula distinta. La primera vez que te pesas, piensas: «¡Qué curioso! Parece que peso un kilo menos de lo que creía. A lo mejor la báscula está mal». Luego viajas a la siguiente población, pruebas la siguiente báscula de baño y observas: «¡Vaya! Esta dice que peso un kilo más de lo que creía». Empiezas a sospechar que los hoteles no se molestan en calibrar demasiado bien sus básculas de baño. A lo largo de todo un mes de viaje pasas por un montón de cuartos de baño y utilizas un montón de básculas, y decides que, si sacas la media de todas las mediciones, seguramente será más o menos correcta, dado que las probabilidades de que todas las básculas se desvíen en una misma dirección te parecen escasas.

Al regresar a casa, vuelves a utilizar tu propia báscula de baño. Lo que no sabes es que tu báscula está sesgada y siempre da una lectura dos kilos más baja de lo que debería. Puede que al principio pienses que tu peso es bajo porque está deshidratado por el viaje en avión, pero después de un mes pesándote cada día con ella, la báscula sigue diciéndote que pesas dos kilos menos de lo que pesabas de media cuando estabas de viaje. De hecho, no importa cuántas veces te peses con esa báscula: siempre terminas felicitándote por tu constancia a la hora de mantener esos dos kilos menos. Obviamente, ese es justo el tipo de situaciones que los científicos pretenden detectar, para lo cual tratan de inventar sin cesar nuevas formas de identificarlas: queremos poder saber si nos hallamos o no en una situación en la que hemos obtenido un bonito resultado reproducible (nos hemos pesado muchas veces y siempre hemos obtenido la misma cifra, solo que dista dos kilos de la realidad).

Aquí es donde los científicos empiezan a diferenciar —y etiquetar— los dos tipos de incertidumbre. La incertidumbre estadística hace referencia a las fuentes de ruido que hacen que las mediciones se dispersen aleatoriamente en torno al valor correcto, algunas por encima y otras por debajo, como las diversas lecturas de las balanzas de los hoteles. Cuando las mediciones solo exhiben incertidumbres estadísticas, siempre podemos acercarnos más a la verdadera respuesta promediando un número cada vez mayor de ellas. La incertidumbre sistemática, por su parte, hace referencia a aquellas fuentes de ruido que empujan todas las mediciones en una misma dirección, ya sea todas hacia arriba o todas hacia abajo, como ocurría con nuestra imprecisa balanza doméstica que siempre pesaba de menos. Cuando solo tenemos incertidumbres sistemáticas, da igual cuántas mediciones hagamos: su media nunca nos acercará a la verdadera respuesta, sino a un resultado «sesgado».[1]

Lo interesante de estos dos tipos de incertidumbre es que, una vez que se es consciente de la diferencia entre una y otra, queda claro que para realizar una buena medición (es decir, con una señal clara que el ruido no haga demasiado difusa) se necesitan estrategias distintas para gestionarlas. Si la medición oscila aleatoriamente cada vez que se repite (puede que nos tiemble un poco la mano al intentar mantener la regla sujeta con firmeza), tendremos que realizar muchas más mediciones para poder promediar a la baja ese ruido estadístico (o encontrar a alguien con mejor pulso que pueda obtener resultados más coherentes). Cuando sospechamos que puede haber una posible incertidumbre sistemática, en cambio, el problema suele ser mucho más arduo; de ahí que buena parte del esfuerzo de los científicos –y también del presente análisis– se centre en las posibles formas de abordarla.

CÓMO GESTIONAR LA INCERTIDUMBRE SISTEMÁTICA

Abordar las posibles incertidumbres sistemáticas nos da la oportunidad de ser creativos, dado que nuestra primera tarea consiste en intentar postular todas las posibles formas en que la medición podría desviarse sistemáticamente en una dirección o en otra. ¿Cabe la posibilidad de que la cinta métrica se haya estirado o encogido de modo que todas las mediciones se desvíen en un mismo sentido? ¿Es posible que la mayoría de la gente, quizá de forma involuntaria, compre básculas de baño que subestiman su peso, de manera que la mayoría de las básculas que encontramos en casa de nuestros amigos y conocidos pesen de menos? La segunda tarea consiste en inventar formas de comprobar este sesgo sistemático o, mejor aún, limitar su efecto en la medición. ¿Podemos encontrar otras cintas métricas, o básculas de baño, que nos den mayor confianza de cara a comparar longitudes o pesos? Alternativamente, tanto si podemos demostrar que hay un sesgo sistemático en la medición como si no, ¿es posible encontrar una forma de hacer la medición de tal modo que no importe si hay un sesgo específico en la herramienta que empleamos? Esta última posibilidad parece un tanto paradójica –¿cómo podría ser irrelevante un sesgo específico?–, así que examinemos un ejemplo.

Imagina que Sara se está preparando para correr un kilómetro y medio, que es una carrera de cuatro vueltas alrededor de la pista. Su entrenador quiere cronometrar la velocidad a la que corre la tercera vuelta del recorrido, de manera que, cada vez que Sara cruza la línea que marca el inicio de la tercera vuelta en la pista, el entrenador pulsa un botón de su cronómetro que empieza a contar el tiempo, y cuando Sara vuelve a cruzar la línea (iniciando así la cuarta vuelta), el entrenador pulsa de nuevo el botón para detener el cronómetro.

Cuando empezamos a examinar esta medición del tiempo, pensamos primero en varias fuentes potenciales de incertidumbre estadística:

puede que Sara no corra su tercera vuelta siempre exactamente a la misma velocidad, y puede que su entrenador no sea constante a la hora de pulsar el botón del cronómetro exactamente en el mismo momento cada vez, de forma que a veces se adelante un poco y a veces se atrase un poco. Podemos manejar estos problemas promediando la misma medición en diferentes sesiones de entrenamiento (a ser posible no todas el mismo día, puesto que Sara podría acusar el cansancio). De hecho, en muchas circunstancias la incertidumbre estadística se reduce simplemente promediando las mediciones individuales. Pero ¿qué ocurre si el entrenador reacciona en todos los casos con cierta demora cada vez que Sara cruza la línea, de modo que *siempre* se retrasa un poco al pulsar el botón del cronómetro? Esta sí parece una causa de error sistemático, dado que el retardo de su reacción no desaparecerá promediando más mediciones.

Sin embargo, probablemente el lector se habrá dado cuenta de que, tal como hemos contado esta historia, la medición implica que el entrenador pulse el mismo botón con la misma reacción retardada dos veces: una al iniciar el cronometraje de la vuelta y otra al detenerlo. Por lo tanto, mientras el retardo del entrenador al inicio de la vuelta sea el mismo que al final de esta (que marca también el inicio de la vuelta siguiente), ambas se anularán mutuamente y la medición no estará sesgada. Puede que este parezca un ejemplo un tanto artificioso en el que simplemente hemos tenido suerte, pero es justo el tipo de solución creativa a una molesta fuente potencial de incertidumbre sistemática que los científicos buscan sin cesar. ¿Recuerdas lo útil que resultaba asignar de modo aleatorio a los sujetos de un experimento médico al grupo al que se administraba el fármaco o al grupo de control al que no se le administraba? Pues era una forma inteligente de garantizar que las fuentes de incertidumbre sistemática que pudieran sesgar el resultado en un sentido u otro se anularan mutuamente al comparar ambos grupos.

EJEMPLOS DE INCERTIDUMBRES SISTEMÁTICAS EN EL MUNDO REAL

Nuestro objetivo aquí es sensibilizarnos ante esas posibles fuentes de incertidumbre sistemática –y sus posibles soluciones– siempre que surjan. Veamos dos ejemplos del mundo real que revisten cierta trascendencia por diferentes motivos. El primero es un importante ejemplo práctico de incertidumbre sistemática que el lector podría haber experimentado si ha votado en unas elecciones de ámbito local por candidatos desconocidos –pongamos por caso los miembros de un consejo escolar– sin haber estudiado previamente a los candidatos ni sus propuestas.

Diversos estudios han revelado que, cuando a los votantes se les presentan nombres de personas en una papeleta, y no saben nada sobre ellas, en igualdad de condiciones votarán con una frecuencia ligeramente mayor a quienquiera que figure en primer lugar en la papeleta. El candidato que aparece en primer lugar obtiene alrededor de un 5 % más de votos que cualquiera de los que figuran más abajo, de manera que se trata sin duda de un efecto trascendente, puesto que en muchos comicios es fácil que ese 5 % baste para ganar.

Lo que quizá resulta sorprendente es que se obtiene justo el efecto contrario si la enumeración de los nombres se realiza de forma verbal, y no visual, que es lo que ocurre cuando los encuestadores llaman a la gente para preguntarle a quién es más probable que vote. En dicha situación, cuando se transmite la lista de candidatos, es la última persona que aparece en la lista la que recibe ese impulso adicional. Si reparamos en ello, pues, en caso de que se celebraran unas elecciones en las que el nombre de un determinado candidato apareciera impreso en la parte superior de la papeleta y los encuestadores leyeran la lista de candidatos por teléfono en ese mismo orden, los sondeos preelectorales podrían equivocarse por completo en la predicción del ganador: el candidato que encabezara la papeleta tendría una desventaja de cinco puntos en las encuestas telefónicas pero una ventaja de cinco puntos en las elecciones reales.

¡Resulta demencial! Conociendo la causa de este sesgo sistemático, ¿qué sentido tiene imprimir todas las papeletas con los candidatos en el mismo orden? En Estados Unidos, en unas elecciones para cargos legislativos estatales celebradas en California, alguien se dio cuenta del problema del sesgo sistemático asociado al orden de los nombres, pero intentó resolverlo eligiendo un orden al azar para los candidatos en la papeleta e imprimiendo todas las papeletas en ese orden. Eso, por supuesto, no resuelve el problema. Se podría decir que es justo si se tiene una idea un tanto curiosa de lo que se considera justo, en tanto en cuanto de ese modo todos los candidatos tienen las mismas posibilidades de obtener el impulso adicional del 5% por figurar en la parte superior de la papeleta. Pero obviamente no es eso lo que buscamos: no pretendemos ser justos o equitativos en una medición errónea, sino averiguar qué o a quién querrían votar las personas que sí tienen una preferencia, sin la distorsión del 5% de quienes por lo visto eligen basándose en el orden de los nombres. Curiosamente, por seguir con el ejemplo estadounidense, no en todos los casos se comete el mismo error. Por ejemplo, a la hora de elegir a los representantes de California en el Congreso de la nación, las papeletas se imprimen para su distribución condado por condado, y el orden en que figuran los candidatos en esas papeletas va rotando en cada uno de los cincuenta y ocho condados de California. Aunque no es perfecto, este enfoque debería ayudar a contrarrestar la ventaja del primer nombre de la lista de manera similar a lo que hacemos al promediar las mediciones de peso en varios hoteles en nuestro viaje de negocios.

Nuestro segundo ejemplo de la vida real ilustra lo mucho que está en juego cuando se trata de reconocer y abordar las incertidumbres estadísticas y sistemáticas. En el mundo actual reviste crucial importancia saber si nuestras mediciones del cambio de la temperatura global en el último siglo son correctas o incorrectas. Si las interpretamos mal (¡hablamos de nuestra interpretación probabilística, por supuesto!), podríamos causar un gran sufrimiento, ya sea actuando incorrectamente para abordar un problema que no hemos sabido entender, o no actuando y permitiendo que ocurra una catástrofe climática.

A lo largo del último siglo, meteorólogos de todo el mundo han realizado un seguimiento de sus temperaturas locales utilizando termómetros que comprueban cada día. Los climatólogos, a su vez, han empleado esas mediciones para estimar el cambio de la temperatura media global, elaborando los gráficos que veíamos en el capítulo 6, que indican que las temperaturas han aumentado durante ese periodo. Este es un ejemplo en el que intervienen tanto las incertidumbres estadísticas como las sistemáticas. Para empezar, las mediciones locales diarias están plagadas de todo tipo de ruido, debido a las pequeñas diferencias meteorológicas que se producen de un lugar a otro, de un día a otro y de un año a otro, además de los posibles defectos de construcción de los termómetros. Este tipo de incertidumbres deben identificarse e interpretarse como «incertidumbres estadísticas», en la medida en que, con datos suficientes, pueden contrarrestarse promediando las mediciones. Mucho más perturbadora sería, en cambio, cualquier fuente de sesgo sistemático que resultara diferir, por ejemplo, entre principios y finales del siglo pasado.

Los errores sistemáticos que se mantuvieran invariables a lo largo de ese tiempo se anularían (como ocurría con el tiempo de reacción retardada del entrenador de Sara), por lo que no deberían preocuparnos. Por ejemplo, si todo el mundo midiera la temperatura media diaria solo en las primeras horas de la tarde, esta resultaría estar sistemáticamente sesgada (sería más cálida que la media del día). Sin embargo, mientras ese error se repitiera a lo largo de toda la centuria, no contribuiría a generar un sesgo sistemático en la medición del cambio de temperatura.

En cambio, si un determinado sesgo de medición varía a lo largo del siglo durante el que se han tomado los registros, debemos evaluar la influencia de ese error sistemático en nuestra medición del cambio de temperaturas. Consideremos, por ejemplo, los posibles cambios sistemáticos producidos en el lugar donde se han registrado las temperaturas. Durante la primera parte del siglo la mayoría de las mediciones procederían de Europa y Norteamérica, donde se encontraban principalmente los encargados de registrarlas; pero en el transcurso de la centuria las contribuciones de África, Asia y Sudamérica se habrían ido equiparando al resto. Otro posible cambio geográfico acaecido a lo largo del tiempo podría deberse a la urbanización: al avanzar el siglo, cada vez se habrían producido más registros en las ciudades o sus inmediaciones, dado que cada vez vivía más gente allí; y sabemos que las ciudades tienden a ser más cálidas que las zonas rurales circundantes debido a lo que se conoce como el «efecto isla de calor urbano».

Este es exactamente el tipo de inquietudes sobre incertidumbres sistemáticas que se han planteado en las últimas décadas, cuando la cuestión del calentamiento global ha suscitado importantes debates políticos. Uno de los grupos que abordó esta cuestión realizó un estudio controlado en el que se compararon los cambios de temperatura producidos en el transcurso del siglo en lugares próximos a las ciudades con los acaecidos en zonas rurales (Saul colaboró en este proyecto). La adopción de tal enfoque posibilitó controlar en la práctica esta fuente de incertidumbre sistemática, y en este caso los investigadores descubrieron que la diferencia entre los cambios de temperatura urbanos y rurales era mucho menor que el efecto de calentamiento que hoy nos preocupa, lo que indica que la urbanización producida a lo largo de la centuria no generó un sesgo sistemático importante en la medición del cambio de temperaturas globales en ese periodo.

¿Y qué hay de la hora del día en la que se registran las temperaturas? Pues resulta que en la práctica se produjo un cambio en cuanto al momento de tomar las lecturas de temperatura para usarlas en el cálculo de las medias diarias. En Estados Unidos, por ejemplo, a principios de siglo el servicio meteorológico recomendaba que las lecturas de temperatura se hicieran en torno a la puesta de sol, mientras que a finales de siglo la mayoría de las mediciones en dicho país se hacían por la mañana (cuando probablemente hace más fresco). De modo que ahora resulta más difícil establecer lo que cuenta como temperatura media durante cada periodo porque hay que intentar corregir esa diferencia en la práctica.

También se produjo otro cambio en la práctica de las mediciones de temperaturas, en este caso relacionado con la temperatura de la superficie del océano. A principios de siglo, la temperatura del océano se medía arrojando un cubo por la borda de un barco, izándolo de nuevo y tomando luego la temperatura del agua que contenía. En torno a la Segunda Guerra Mundial se pasó a colocar un termómetro en la toma de agua que alimentaba la refrigeración de los motores. Como se puede imaginar, los dos métodos daban resultados ligeramente distintos. Para empezar, el agua que entraba por la toma de admisión se encontraba a mayor profundidad que la que se recogía con cubos; y, al parecer, a las personas que realizaban las mediciones nunca se les ocurrió que alguien pudiera querer comparar los registros de temperatura, por lo que no realizaron ningún tipo de calibración comparativa: ellos tomaban las temperaturas para otros fines. De modo que ahora, en todos los estudios en los que hay que considerar las temperaturas oceánicas, los científicos han de tener en cuenta el hecho de que existe un desfase de magnitud desconocida entre las mediciones de dichas temperaturas realizadas con cada uno de los dos métodos mencionados. Y actualmente la magnitud de ese desfase resulta difícil de determinar, pues ya no es posible acceder a barcos como los de la época en la que cambió el método de medición y comparar los resultados del método del cubo con los de la toma de agua.

Una vez que somos conscientes de esos cambios en los métodos de recogida de datos de temperatura, dichos cambios pueden convertirse en objeto de estudio. En los ejemplos anteriores, los cambios generaron «desfases en la medición de las temperaturas» que a su vez tenemos que medir, y que entrañan su propia incertidumbre estadística. Sin duda contribuyen a aumentar la incertidumbre asociada a la mejor estimación final del cambio de temperatura global, pero la buena noticia es que, una vez que se convierten en una cantidad más a medir en la vía hacia la respuesta, podemos utilizar el razonamiento probabilístico estándar que hemos descrito en capítulos anteriores para cuantificar la incertidumbre y elegir qué umbrales determinan lo que juzgamos «suficientemente seguro» para actuar basándonos en ello. Por ejemplo, podríamos decidir que las consecuencias de un cambio de temperatura global son lo bastante importantes como para actuar aunque solo tengamos un 75 % de confianza en la realidad de un aumento de dicha temperatura, o podríamos decidir que la reorientación de los recursos es lo bastante perturbadora para la economía global como para necesitar un 95 % de confianza antes de actuar al respecto.

EL RETO CREATIVO DE LAS INCERTIDUMBRES SISTEMÁTICAS

El ejemplo de la identificación de muchas posibles causas de sesgo sistemático en la medición del cambio de la temperatura global demuestra que existen diferentes vías para tratar cada una de ellas: en algunos casos, encontramos formas de anularlas en la propia medición; en otros, medimos el propio efecto sistemático, convirtiéndolo en una incertidumbre estadística más manejable, y en otros (no expuestos aquí), simplemente debemos constatar que la magnitud del efecto sistemático no puede ser tan grande como para afectar a nuestra medición. En suma: una vez identificadas esas posibles fuentes de incertidumbre sistemática, pueden estudiarse y tenerse en cuenta. Así pues, buena parte de la formación de los científicos consiste en ser cada vez más capaces de reconocer tales fuentes de incertidumbre, y luego idear formas creativas de controlar, equilibrar o medir cada una de ellas lo bastante bien como para que la medición no resulte tan incierta que imposibilite basar decisiones en ella.

En posteriores capítulos hablaremos de la importancia de trabajar con personas que discrepen entre sí; una de las principales razones de ello es que resulta tremendamente más fácil descubrir fuentes de incertidumbre sistemática cuando cuestionas la postura de otro. Así pues, si uno quiere descubrir incertidumbres sistemáticas que puedan estar distorsionando sus mediciones, lo mejor que puede hacer es ponerse en contacto con personas que cuestionen dichas mediciones (por doloroso que pueda resultar). En el mejor de los casos, la tradición de los científicos de revisar y criticar vigorosamente el trabajo de los demás constituye un importante elemento adicional en su búsqueda de incertidumbres sistemáticas, que supera incluso a toda la formación que los prepara para encontrarlas por sí mismos. Una vez que te familiarizas con el problema de los sesgos sistemáticos, es probable que empieces a verlos, o a buscarlos, en los indicios en los que basas las decisiones que adoptas en tu propia vida. (Por ejemplo, si tu jefe te corrige críticamente algo que has escrito o discrepa de algo que sugieres, eres bastante consciente de ello, pero no así cuando se limita a aceptar tu trabajo; este sesgo sistemático en los indicios en los que basas tu autoevaluación podría llevarte erróneamente a buscar otro trabajo.) En cambio, fuera de la cultura científica resulta más difícil encontrar a alguien que no esté de acuerdo contigo y pueda ayudarte a detectar tus propios sesgos sistemáticos (en este caso el término *sesgo* puede incluir tanto el significado más técnico que hemos analizado aquí como su definición habitual).

Asimismo, cuando debamos tomar nuestras propias decisiones basándonos en las conclusiones de los científicos –pongamos por caso, qué medicamento tomar, o si debemos votar o no a favor de una política de fracturación hidráulica para obtener gas natural–, deberíamos estar lo bastante sensibilizados con este tema como para comprobar si los científicos en cuestión han explorado un buen abanico de incertidumbres sistemáticas en su investigación. Y, ya puestos, quizá queramos saber qué científicos contrarios o rivales han buscado tales incertidumbres sistemáticas. Ese es el tipo de cuestiones que deberíamos esperar que se plantearan los expertos en un ámbito dado cuando explican por qué creen en un determinado hallazgo científico.

UNA IMAGEN MNEMOTÉCNICA

Hay una imagen visual que se utiliza a menudo para clarificar y facilitar el aprendizaje de la distinción entre incertidumbre estadística y sistemática que hemos tratado en este capítulo. Si imaginamos que nuestros intentos de medir una determinada magnitud son como un juego de dardos, en el que cada dardo es un intento de medición, podemos concebir que la dispersión de los dardos en torno al centro de la diana representa nuestra incertidumbre en dicha medición, es decir, cómo de lejos estamos de dar en el blanco de la verdadera respuesta. Como sabemos, nuestras mediciones pueden errar de dos formas distintas: dispersándose aleatoriamente en torno al resultado correcto (incertidumbre estadística) o desplazándose en una misma dirección con respecto a dicho resultado (desfase sistemático). En este ejemplo representaríamos la primera, la incertidumbre estadística, como una nube de dardos alrededor del blanco, el centro de la diana, y la segunda, la incertidumbre sistemática, con todos los dardos clavados en un mismo lado de esta. Cuanta más incertidumbre estadística, más se extenderá la nube de dardos en torno al blanco, y cuanta más incertidumbre sistemática, más se alejarán todos de este último. Por supuesto, normalmente nuestras mediciones fallan en ambos sentidos a la vez, por lo que nuestra nube de dardos se extiende (incertidumbre estadística) y además su centro se aleja del blanco (incertidumbre sistemática). El gráfico de las dianas adjunto muestra una representación gráfica de cuatro posibles resultados de una serie de mediciones, considerando las opciones «mejor o peor» para ambas fuentes de incertidumbre.[2]

Esta es quizá una de las formas más concretas de entender la distinción entre los dos tipos de incertidumbre, y también puede ayudar a explicar a qué hace referencia la terminología empleada en otros ámbitos. Por ejemplo, cabría esperar que la agrupación más ajustada de los dardos que se muestra en las dianas inferiores se describiera como «menos varianza», mientras que el mejor centrado en torno al blanco que se aprecia en las dianas del lado derecho se definiría como «menos sesgo».[3]

TRIANGULACIÓN, DE NUEVO

Dado que lo importante aquí es la incertidumbre sistemática, frente al ruido estadístico, que resulta más fácil de manejar, es posible que en este punto el lector empiece a preocuparse un poco. ¡Sin duda eso de la incertidumbre sistemática parece complicado! No solo nos obliga a ser creati-

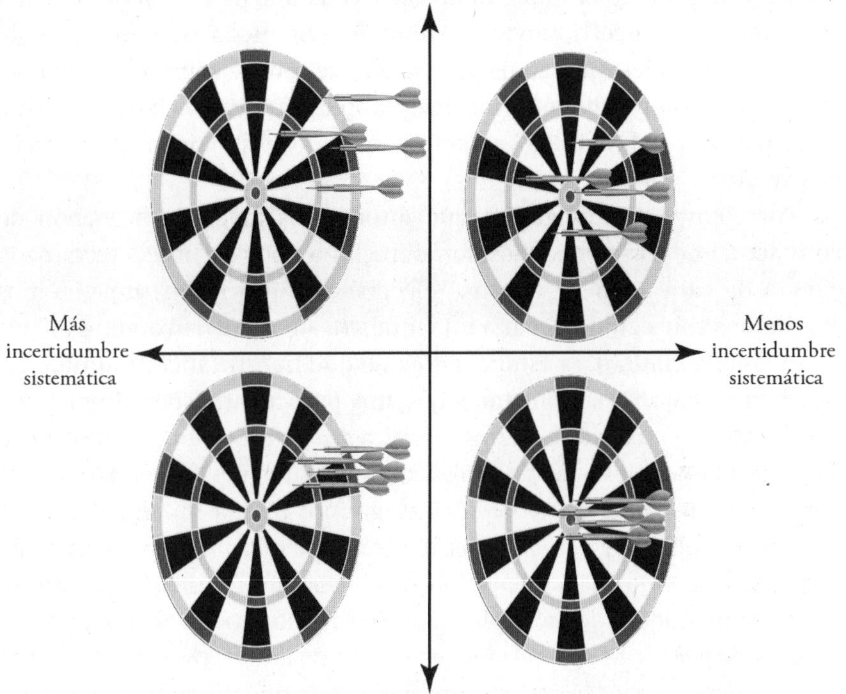

vos para pensar en las formas en que puede engañarnos, sino que tampoco podemos estar seguros de haber identificado todas esas posibles formas. Y ni siquiera hemos hablado de la intervención de los errores sistemáticos debidos a un sesgo humano real, lo que en el capítulo 12 analizamos como «razonamiento motivacional».[4]

Antes de que cunda el pánico (¿cómo vamos a poder confiar en ninguna decisión basada en una medición?), veamos algunos elementos del pensamiento científico que no solo pueden tranquilizarnos, sino también darnos la oportunidad de adquirir confianza en nuestro manejo de tales incertidumbres. El primero es la triangulación.

En el capítulo 2 explicábamos la triangulación como el uso de diversos instrumentos –a veces incluso potenciando distintos sentidos humanos– para conseguir una imagen de la realidad mejor que la que se obtendría con un solo instrumento. Para nuestro actual propósito, este tipo de triangulación aporta una ventaja adicional: si utilizamos enfoques de medición lo bastante diferentes, cada uno de ellos tendrá distintas fuentes de incertidumbre sistemática. Si luego obtenemos igual resultado con tales metodologías diversas, se reduce sobremanera la posibilidad de que sus distintas incertidumbres sistemáticas hayan «conspirado» para dar todas ellas los mismos resultados distorsionados (es decir, incorrectos).

Por ejemplo, supongamos que intentamos medir la intención de voto actual de los ciudadanos con derecho a voto en una determinada ciudad de cara a unas próximas elecciones municipales. Imaginemos que hemos conseguido llegar a una muestra aleatoria de votantes lo bastante amplia como para estar seguros de que nuestra incertidumbre estadística es baja.[5] Y supongamos que nos preocupan especialmente las dos fuentes de incertidumbre sistemática que hemos mencionado antes: los sesgos favorables a los primeros candidatos de una lista escrita y a los últimos de una lista hablada. Si conseguimos que la mitad de nuestro sondeo se realice verbalmente por teléfono y la otra mitad por escrito en internet, podremos triangular estas dos incertidumbres sistemáticas, ya que cada una de las dos metodologías de sondeo introduce una de ellas, distinta de la otra. Si después los resultados de ambos tipos de encuestas coinciden, podremos estar bastante seguros de que ninguna de estas dos incertidumbres sistemáticas resulta relevante; en caso contrario, podemos utilizar el grado en el que difieren para estimar el rango de magnitud de cualquier sesgo debido a uno u otro de estos efectos sistemáticos (o a ambos).

Ahora que hemos profundizado en esta importante herramienta del pensamiento científico y nos hemos centrado en concreto en las fuentes estadísticas y sistemáticas de incertidumbre, volvemos a recuperar la visión de conjunto. Necesitábamos explorar estas fuentes de incertidumbre para poder gestionarlas mejor a la hora de tomar decisiones cuando estas se basan en mediciones que pretenden ayudarnos a seguir la pista a nuestra realidad compartida. En la segunda parte del presente volumen hemos visto cómo esta toma de decisiones «basada en la realidad» depende de nuestra capacidad para entender la propia realidad de forma probabilística. En la primera parte describíamos asimismo las técnicas para identificar las «palancas causales» que utilizamos para resolver problemas y cambiar nuestro mundo, y debemos recordar que estas técnicas también dan como resultado una confianza probabilística en dichas palancas causales, con la misma necesidad de identificar el ruido estadístico y sistemático que podría degradar nuestra confianza en ellas.

Tener todo esto en mente parece una ardua tarea, ¡y sin duda lo es! A continuación, en la tercera parte, nos ocuparemos de otra de las armas secretas de la ciencia, la que nos permite mantener la cabeza despejada en medio de todos los factores causales, probabilidades, fuentes de incertidumbres sistemáticas y umbrales de detección. Comienza con algo que podríamos denominar el aspecto posibilista del pensamiento científico.

Tercera parte

LA ACTITUD POSIBILISTA RADICAL

Capítulo 10

OPTIMISMO CIENTÍFICO

¿Cuál es el periodo de tiempo más largo que has dedicado a intentar resolver un problema intelectualmente complejo o un rompecabezas? ¿Diez minutos, dos horas, un día, un mes, un año, una década? A la mayoría de las personas a las que les hemos planteado esta pregunta les cuesta pensar en ejemplos de problemas o rompecabezas a los que hayan dedicado más de unas horas, o puede que unos días como mucho. Pero ¿cuántos de los arduos problemas del mundo pueden resolverse en menos de unos días? ¡El mundo no es tan fácil! De hecho, cualquier problema mínimamente digno de los lectores de este libro merece dedicarle al menos un mes.

Persistir frente a un problema el tiempo suficiente para llegar a resolverlo constituye un reto que afecta a toda clase de asuntos, grandes y pequeños. ¿Cuánto tiempo habríamos seguido intentando llevar un hombre a la Luna de haber estado nosotros al frente de la NASA en la década de 1960? ¿Cuánto tiempo perseveraremos en intentar montar con nuestra pareja ese armario de Ikea que hemos comprado para el estudio? (Al fin y al cabo, no hay tantas formas de malinterpretar las ilustraciones.)

La cuestión es que los humanos somos perezosos por naturaleza. No es culpa nuestra: probablemente evolucionamos de ese modo para conservar energía. Y, por extraño que parezca, tenemos la sensación de que pensar mucho consume energía en exceso,[1] así que lo evitamos siempre que podemos, igual que evitamos subir una colina empinada si tenemos la opción de rodearla. Sin embargo, en general resolver problemas importantes requiere pensar mucho. Entre otras exigencias que se plantean a nuestro perezoso cerebro, ya hemos visto que se necesita un apreciable trabajo mental para reconocer cuándo es probable que nos engañemos confundiendo un patrón espurio con una señal en medio del ruido, o para elaborar una lista de potenciales fuentes de incertidumbre sistemática que van a sesgar una medición crucial. Y más adelante, en la cuarta parte del presente volumen, analizaremos otros retos mentales similares que nos impiden pensar con claridad.

Para complicar aún más las cosas, no solo somos perezosos, sino que además uno de nuestros atributos positivos, nuestra maravillosa curiosidad por lo novedoso, se convierte aquí en un obstáculo: al cabo de un día o así el problema ya no nos parece tan nuevo, y nos sentimos inclinados a pasar a centrar nuestra curiosidad en otro asunto. Es más, aunque aparentemente nos agrada mucho que nuestra curiosidad se vea recompensada con un nuevo conocimiento sobre el mundo, y nuestro deseo de obtener dicha recompensa sea un buen incentivo para centrarnos en un problema, también nos sentimos frustrados si no hacemos progresos con rapidez y obtenemos esa recompensa con un mínimo esfuerzo: ¡una desafortunada intersección de nuestra curiosidad con nuestra pereza![2]

¿Qué hacer, pues, con respecto a esta incapacidad tan humana de persistir frente a un problema? Aquí es donde entra en juego una herramienta poco conocida de la ciencia de la que rara vez se habla. Consiste en un sencillo truco mental que la cultura científica inventó sobre la marcha al que llamaremos «optimismo científico». No hablamos aquí del optimismo común y corriente, el del día a día. El optimismo científico es básicamente un espíritu posibilista, la expectativa de que el problema que tenemos entre manos va a poder resolverse, lo hagamos por nosotros mismos o con la colaboración de un equipo. Cuando se presenta un problema complicado, resulta mucho más probable resolverlo si se aborda como si la solución estuviera ya al alcance de la mano. En esencia, los científicos han inventado formas de engañarse diciéndose a sí mismos que pueden resolver un problema justo el tiempo suficiente para poder resolverlo realmente. ¡He aquí, pues, la única vez en este libro en la que el objetivo no es evitar engañarse a sí mismo!

En la historia hay numerosos ejemplos de situaciones en las que aparentemente la gente creía que no era factible hacer algo determinado, pero entonces corría el rumor de que alguien, en algún lugar del mundo, lo había hecho, y de repente aparecían montones de personas que también eran capaces de hacer lo mismo. Empezaban pensando: «Veamos, si esa gente sabe cómo hacerlo, tiene que ser factible», y seguían intentándolo una y otra vez. «Bueno, tal vez lo hicieron de este modo... No, esto no funciona. Quizá lo abordaron de esta otra manera...» Una vez que habían visto que era posible solucionar el problema, encontraban la motivación para no rendirse. Y, al final, puede que hallaran una forma de resolverlo del todo distinta de la inicialmente descubierta.

Podemos pensar en esto como un equivalente mental a todos esos récords atléticos que a veces nos parecen imbatibles. Todos hemos constatado cómo esos límites humanos aparentemente insuperables pasan a superarse casi de forma rutinaria una vez que alguien demuestra por primera vez que es posible hacerlo. Trasladando esto a nuestras situaciones de resolución de problemas de índole más cognitiva, imagina, por ejemplo, la diferencia entre intentar la audacia de construir un armario a partir de una caja llena de piezas desechadas de varios armarios de Ikea o hacerlo partiendo de un kit con las piezas de un armario recién comprado que también han adquirido varios amigos nuestros, que además nos han informado de que han podido montarlo sin problemas. No cabe duda de que en la segunda situación persistiremos mucho más tiempo en nuestro intento que en la primera. Pero la vuelta de tuerca adicional que aporta aquí el optimismo científico es que adoptamos temporalmente la creencia de que podemos tener éxito incluso cuando *no* sabemos si se trata o no de un kit completo de armario que es factible montar, y, con ello, nos damos a nosotros mismos el tiempo suficiente para abordar un problema difícil. Los científicos necesitan este tipo de optimismo porque intentan alcanzar nuevos descubrimientos, pero lo cierto es que lo necesitamos todos, dado que a menudo tenemos que abordar problemas sin una solución garantizada. (Una condición que marca un drástico contraste con el optimismo científico es el fenómeno de la llamada «indefensión aprendida»: al parecer, tanto los humanos como otros animales pueden renunciar a tratar de resolver una situación incómoda o dolorosa si han experimentado excesivas veces que tales situaciones escapan a su control; aunque en realidad en ese momento pudieran poner remedio a la situación en cuestión, han aprendido a no intentarlo siquiera.)

Uno de los ejemplos más sorprendentes que conocemos de cómo la creencia de que un problema tenía solución hizo posible resolverlo es el último teorema de Fermat. En 1637, el matemático Pierre de Fermat escribía en el margen de un libro:

Es imposible separar un cubo en dos cubos, o una cuarta potencia en dos cuartas potencias, o, en general, cualquier potencia superior a la segunda en dos potencias semejantes. He descubierto una prueba verdaderamente maravillosa de ello, que este margen es demasiado estrecho para contener.

Durante los 358 años siguientes los matemáticos estuvieron trabajando en el problema porque, basándose en la afirmación de Fermat, todos creían que podía resolverse. Y en 1995, en efecto, se resolvió. Probablemente no de la forma en que lo había hecho Fermat, pero fue su afirmación de que la solución era factible la que hizo que los científicos siguieran trabajando en el problema, ¡y nada menos que durante 358 años!

Saul empezó a comprender la importancia del optimismo científico cuando era estudiante de posgrado. Intentaba elegir un grupo de investigación, y se tropezó con uno con un increíble espíritu posibilista, que le había inculcado el profesor que lo dirigía, Richard Muller. En el grupo del profesor Muller cualquier proyecto interesante era un objetivo válido. Su filosofía era que, si se necesitaba una nueva herramienta, había que inventarla. Si había que construir algo, se construía. Si había que aprender algo nuevo, ya fuera electrónica compleja o técnicas de manipulación del ADN, se aprendía. Ese espíritu posibilista inspiró al grupo a afrontar con entusiasmo una amplia gama de retos y problemas. Por aquel entonces, trabajaban en una técnica para medir la curvatura de la luz causada por la gravedad de Júpiter, inventaban un miniciclotrón de sobremesa, medían el carbono de la atmósfera sobre los océanos para ayudar a comprender el ciclo de carbono en la Tierra y desarrollaban el primer sistema telescópico automatizado para descubrir supernovas relativamente «próximas». Esta tradición científica de sentirse cómodo asumiendo cualquier reto derivado de un problema apremiante probablemente constituye uno de los mayores puntos fuertes que nos brinda la ciencia, sea cual sea nuestra condición.[3]

Saul inició su investigación como estudiante de posgrado con el último de los mencionados proyectos, la búsqueda automatizada de supernovas. Con el tiempo, este proyecto dio lugar a otro aún más estimulante, cuando quedó claro que podían emplearse las mismas técnicas para encontrar supernovas mucho más lejanas que pudieran revelar la historia de la expansión del universo y predecir su destino final. El proyecto iba a suponer un inmenso desafío. Saul y su equipo calcularon que tardarían tres años en encontrar las docenas de supernovas distantes que necesitaban para medir los cambios en el ritmo de expansión del universo. Tres años después no habían encontrado ninguna de tales supernovas. (Un consejo: siempre que sea posible, mejor evitar aquellos ámbitos de investigación en los que nuestro éxito dependa de que haya un tiempo despejado.) La primera se descubrió al cabo de cinco años. Al cabo de siete, el equipo ya había averiguado cómo llevar a cabo el proyecto y encontraba supernovas lejanas en tandas de alrededor de media docena. Nueve años después ya disponía del conjunto de datos que necesitaba, pero aún no había descubierto cómo analizarlos al nivel necesario. A los diez había obtenido una respuesta, y también se había llevado una gran sorpresa: la expansión del universo se está acelerando.

Curiosamente, en todas y cada una de las fases de los diez años que duró el proyecto de las supernovas, el equipo estuvo bastante seguro de que era factible. El optimismo científico los hizo seguir adelante. Pero es importante ver cómo funciona en la práctica: en cada etapa del proyecto, el equipo pudo ver qué éxitos se habían logrado y qué hacía falta a continuación para seguir avanzando hacia su objetivo. Ese tipo de avance iterativo constituye una de las claves principales de la actitud posibilista; no se trata, pues, de que los científicos cuenten con alcanzar su objetivo de un plumazo.[4]

Hacer progresos frente a problemas difíciles, problemas cuya solución puede llevar meses, años o décadas, suele requerir un «avance iterativo», es decir, un proceso en el que vamos haciéndolo cada vez mejor con cada nueva tentativa y nos basamos en lo aprendido en los intentos previos. Al desgranar aquí las implicaciones prácticas del optimismo científico, no podemos por menos que señalar que se trata de un concepto que deberían tener presente todos los planificadores. Para ilustrarlo con un solo ejemplo: cualesquiera responsables políticos y legisladores que redacten un gran proyecto de ley, por ejemplo, para reformar la asistencia social, o para mejorar la educación, o para reducir la delincuencia, podrían –y deberían– incorporar el supuesto de que será necesario mejorarlo iterativamente cada pocos años a medida que se descubra lo que funciona y lo que no. Esos mecanismos de actualización de las políticas públicas no son desconocidos, pero, desde luego, no constituyen un rasgo prominente y visible de los programas de la administración, al menos en países como Estados Unidos. En caso contrario, tal vez tendríamos una idea más clara del grado de progreso en cualquiera de dichos objetivos sociales.

MÁS TARTA PARA TODOS

El espíritu posibilista del día a día con el que (a menudo) los científicos abordan un nuevo problema tiene una implicación práctica bastante distinta cuando se aplica a problemas relativos a recursos compartidos. Muchos conflictos sociales surgen de una percepción de escasez: diferentes personas o grupos reclaman un determinado recurso y no parece haber suficiente para que todos obtengan lo que quieren. (Esto se denomina a veces un «juego de suma cero», porque lo que uno gana otro lo pierde.) Por ejemplo: ¿los recursos hídricos limitados deberían destinarse primero a la agricultura o al desarrollo urbano?; ¿una central eléctrica de carbón que abastece a toda una ciudad pero también contamina debe instalarse más cerca de un determinado barrio o de otro? Tales decisiones pueden parecer fuentes de conflicto irresoluble entre personas bienintencionadas que mantienen perspectivas teóricas muy divergentes sobre los principios en los que debemos basar nuestras sociedades; y, obviamente, los conflictos pueden sacar lo peor de nuestra competitiva tendencia natural a llevarnos el mayor trozo de tarta que podamos, o a vencer a nuestros enemigos.

Pero nótese que hemos hablado de «percepción de escasez». La afirmación de que algo es escaso suele basarse en determinados supuestos subyacentes que podrían ser erróneos: un fallo de la imaginación. Y ahí es donde puede resultar útil la actitud posibilista que acompaña al optimismo científico.

Lo que la perseverancia del optimismo científico puede aportar aquí es la posibilidad alternativa de ampliar la tarta para que no nos veamos obligados a tomar una decisión en la que la ganancia de uno represente siempre la pérdida de otro. Actualmente, la población mundial es mucho mayor (cuatro veces) que hace 100 años, y, aun así, la proporción de personas que viven en condiciones de pobreza extrema ha descendido de casi el 60% a menos del 10%. Eso significa que la cifra absoluta de personas que viven en condiciones de pobreza extrema ha disminuido a pesar de que hay unos 6.000 millones de habitantes más. Está claro que la disminución de la pobreza extrema no ha sido principalmente consecuencia de quitarle recursos a un grupo para dárselos a otros, sino más bien de un aumento espectacular de la producción de recursos. Hoy nos preocupan el sector de la población que sigue viviendo en la pobreza y los efectos del crecimiento de la producción mundial en el medio ambiente. De nuevo, necesitaremos toda nuestra capacidad para resolver problemas de forma iterativa, además del espíritu posibilista propio del ámbito científico.

Otro ejemplo interesante de soluciones orientadas a aumentar el tamaño de la tarta son los esfuerzos por reducir las emisiones de carbono causadas por la producción y el consumo de energía. En los últimos años se han desarrollado nuevas tecnologías energéticas que producen menos gases de efecto invernadero (eólica, solar, geotérmica, hidráulica) a la par que se han mejorado las existentes hasta el punto de que algunos expertos creen que estas tecnologías resultan ahora más baratas y seguras de utilizar que las viejas fuentes de energía más contaminantes. De ser así, las disputas políticas en torno a quién puede utilizar qué tecnologías energéticas devienen superfluas: pese a las diferencias en el grado de preocupación de la gente por los gases de efecto invernadero, si resulta que es más barato no producirlos, todo el mundo estará de acuerdo en no hacerlo.

La historia de la ciencia está tan repleta de tales historias de superación de escollos que puede proporcionarnos un enfoque distinto de una negociación difícil: la posibilidad de hacer que todo el mundo salga ganando. Ser consciente de ello reviste particular importancia en un mundo como el nuestro, saturado de medios de comunicación que a menudo parecen basar sus planes de negocio en aterrorizarnos con todo lo que va o podría ir mal en el mundo. La reacción natural ante ello es atrincherarse y tratar de proteger todo lo que tenemos, lo que por regla general hace extremadamente difícil, si no imposible, encontrar soluciones beneficiosas para todos basadas en agrandar el tamaño de la tarta. El optimismo científico como antídoto cultural a la adicción al catastrofismo de los medios nos brinda un punto de partida diferente.

¿OPTIMISMO O ESCEPTICISMO?

Con todo este optimismo flotando en el aire, ¿qué ha pasado con el tema recurrente de nuestro libro sobre la ciencia como herramienta para detectar todas las formas en que nos engañamos a nosotros mismos y desarrollar técnicas para evitarlas? Está muy bien tener espíritu posibilista y aspirar al progreso iterativo mientras horneamos tartas más grandes y mejores, pero también existe el riesgo de darse cabezazos contra la pared. A veces ocurre sencillamente que aún no ha llegado el momento propicio para resolver un problema; hay que saber cuándo dejarlo de lado e intentar concentrar nuestros esfuerzos en otro problema distinto. Aunque aquí hablamos alegremente de *engañarnos diciéndonos a nosotros mismos que podemos resolver un problema durante el tiempo suficiente para poder resolverlo realmente*, ¡tampoco queremos engañarnos durante más tiempo del necesario!

El aspecto sobre el que queremos llamar la atención es que, en general, estamos excesivamente predispuestos a rendirnos demasiado pronto, y necesitamos optimismo científico para mantenernos despiertos, activos y motivados pese a los inevitables contratiempos que conlleva cualquier trabajo complicado. Pero, junto con este truco mental cultural del optimismo científico, la ciencia también nos proporciona algunas herramientas muy prácticas para ayudarnos a afrontar esos problemas que pueden parecer de una enormidad abrumadora; herramientas que pueden ayudarnos a dividirlos en partes más manejables y quizá a identificar cuándo el siguiente paso es de hecho demasiado grande. Analizaremos algunas de tales herramientas en el próximo capítulo.

Incluso el análisis expuesto en este capítulo nos da ya una pista interesante: si persistimos en intentar solucionar un problema simplemente porque hemos invertido mucho esfuerzo en él, eso mismo podría constituir una señal de advertencia de que tal vez haya llegado el momento de abandonar. El tiempo y los recursos ya invertidos en un proyecto no constituyen por sí solos una razón para continuar (como algunos lectores sabrán, incluso existe un nombre para definir esta trampa mental, la «falacia del costo irrecuperable»). Por otra parte, si observamos un progreso gradual pero constatable, esto puede sugerir que seguimos en la vía hacia una solución a través de la mejora iterativa, y deberíamos desplegar nuestro mejor optimismo científico y continuar con ello.

E incluso cuando llegamos a la conclusión de que no hay suficiente progreso iterativo y deberíamos detener nuestra incesante búsqueda de «optimismo científico», en ocasiones se trata más de hacer una pausa que de renunciar al objetivo. A veces las distintas piezas que deben encajarse para llegar a una solución no están todas ellas disponibles a la vez, y tenemos que aparcar el problema hasta que, por ejemplo, aparezca alguna nueva tecnología de apoyo. De hecho, buena parte del espíritu posibilista de un científico puede provenir de su capacidad de recordar un problema antiguo y advertir, cuando se dispone de alguna nueva tecnología, que ya puede resolverse. (Eso fue lo que ocurrió con la solución del último teorema de Fermat, pues diversos resultados obtenidos en la década de 1980 en ámbitos matemáticos que no existían en su época abrieron la posibilidad de la demostración de 1995.)

De todos los conceptos y temas del pensamiento crítico para el tercer milenio que se tratan en este libro, el optimismo científico es, haciendo honor a su nombre, el más positivo. Muchos de los otros temas abordados tratan de lo que hemos de tener en cuenta para no engañarnos, de cómo aplicar una serie de frenos clave a nuestras propias ilusiones naturales. Pero no se puede conducir un coche solo con frenos. El optimismo científico es el acelerador necesario que nos mantiene en movimiento y, en el mejor de los casos, haciendo progresos. Es cierto que en muchas ocasiones no tenemos garantía alguna de que vayamos a resolver el problema, de que en un determinado momento podamos dejarlo zanjado. Lejos de ello, en cualquier día, mes, año o década dados no hacemos sino practicar un juego de constante mejora. Puede parecer algo poco satisfactorio, pero, si lo asumimos mentalmente de la forma apropiada, constituye uno de los mayores placeres de la vida: el de sentir que lo estás consiguiendo gracias a la perseverancia iterativa.

Al tener en mente estas ideas sobre la cultura del optimismo científico, empezamos a darnos cuenta de que con frecuencia existe también una cultura opuesta: no la cultura del sano escepticismo, la de los mencionados frenos necesarios para evitar el autoengaño, sino más bien la cultura del cinismo hoy tan en boga. Probablemente todos hemos sentido la tentación de parecer inteligentes demostrando que estamos «de vuelta de todo»: ya lo hemos visto todo antes, y sabemos que tal o cual esfuerzo esperanzador, sea el que sea, está abocado al fracaso. «¡Como si eso fuera a funcionar!» es una frase excelente para aguar la fiesta; y a menudo un comentario cínico puede poner fin a lo que podría haber sido una conversación productiva. Parte de nuestra tarea consiste en detectar esa cultura cínica cuando la vemos –en nosotros mismos, en los demás y en los medios de comunicación–, y permitir que nuestro optimismo científico posibilista cumpla su rol de equilibrar nuestro sano escepticismo más mesurado, de modo que a veces, quizá con frecuencia, podamos resolver problemas y agrandar la tarta.

Capítulo 11

ÓRDENES DE COMPRENSIÓN Y PROBLEMAS DE FERMI

Digamos que estamos «a tope», listos para usar nuestro mejor optimismo científico para enfrentarnos a un problema considerable y complejo.[1] ¿Cómo se empieza siquiera a abordar un problema así? ¿Y cómo se comprueban los aparentes resultados por el camino? El mundo, obviamente, es mucho más complicado que los diagramas del capítulo 3 que ilustraban cuántos potenciales factores podrían afectar causalmente a una medición que realizamos o a un resultado que observamos. Puede que comience a preocuparnos la posibilidad de meternos en verdaderos problemas si tenemos que expresar nuestro grado de confianza en casi cualquier relación causal para decidir qué vamos a hacer con respecto a algo. Parece cuestionable que se pueda llegar a superar un nivel de confianza del 55 %. Los problemas del mundo real, como encontrar las «palancas del cambio» en situaciones complejas, exigen que utilicemos más herramientas conceptuales del repertorio científico. Empezaremos por una que denominamos «órdenes de comprensión».

El mundo es de hecho un lugar bastante complejo. En casi cualquier cuestión relacionada con el mundo real hay que tener en cuenta montones y montones de factores distintos. El problema es que no se nos da bien retener mentalmente tanta complejidad a la vez. Puede que el lector haya oído decir que en cualquier momento dado los humanos solo podemos retener unos siete elementos en la memoria a corto plazo. En realidad hay que hacer todo tipo de salvedades con respecto a esta afirmación, pero probablemente sí tengas cuando menos cierta sensación intuitiva de que no se te da muy bien memorizar ni manejar más que unas pocas ideas en la cabeza al mismo tiempo.

Lo que aquí aporta el pensamiento científico es que no todos los factores causales de un problema del mundo real tienen la misma importancia. Se puede averiguar la mayor parte de lo que está ocurriendo —y de lo que puede ocurrir— teniendo en cuenta solo unos pocos de tales factores, de manera que, cuando buscamos las palancas de cambio necesarias para abordar un problema en el mundo, por lo general solo hay unas pocas realmente importantes que casi por sí solas marcan la diferencia. Las denominamos «factores de primer orden». Una vez que comprendemos las partes verdaderamente importantes de un problema, podemos volver atrás y evaluar el impacto de otros factores causales de menor importancia (de segundo orden) si deseamos ser un poco más precisos en nuestras predicciones; pero aun entonces conviene utilizar las palancas que ocupan un segundo lugar en cuanto a importancia y no distraerse con el resto (por ejemplo, los posibles factores de tercer y cuarto orden).

Para concretar un poco más esta idea, consideremos el aparentemente sencillo problema de trasladarse de un lugar a otro de la Tierra. Se pueden entender muchos de los aspectos relacionados con los desplazamientos por nuestro planeta simplemente tratándolo como una esfera. De hecho, es una esfera bastante aproximada. De modo que la explicación de primer orden de muchos de los aspectos relacionados con los desplazamientos por la Tierra —como lo que vemos cuando miramos hacia el horizonte— es que esta es una esfera. Ahora bien, este orden de explicación funciona para numerosos propósitos (gran parte de la navegación aérea puede realizarse directamente de esa forma), pero es poco probable que nos proporcione suficiente información si estamos planeando, por ejemplo, recorrer Estados Unidos en coche. En tal caso probablemente nos resulte útil conocer también algunos factores de segundo orden sobre el planeta, como que hay ciertas arrugas en su superficie, cosas como las montañas. Si nos basáramos solo en la descripción de primer orden de la Tierra como una esfera lisa, nos llevaríamos una gran sorpresa al tropezarnos con las Montañas Rocosas.

A menudo hay que profundizar un poco más para identificar cuáles son los factores causales de primer orden frente a los de segundo orden o menos importantes. Imaginemos que intentamos averiguar cuáles son los factores que más contribuyen a determinar que una persona gane un sueldo más alto que otra. Supongamos que Juan gana mucho. ¿Es porque es muy trabajador? Nuestro primer pensamiento podría ser que el trabajo duro probablemente constituye uno de los factores más importantes, de primer orden, que determinan sus ingresos. Otro podría ser su profesión. Pero alguien podría señalar que también parece relevante si Juan vive en Nueva York o en el desierto de Gobi: obviamente, tiene pinta de ser más fácil que alguien gane mucho dinero en Nueva York que en un desierto. De hecho, probablemente haya muchos lugares en el mundo en los que sería difícil ganar tanto como Juan. Si la variación de ingresos entre diversos lugares resulta ser mucho mayor que la variación entre trabajadores en un mismo emplazamiento, entonces la ubicación se consideraría la causa de primer orden, y el trabajo duro y la profesión, causas de segundo orden.

¿Dirías que la ubicación de Canadá con respecto a Estados Unidos es una causa de primer orden del ingente intercambio comercial que se da entre ambos países, una causa de segundo orden o una causa de tercer orden? Al principio es posible que el lector se incline por no situar la proximidad de Canadá a Estados Unidos como causa de primer orden; posiblemente piense que la causa de primer orden sería más bien el hecho de que Canadá es un país altamente industrializado, con una industria manufacturera muy sofisticada, mientras que su proximidad a Estados Unidos pasa a ser una causa de segundo orden. Pero luego descubre un nuevo dato: México es, al parecer, el tercer socio comercial de Estados Unidos (justo por detrás de China). Si México ocupa ese tercer lugar, pese a tener un entorno empresarial mucho menos industrializado y sofisticado que el de Canadá, podría empezar a pensar que este último país sí está obteniendo de hecho un gran beneficio por estar tan cerca de Estados Unidos. Así que, después de todo, quizá la vecindad sea una causa de primer orden.

Entender el mundo en términos de factores causales de orden diverso –primero, segundo, tercero, etc.– ha hecho posibles los enormes avances científicos y los consiguientes saltos tecnológicos que conforman nuestra sociedad actual.[2] Incluso las predicciones más sencillas sobre el movimiento de los objetos nos obligan a ignorar todo tipo de factores de segundo y tercer orden, como la resistencia aerodinámica y la presión debida a la luz solar (este último factor generalmente suele ser incluso de cuarto orden, pero resulta de primer orden en el movimiento de ciertos objetos en el espacio). No obstante, quizá resulte aún más evidente cómo estos órdenes de comprensión desempeñan un papel clave a la hora de determinar si todas y cada una de las decisiones que tomamos son eficaces o no. Si nos dejamos llevar por las causas de segundo y tercer orden, no podremos cambiar las cosas; debemos identificar las causas de primer orden y centrarnos en ellas.

A veces se nos da bien hacer ese tipo de triaje entre órdenes de comprensión de forma bastante natural. Cuando de repente la dirección de nuestro coche empieza a vibrar y a descentrarse, miramos si hay un neumático pinchado como probable causa de primer orden antes de preocuparnos por posibles causas de segundo orden como el envejecimiento de los amortiguadores o una ligera desalineación de la suspensión. Otras, no obstante, buscamos toda clase de explicaciones de segundo orden y pasamos por alto la principal. Puede que busquemos explicaciones sutiles para averiguar por qué estamos bajos de ánimo, o lo está alguno de nuestros hijos (¿mi trabajo es la mejor opción para mí?, ¿el profesor de mi hijo le entiende?) y pasemos por alto el factor más importante: la falta de sueño. Es obvio que los servicios de asistencia técnica saben que no siempre nos centramos en el origen de primer orden de un problema: cuando los llamamos, empiezan preguntándonos si tenemos el aparato enchufado. (Dicho lo cual, a la mayoría de nosotros nos vendría de perlas un buen análisis de órdenes de comprensión de los factores causales de una noche de sueño reparador; así podríamos dejar de alternar entre diferentes remedios contra el insomnio, como hacer ejercicio durante el día, hacer meditación y estiramientos por la noche, programar a una hora temprana nuestra última comida del día o limpiar nuestra conciencia haciendo el bien para no tener que responder a esas acusaciones de «¿Cómo puedes dormir por las noches?».)[3]

A mayor escala, supón que formas parte del consistorio de tu localidad y quieres reducir el número de accidentes de tráfico. Obviamente, es crucial saber cuáles son las causas de primer orden de dichos accidentes, ya que esos serán los aspectos en los que querrás centrar tus políticas, tus nuevas leyes y reglamentos. Probablemente querrás reducir la conducción bajo los efectos del alcohol, las distracciones al volante, el exceso de velocidad y la somnolencia al volante. Y primero querrás hacer estudios para confirmar que todas estas son causas de primer orden, o quizá descubrir que una de ellas resulta ser mucho menos preocupante que las otras, una causa de segundo orden. Sin duda no te molestarías en regular la conducción con los ojos vendados: es obvio que causaría accidentes, pero no es una de las causas de primer, segundo, tercer ni cuarto orden de la siniestralidad actual. (Un detalle importante: cuando se examina cuáles de las posibles causas de algo son de primer orden, cuáles de segundo, etc., en realidad depende mucho del contexto; por ejemplo, si le preguntamos a alguien que está desarrollando vehículos autónomos sobre las causas de primer orden de los accidentes de tráfico, puede que nos diga que dentro de diez años daremos por sentado que la única causa de primer orden es que haya humanos a los mandos.)

Siguiendo con el tema de tu supuesta futura carrera como legislador que intenta resolver problemas sociales: si estás en la asamblea legislativa de tu país y quieres reducir el déficit, y la gente dice que el gasto en prestaciones como la seguridad social es la causa principal de los déficits presupuestarios, harías bien en preguntarte —y averiguar— si esa es de veras una causa de primer orden del problema. O también podría ocurrir que otro parlamentario te dijera: «Bueno, ya sabes, nos estamos gastando todo el dinero en subvenciones al cultivo de cacahuetes», y tú le respondieras: «¿Subvenciones al cultivo de cacahuetes? ¡Ni siquiera es una causa de tercer orden del déficit presupuestario!».

PROBLEMAS EN EL PARAÍSO

Hay algo un tanto mágico en un mundo que nos permite descomponer los problemas en órdenes de comprensión. Parece una suerte que, si uno se limita a buscar los factores causales dominantes, los más importantes, de aquello que intenta explicar, normalmente eso le permita llegar lejos. Y luego, si considera las excepciones más obvias a esas sencillas explicaciones de primer orden —excepciones que a su vez constituyen las «explicaciones de segundo orden»—, por regla general puede irse a casa con el trabajo hecho. Las explicaciones de primer y segundo orden casi siempre son la únicas que necesitamos: no nos hace falta retener mentalmente 127 variables distintas para poder arreglar algo. Es cierto que probablemente hay muchas cosas en el mundo que no entendemos, y cabe suponer que la razón de que no las entendamos es que en tales casos sí se requeriría retener mentalmente 127 variables distintas porque todas ellas son factores de importancia comparable. Aun así, no deja de ser sorprendente lo mucho que somos capaces de averiguar sobre el mundo utilizando este método.

No obstante, *hay* una pega (¡siempre la hay!), que posiblemente haya dejado al lector un tanto insatisfecho con la exposición que hemos hecho hasta aquí de los órdenes de comprensión: nadie nos dice de antemano qué factores son los de primer orden, y eso es algo que no siempre resulta obvio. Es más: no solo no resulta obvio, sino que además nuestras primeras suposiciones al respecto suelen ser erróneas.

Consideremos de nuevo el tema de los presupuestos públicos, dado que, como ciudadanos, a menudo se nos pide que arbitremos (mediante nuestro voto) los debates entre diversos candidatos políticos acerca de lo que es realmente importante. Imagina que un determinado candidato argumenta que se podría mejorar de forma drástica la viabilidad a largo plazo de la seguridad social o la calidad de la educación reduciendo el gasto en prisiones. Como punto de partida, intenta poner por escrito —basándote únicamente en tu conocimiento o impresión general— cómo clasificarías el gasto en prisiones, educación y seguridad social en función de su contribución al gasto social total de tu país (supongamos que estamos considerando todos los niveles de gasto, desde el nacional hasta el municipal). ¿En cuál de ellos se gasta más, cuál ocuparía el segundo lugar, y en cuál se gasta menos? Guarda el papel en el que lo has escrito: volveremos sobre ello dentro de un momento.

¿Cuál es tu nivel de confianza en tu propia clasificación de los costes presupuestarios en prisiones, educación y seguridad social? Diferenciar los factores de primer orden de los de segundo en un problema como este no es un asunto nada trivial, por lo que es probable que tu nivel de confianza no sea muy alto. Pues aquí es donde introducimos la siguiente herramienta crucial de nuestro repertorio del pensamiento científico, la estimación de Fermi. No es una panacea, no va a resolver siempre este tipo de problemas, pero nos lleva por el buen camino, y puede evitar que confundamos factores de segundo orden con factores de primer orden y debido a ello sigamos pistas falsas que pueden hacernos perder años de esfuerzo o incurrir en enormes gastos. (Y no te preocupes si eso de «estimación de Fermi» te parece una expresión desalentadoramente técnica: en realidad no lo es, y, de hecho, puede que descubras que se trata de algo que ya has puesto en práctica más de una vez en el pasado.)

EL ESPÍRITU POSIBILISTA DA SUS FRUTOS

El concepto de «problemas de Fermi» tiene su origen en el célebre físico Enrico Fermi, que constantemente retaba a sus alumnos con problemas que requerían estimaciones rápidas sobre la marcha. Es de suponer que Fermi no las llamaba «estimaciones de Fermi», pero desde entonces varias generaciones de físicos se han enfrentado al reto de realizar estimaciones rápidas para responder a ese tipo de problemas.[4] Un conocido ejemplo, propuesto por el propio Fermi, era este: ¿cuántos afinadores de pianos hay en Chicago? (Utilizaremos este problema como reto para nosotros mismos, los autores del libro: al final de este capítulo deberíamos dejar a los lectores en condiciones de responderlo por sí mismos.)

Las estimaciones de Fermi tienen la función tremendamente práctica de ayudarnos a diferenciar las explicaciones de primer orden de las de segundo. Y en un mundo como el nuestro, en el que constantemente se arrojan cifras por doquier para demostrar cosas, también constituye una técnica de extraordinaria utilidad para comprobar si tales cifras tienen algún sentido. Pero probablemente a Fermi también le interesaba el espíritu posibilista del que se imbuían los estudiantes cuando llegaban a sentirse cómodos con ese método de estimación rápida. Resulta muy estimulante darse cuenta de que podemos pillarle el truco al mundo de este modo.

Antes de aplicar el método de estimación de Fermi a nuestras propias estimaciones sobre el gasto público social, empecemos con un ejemplo distinto, un poco más sencillo. Imagina que intentas calcular cuántos coches hay, por ejemplo, en Estados Unidos. No tienes acceso a internet, así que te ves limitado a los conocimientos que guardas en la memoria. El primer paso es preguntarte cómo podrías llegar a esa estimación general basándote en otras estimaciones que podrían resultar más fáciles de realizar por relacionarse con datos con los que estás más familiarizado. Quizá pruebes algunas ideas, y las descartes de inmediato porque no te parece que te faciliten las cosas: por ejemplo, estimar los kilómetros de carreteras que hay en Estados Unidos y cuántos coches hay por cada kilómetro, o calcular el número de ciudades que hay en el país y cuántos coches hay en cada una de ellas. Pero entonces se te ocurre que podrías intentar estimar el número de habitantes de Estados Unidos y qué proporción de ellos tienen coche, dado que es más fácil que muchos de nosotros tengamos al menos una vaga idea de las cifras de población de Estados Unidos (vivamos allí o no), y pensar en la proporción de coches habitual entre nuestros propios amigos y conocidos también puede ayudarnos a estimar el número de automóviles por persona que puede haber en dicho país.

Quizá recuerdes haber leído que la población de Estados Unidos superó los 300 millones en las últimas décadas. De modo que puedes utilizar esa cifra de 300 millones, o una ligeramente más alta para tener en cuenta el posible crecimiento demográfico más reciente. Digamos, pues, 330 millones, un 10 % más.

Entonces, si todo el mundo tuviera coche, habría unos 330 millones de automóviles. Pero no todo el mundo lo tiene: los bebés y los niños no tienen coche; muchos jóvenes no tienen coche; muchas personas mayores lo comparten. Por otro lado, algunas personas tienen más de un coche, y algunas familias tienen casi tantos coches como miembros. De modo que es posible que haya más o menos la mitad de coches que de habitantes, lo cual nos llevaría a pensar que hay 165 millones de coches circulando en el territorio estadounidense. Probablemente eso nos deja con un margen de error de millones o decenas de millones de coches, pero podemos estar bastante seguros de que como mínimo nuestra estimación tiene el número de dígitos correcto. A eso es a lo que nos referimos cuando hablamos de hacer un cálculo aproximado. Uno no trata de obtener una cifra final exacta: es consciente de que no puede llegar a ella dada la información de la que dispone. (Por cierto, lo hemos comprobado, y estamos dentro de un margen de error más o menos del 30 %; o puede que aún menos dependiendo de los vehículos que contemos.)

Cuando no se está seguro de qué cifras utilizar para las estimaciones, puede ser útil establecer límites superiores e inferiores. Puede ocurrir, por ejemplo, que uno no sepa cuántos habitantes tiene Estados Unidos, pero sí tenga la suficiente idea de por dónde podrían andar los números para postular un límite superior y otro inferior. Podrías empezar comprobando cuán plausibles podrían ser determinados números redondos. Seguro que en Estados Unidos viven más de 100.000 personas; ¿podrían ser más de un millón? Si te parece factible, piensa en el límite superior. ¿Podría haber más de mil millones de habitantes? No, eso parece un tanto desmesurado. Así que puedes suponer que la población se sitúa en algún punto entre el millón y los mil millones de personas. En muchos casos, eso te bastará (por ejemplo, podrás rechazar con confianza falsas afirmaciones tendenciosas como que una campaña nacional de donativos de un dólar para ayudar a una familia necesitada la convirtió en milmillonaria de la noche a la mañana).

He aquí un ejemplo rápido de cómo se puede utilizar tanto el límite superior como el inferior. Imagina que quieres saber cuánto dinero gastaron los estadounidenses en gasolina para sus vehículos particulares el año anterior. Pregúntate: ¿sabes con certeza que han de ser más de 10 millones de dólares?; ¿que han de ser más de 100 millones?; ¿que la cifra tiene que superar los 1.000 millones de dólares? ¿Cuál es la cifra más alta de la que estás seguro que sigue siendo inferior a la real? Ese sería tu límite inferior.

Ahora vayamos en la dirección opuesta. ¿Cuál es el límite superior? ¿Es la cantidad definitivamente inferior a 100 billones de dólares? Sí. ¿Es definitivamente inferior a 10 billones? Sí. ¿Es definitivamente inferior a un billón de dólares? Probablemente. Si establecemos un límite inferior de 1.000 millones de dólares y un límite superior de 1 billón, puede que eso sea lo único que necesitemos: con ello ya se haría patente que esta cantidad podría ser una parte significativa de las importaciones anuales del país, por lo que esos límites inferior y superior podrían animarnos a seguir afinando nuestra estimación.

TRUCOS DEL OFICIO

En estos primeros ejemplos hemos utilizado tres útiles trucos para realizar estimaciones de Fermi, que merece la pena detallar aquí:

- *Estimar en términos familiares*. Descomponer las magnitudes que nos resultan más ajenas y menos accesibles en otras más accesibles con las que estemos más familiarizados. (En el ejemplo anterior, teníamos más idea de la población de Estados Unidos que del número de coches que circulan por su territorio, de modo que basamos en la primera la estimación de este último.)
- *Ser aproximados*. Todas las estimaciones son aproximaciones por definición, pero es importante ser conscientes de que por regla general suele bastar con «acercarse lo suficiente». A menudo buscamos una respuesta que sea buena dentro de un factor de tres; es decir, que si la cantidad real que intentamos estimar es 100, cualquier estimación entre 33 y 300 suele bastar. Eso implica que las cifras familiares que usamos para realizar la estimación tampoco tienen por qué ser más exactas que eso.
- Si no estamos seguros, *estimar primero los límites superior e inferior*.

Vamos a intentar llevar estos trucos de estimación un poco más lejos con la cuestión que hemos planteado antes: ¿cuánto gastaron los estadounidenses en gasolina el año pasado? Trataremos de obtener una cifra un poquito más precisa que la amplia horquilla en la que nos habíamos quedado: de 1.000 millones a 1 billón de dólares.

Vale. Comencemos desglosando la cuestión en sus componentes. Ya habíamos dado el primer paso estimando cuántos coches hay en Estados Unidos, de modo que empecemos por ahí. Si sabemos cuántos coches hay, quizá podamos usar ese dato junto con el de cuántos kilómetros al año recorre un coche por término medio. Luego podemos estimar cuántos kilómetros recorre un automóvil por cada litro de gasolina y el precio del litro de gasolina. Probablemente conozcamos ese tipo de cosas y podamos aunarlas para llegar a una estimación razonable.

Repasemos, pues, esta lista de ingredientes lo mejor que podamos. Ya hemos estimado que en Estados Unidos hay 165 millones de coches. ¿Cuántos kilómetros más o menos recorre un coche al año por término medio? Si alguna vez has intentado comprar un coche usado, o has visto a alguien vender o comprar uno, puede que ya te hayas hecho una idea. Por regla general, un coche al que se le dé un uso razonable no recorre mucho más de 15.000 kilómetros al año (¿quizá 20.000?); y 15.000 kilómetros es un bonito número redondo, así que quedémonos con él. Vayamos ahora con el consumo de combustible. ¿Cuántos kilómetros por litro de gasolina recorre un vehículo por término medio? Muchas furgonetas y SUV recorren menos de 8 kilómetros por litro, pero los híbridos superan los 17. Pongamos que la media es de 8 kilómetros por litro. Pero lo que queremos saber para lo que aquí nos interesa es justo lo contrario: cuántos litros se gastan por kilómetro; de manera que en realidad necesitamos la inversa, que es 1/8, o 0,125 (litros por kilómetro).

Hasta aquí, juntando nuestras cifras, sabremos cuántos litros consumen todos esos coches en un año, de modo que ahora necesitamos el precio del litro de gasolina. ¿Cuál sería una buena cifra? Aquí, en California, rondaba los 4 dólares por galón cuando estábamos escribiendo el libro, lo que equivale a unos 1,06 dólares por litro, de manera que podemos considerar esta cifra más o menos representativa de todo el conjunto de Estados Unidos (aunque en la práctica podría variar en otras zonas del país). Ahora juntémoslo todo y veamos qué obtenemos:

165.000.000 coches · 15.000 kilómetros/año/coche · 0,125 litros/ kilómetro · 1,06 $/litro ≈ 330.000.000.000 $/año.

Nuestra estimación, redondeando el resultado, es de unos 330.000 millones de dólares. Esta cifra entra dentro de los límites inferior (1.000 millones) y superior (1 billón) que habíamos establecido.

Una vez realizada esta estimación de Fermi, también podemos decir algo acerca de nuestro nivel de credibilidad, nuestro propio grado de confianza en dicha estimación. Observa todas las cifras que hemos utilizado para llegar a nuestra estimación y trata de evaluar hasta qué punto estarías dispuesto a dar una estimación significativamente más alta o más baja: esta es una forma de estimar tu propio grado de confianza en la cifra a la que hemos llegado aquí. En el capítulo 4 planteábamos un juego en el que te pedíamos que declararas un nivel de confianza para cualquier proposición comprobable que hicieras. Ahora, después de trabajar con la estimación de Fermi, es probable que la mayoría de los lectores empiecen a sentirse razonablemente seguros (digamos que incluso entre un 80 % y un 90 %) de que la cantidad real que los estadounidenses gastan al año en gasolina se sitúa entre 100.000 millones y 1 billón de dólares (aunque, obviamente, nadie querría apostar su casa por ello, lo cual es bueno). Parece ser un nivel de confianza adecuado. (En principio, también podríamos indicar hasta qué punto estamos seguros de que la cifra real se encuentra dentro de un rango más estrecho en el que nuestra estimación de 330.000 millones de dólares sería el punto medio; por ejemplo, podríamos seguir manifestando un 70 % de confianza en que la cantidad real se sitúa entre 200.000 y 460.000 millones de dólares.)

En este caso concreto, la respuesta se sitúa, en efecto, entre 100.000 millones y 1 billón de dólares. Tras investigarlo, encontramos que en 2012 los estadounidenses gastaron unos 400.000 millones de dólares en gasolina (y unos 560.000 millones en 2022, cuando los precios eran más altos). Así que en realidad hemos hecho bastante bien nuestra estimación de Fermi: estimar que los estadounidenses gastaron 330.000 millones de dólares al año en gasolina puede resultar tan válido como saber que gastaron 400.000 millones. Imagina, por ejemplo, que estás en Estados Unidos y alguien va y te dice: «Con mi nuevo invento, he descubierto una forma de hacer que los coches sean cinco veces más eficientes. Voy a ahorrar a los estadounidenses 10 billones de dólares el año que viene». Podrías responderle sin pestañear: «No, no es cierto. Los estadounidenses no gastan tanto dinero en gasolina en un año, de modo que es imposible que le ahorres tal cantidad de dinero al país». (Aunque no siempre nos tocará hacer el papel de aguafiestas: ¡a veces nuestra estimación de Fermi puede darle la razón a nuestro interlocutor!).

SÍ, PERO FERMI NO TENÍA INTERNET

Llegados a este punto, probablemente merezca la pena mencionar que todo ese asunto de las estimaciones de Fermi ha cambiado drásticamente desde los tiempos del propio Fermi, porque ahora se pueden buscar montones de cifras en internet. Hay tanta información y tantos datos disponibles con unos pocos clics y desplazamientos de pantalla que, en la práctica, nuestro punto de partida para abordar un problema de Fermi podría ser muy diferente del que habría sido hace años.

Pero hoy, en esta nuestra era digital, hay tres razones por las que la estimación de Fermi sigue resultando útil. Para empezar, todavía seguimos teniendo que averiguar qué buscar en internet como punto de partida para hacer una estimación de una magnitud que quizá no podamos encontrar directamente; y eso es similar a determinar qué conocimientos previos podríamos usar como base para nuestra estimación. En segundo término, cuando en nuestra vida diaria nos tropecemos con todo tipo de afirmaciones en internet (y en otros sitios), nuestra tarea es preguntarnos: «¿Tiene eso algún sentido?». La gente dice toda clase de cosas en internet acerca de si tal cifra es enorme o tal otra es diminuta, y nuestra tarea como «estimadores de Fermi» es decir constantemente: «¡Un momento! Eso no puede ser cierto porque (por ejemplo) sé que solo hay x habitantes en el mundo, así que esa cifra no tiene sentido». Deberíamos utilizar las estimaciones de Fermi en todo momento para comprobar las cifras que oímos solo para asegurarnos de que tienen sentido. Es lo que los físicos llaman «prueba de cordura». Por último, el proceso de pensar en el problema de Fermi también nos obliga a analizar de qué se compone el problema, y eso en sí mismo constituye un paso clave para entender lo que podrían ser factores de primer orden; además, el proceso puede también ayudarnos a recordar factores que no son de primer o segundo orden pero que queremos tener en mente.

PONER LAS COSAS EN PERSPECTIVA

Para terminar, volvamos a nuestro anterior ejemplo sobre los órdenes de comprensión en el que se trataba de evaluar qué tipo de gasto público constituye un factor de primer orden en el presupuesto nacional de gasto social, y cuál un factor de segundo orden, entre este subconjunto de gastos: 1) prisiones; 2) educación, y 3) seguridad social. Esta cuestión pone de manifiesto un truco adicional que resulta de utilidad: dado que estamos estimando tres cantidades distintas con el fin de compararlas, es importante intentar hacerlo de forma similar para poder comparar las proporciones. De ese modo, aunque nuestras estimaciones sean erróneas, las proporciones seguirán siendo correctas. He aquí una sugerencia para una posible estrategia: habría que estimar en cada caso qué fracción de la población del país es destinataria de los mencionados servicios (educación, prisiones y seguridad social), y luego estimar, para cada integrante de ese subconjunto demográfico, cuánto costaría educarlo, encarcelarlo o brindarle las prestaciones propias de la seguridad social en su país. La mejor forma de hacerlo es elaborar una tabla para poder comparar fácilmente tales proporciones.

Calcular cuántas personas al año son destinatarias de cada uno de estos tipos de gasto público no resulta muy difícil. El lector puede probar a hacer las pertinentes estimaciones en relación con su propio país. Nosotros, siguiendo con el ejemplo anterior de Estados Unidos, calculamos que aquí, con una esperanza de vida en torno a los 85 años, tan solo una cuarta parte de la población, o menos, tiene edad suficiente para estar bajo la cobertura del régimen de seguridad social (que difiere del de otros países en diversos aspectos, como las prestaciones que brinda o la parte de la población a la que beneficia). Por su parte, la proporción de la población escolarizada resulta más o menos similar. En cambio, el número de personas encarceladas es mucho menor, ciertamente de un solo dígito en términos de porcentaje. Puede que el lector haya leído u oído decir que Estados Unidos tiene una de las tasas de encarcelamiento más altas del mundo, y, si conoce un poco el país, puede que incluso se haya hecho una idea muy aproximada de cuáles pueden ser dichas tasas a escala local; pero sin duda también será consciente de que varían mucho en función del sexo, la ubicación, la edad, la situación socioeconómica y la raza. Así que, tras sopesar todas estas consideraciones, podemos utilizar, pongamos, el 2 % como estimación inicial de la fracción de la población estadounidense que está en la cárcel (eso equivale a una de cada cincuenta personas, ¡lo cual no parece poco!).

Los costes por persona y año pueden resultar un poco más difíciles de calcular. ¿Qué costes conlleva la educación? Están los sueldos de los profesores, administradores y bedeles; el mantenimiento de los edificios y los costes de las compañías de servicios públicos; los costes de capital de la construcción de las instalaciones, y los costes asociados a la compra de suministros y libros de texto. Para empezar, podríamos suponer que un profesor de una escuela primaria media gana 50.000 dólares al año y tiene veinticinco alumnos, lo que implica que cada alumno representa unos 2.000 dólares del coste salarial. Supongamos asimismo que triplicando esa cifra se cubrirían el resto de salarios y los demás costes. Quizá sea una estimación demasiado a la baja, pero se trata de hacer un cálculo aproximado.

En el caso del encarcelamiento los costes son similares, pero cambiando los profesores por funcionarios de prisiones y las escuelas por cárceles. No hay libros de texto (al menos para muchos presos), pero hay que alimentar a los reclusos tres veces al día y proporcionarles ropa. Y también necesitan atención médica. Comparando todo ello, hay que concluir que cuesta mucho más mantener a la gente encerrada veinticuatro horas al día que educarla durante seis o siete horas diarias. Pongamos que el coste es el triple, es decir, 18.000 dólares por preso y año.

Estimar el coste anual por persona de la seguridad social en Estados Unidos nos resulta más fácil a quienes vivimos en el país, dado que probablemente estemos al tanto de la pensión mensual que cobra algún familiar nuestro. Pero, de manera más general, también podemos guiarnos por la noción de que las pensiones de la seguridad social están pensadas para proporcionar a los jubilados la cantidad mínima que necesitan para vivir. En la mayor parte del territorio estadounidense, eso equivaldría a unos 20.000 dólares al año. Introduciendo todas estas estimaciones aproximadas (pero plausibles) en una tabla, obtenemos lo siguiente:

Estimaciones de Fermi para el gasto público en tres funciones sociales

	Porcentaje de población afectada en un año determinado	**Número de personas afectadas**	**Coste anual por persona**	**Coste anual total**
Educación	25 %	80 millones	6.000 $	480.000 millones $
Prisiones	2 %	6 millones	18.000 $	108.000 millones $
Seguridad social	25 %	80 millones	20.000 $	1,6 billones $

En la tabla se puede ver que ni siquiera es necesario calcular los totales de la columna de la derecha para poder hacer comparaciones. Los costes anuales estimados por persona y año de las prisiones y la seguridad social son muy similares, pero hemos estimado que el número de personas beneficiarias de la seguridad social es mucho mayor que el de las que están en la cárcel, por lo que el gasto en seguridad social sería muy superior al gasto en prisiones. De manera similar, calculamos que el número de personas que se benefician de la educación y de la seguridad social es aproximadamente el mismo, pero también hemos estimado que el gasto por persona es inferior en educación. Comparando la educación y las prisiones, se puede ver que el número de personas beneficiarias de la educación es quizá más de diez veces superior al de personas encarceladas, mientras que el coste por persona del sistema penitenciario es probablemente solo unas tres veces superior al del educativo. Eso implica que se gastaría más en educación.

De manera que, sin necesidad de calcular aún los totales, conocemos ya con cierto grado de confianza el orden relativo de las tres funciones públicas en términos de gasto: la seguridad social es la que más cuesta al erario público, seguida de la educación y luego de las prisiones. Las cifras reales demuestran que estamos en lo cierto: comprobando los números de uno de los últimos años, resulta que el gasto anual de los contribuyentes estadounidenses fue de unos 800.000 millones de dólares anuales en educación, 60.000 millones en prisiones y 1,1 billones en seguridad social; ninguna de nuestras estimaciones finales se aleja de estas cifras en más de un factor de dos.

Suponiendo que el lector haya participado en el juego, le invitamos ahora a echar un vistazo a lo que había escrito para tratar de adivinar el orden relativo de las tres partidas y compararlo con el orden derivado de las estimaciones de Fermi, que al parecer es el verdadero. Nosotros hemos descubierto que de entrada la mayoría de la gente cree que se gasta más en prisiones que en educación, pero está claro que nuestro enfoque basado en el problema de Fermi demuestra que hay muy pocas probabilidades de que ese sea el orden correcto. De hecho, la estimación de Fermi hace bastante improbable que las prisiones puedan constituir un factor de primer orden en absoluto. Y recordando el inicio de esta cuestión unas páginas más atrás, queda claro que la propuesta del candidato político de cambiar drásticamente la financiación de la seguridad social o de la educación simplemente reduciendo el gasto en prisiones no es probable que funcione.

Por supuesto, estas estimaciones de costes y su clasificación relativa en un presupuesto público solo son útiles cuando intentamos formarnos una idea de conjunto del presupuesto de gasto social, y quizá nos digan también si un candidato político está tergiversando la situación real. En cualquier caso, no nos dicen cuál *debería* ser la clasificación relativa, sino solo cuál es. (Más adelante en este libro veremos también cómo podemos considerar eficazmente cuál debería ser, lo cual plantea cuestiones de valores.)

Hay una última consideración importante que señalar con respecto a las aproximaciones de Fermi: si uno no se dedica constantemente a hacer este tipo de pequeños cálculos, la perspectiva de recurrir a una estimación de Fermi puede no parecer demasiado atractiva; sin embargo, si logra superar esa incomodidad, resulta sorprendente lo lejos que puede llevarle. Hemos visto a muchas personas entusiasmarse de veras con esta experiencia. Si el lector aún no ha hecho ese tipo de estimaciones, debería probar unas cuantas para ver lo satisfactorio que puede ser.[5] El objetivo es que te sientas tan empoderado que, cuando estés bajo de ánimos, por la razón que sea, te animes sabiendo que puedes salir ahí fuera y lidiar con los problemas del mundo usando unos métodos de estimación extraordinariamente eficaces.

En conjunto, el optimismo científico, los órdenes de comprensión y las aproximaciones de Fermi nos proporcionan algo así como un juego de herramientas posibilistas con las que podemos enfrentarnos a los grandes (y pequeños) problemas del mundo. Tal vez te descubras a ti mismo pensando en ellas, por ejemplo, cada vez que oigas blandir una cifra o declarar que algo constituye un factor más importante que cualquier otra cosa. Ante tales afirmaciones de supuestas prioridades, deberías preguntarte de inmediato: «Vale, ¿y cuáles son los demás factores causales? ¿Tengo razones para creer que de verdad no son tan importantes?». Y si alguien te dice: «Nunca vamos a resolver esto; en esta situación intervienen demasiados factores», deberías responderle: «Bueno, podría haber millones de razones por las que, por ejemplo, las tasas de analfabetismo están subiendo en tal o cual población, pero eso no significa que no podamos encontrar uno o dos factores causales de primer orden y trabajar en ellos para hacer algún progreso iterativo. ¡Probemos a hacer algunas estimaciones!».

Cuarta parte

CON CUIDADO PARA NO TROPEZAR

Capítulo 12

POR QUÉ ES DIFÍCIL APRENDER DE LA EXPERIENCIA

En esta cuarta parte del libro pasaremos a examinar algunas de las peculiares y sorprendentes formas de error en las que incurre el pensamiento humano individual. Iniciemos esta exposición con una breve recapitulación para ver en qué punto del libro nos encontramos. En las tres partes anteriores hemos analizado una amplia gama de herramientas de pensamiento derivadas del ámbito científico, con al menos tres objetivos concretos en mente. En primer lugar, que cada uno de nosotros podría –de hecho, debería– utilizar constantemente esta panoplia de herramientas para adoptar sus decisiones y hacer sus planes cotidianos, dado que en general nos protegen frente a las diversas formas en las que de otro modo nos engañaríamos a nosotros mismos, a la par que nos capacitan para asumir las complejidades del mundo. En segundo término, estar mínimamente familiarizados con estas herramientas nos ayuda a dar sentido a lo que oímos decir a científicos, médicos y otros investigadores que nos brindan la información clave necesaria para tomar decisiones (y, a veces, también a poner a prueba sus afirmaciones). Por último, cuando tratamos de identificar a expertos capaces de resumirnos hallazgos sobre el mundo, podemos evaluar su comprensión de esas herramientas como elemento distintivo para detectar las fuentes más fiables. Si los autores hemos hecho bien nuestro trabajo, el lector debería haber dilucidado todos estos usos de los anteriores capítulos.

Pero es lógico que pensemos: «¿Y para qué se necesitan esas herramientas de pensamiento, que en algunos casos resultan tan elaboradas? ¿No podemos simplemente aprender lo que necesitamos saber sobre el mundo a partir de la experiencia? En nuestro día a día, al criar a los hijos, colaborar con los compañeros de trabajo, preparar la cena o votar iniciativas locales, las variables relevantes están delante de nuestras narices (literal o figuradamente), son detectables sin necesidad de dotarse de equipamientos especiales. Basta con un poco de ensayo y error para solucionar las cosas, ¿no? Al fin y al cabo, bien que aprendimos muy pronto a no tocar una estufa caliente, ¡y lo hicimos sin ninguna instrucción especializada por parte de ningún experto!».

Es difícil quitarse de encima la impresión de que se nos da bien aprender de la experiencia. Muchas veces nos jactamos de haber aprendido lo que sabemos en «la escuela de la vida» o «la universidad de la calle». El filósofo John Dewey afirmó, en un conocido aforismo, que «toda educación genuina viene de la experiencia», y aún hoy sus ideas siguen siendo influyentes a través del popular movimiento en favor del aprendizaje experiencial en educación. Si necesitamos que un cirujano nos arregle el cuerpo o un contratista nos arregle la casa, probablemente muchos de nosotros preferiremos acudir al profesional con más experiencia.

No obstante, existen numerosas pruebas de que la experiencia suele ser una maestra decepcionante. Por ejemplo, los empresarios dan mucha importancia a la experiencia laboral a la hora de elegir entre los solicitantes de un puesto de trabajo, y, sin embargo, la experiencia resulta ser sorprendentemente poco fiable como factor de predicción del posterior rendimiento laboral.[1] Es cierto que los trabajadores experimentados superan a los novatos, pero los muy experimentados no superan necesariamente a los que acaban de superar la fase de formación inicial relativa al puesto de trabajo. En numerosas profesiones especializadas, como la medicina, muchos de los trabajadores más veteranos que todavía rinden al máximo en cuanto a su capacidad física y mental no logran, sin embargo, seguir el ritmo de los nuevos avances que se producen en su campo. Dejan de aprender.

Si examinamos la historia de las innovaciones en tecnología, medicina y ciencia, resulta sorprendente ver cuántos de los descubrimientos e inventos realizados en dichos ámbitos no requirieron equipos avanzados, cálculos matemáticos complejos ni grandes sumas de dinero; son ejemplos de ello la palanca, los alfabetos fonéticos, el clavo, la cadena de montaje y los experimentos controlados. Entonces, ¿por qué tardaron tanto en llegar? La teoría microbiana de la enfermedad, pongamos por caso, se postuló por primera vez en el siglo XVI, pero hubieron de transcurrir otros tres siglos para que Louis Pasteur y John Snow convencieran a los demás de que la tomaran en serio. Dado que nuestro cerebro ya había alcanzado su forma moderna mucho antes de que se iniciara la historia escrita, parece factible pensar que muchas de esas innovaciones podrían haberse producido mucho antes de lo que lo hicieron.

Y pensemos también en lo poco que podríamos hacer hoy si tuviéramos que empezar de cero. ¿Sabríamos fabricarnos unos zapatos cómodos y duraderos? ¿Diseñar un cepillo de dientes, unas gafas o cinta adhesiva? ¿Descubriríamos que preparar una infusión con granos de café tostados puede despejarnos? ¡Si hasta nuestros hijos nos preguntan con divertida desesperación cómo no hemos descubierto siquiera las funciones básicas que se han actualizado en nuestros teléfonos móviles el último año!

Una de las razones de todo ello es que muchos rasgos del entorno nos dificultan aprender de la experiencia. Nuestros sentidos se ven bombardeados por toda clase de estímulos, pero, recordando la terminología del capítulo 6, tan solo algunos de ellos son señales útiles, mientras que el resto son ruido aleatorio. Algunas de esas señales se correlacionan con otras, pero es difícil descubrir relaciones fiables en el mundo porque a menudo son de naturaleza probabilística («A probablemente irá seguido de B») en lugar de determinista («Si A, entonces B»).

«Vale», responderá el lector, «quizá no lo acierte a la primera, pero al final me acabará saliendo a base de ensayo y error, ¿no?». Sí, pero el método de ensayo y error resulta extremadamente arduo cuando el entorno cambia sin cesar – de ahí que a veces se critique a alguien diciendo que aborda los problemas del presente con las herramientas de antaño – o cuando el *feedback* sobre los resultados acostumbra a llegar con retraso (a veces de meses o años). Y como las relaciones son probabilísticas, en ocasiones se obtienen buenos resultados a consecuencia de acciones erróneas o se producen malos resultados pese a haber emprendido acciones óptimas. Para empeorar más las cosas, nuestros intentos de aprendizaje por ensayo y error rara vez se aproximan siquiera a las condiciones de un experimento controlado. Rara vez intentamos aislar las variables una a una manteniendo constantes todas las demás. Y rara vez tenemos la oportunidad de observar el escenario contrafactual: qué habría ocurrido si hubiéramos hecho B (o no hubiéramos hecho nada en absoluto) en lugar de A.

Sin embargo, muchos de los factores que dificultan aprender de la experiencia son de índole psicológica antes que ambiental. En este capítulo estudiaremos algunos de los más importantes.

Queremos dejar claro ya de entrada que ninguno de esos factores diferencia a los «profanos» de los científicos y otros expertos. Todos somos presa de este tipo de influencias, a diario. Los científicos no son menos vulnerables que el resto de nosotros, y aportaremos abundantes pruebas de ello en los dos próximos capítulos. Como analizaremos en un capítulo posterior, lo que permite a la ciencia soslayar (a veces) esos factores psicológicos no tiene tanto que ver con los rasgos propios de los científicos como con la manera en que los métodos y los hábitos mentales de la ciencia pueden ayudarnos a superar nuestras limitaciones.

También debemos destacar el hecho de que los factores psicológicos que vamos a examinar no son en absoluto «patologías», sino propiedades de la cognición humana normal. Como tales, es probable que sean omnipresentes en la medida en que, de un modo u otro, resultan adaptativos. La mayoría de ellos guardan relación con diversas formas que tiene nuestro cerebro de funcionar eficazmente en situaciones en las que los procesos de razonamiento más sistemáticos resultan difíciles o gravosos.

HÁBITOS

Si piensas en todas las habilidades que has adquirido a lo largo de tu vida, te darás cuenta de que la mayoría de ellas pueden ponerse en práctica con poca o ninguna deliberación consciente. ¿Cuándo fue la última vez que tuviste que pararte a pensar en la fuerza que debías aplicar al pisar el pedal del acelerador, abrir el grifo del agua caliente o atarte los zapatos? Todas estas acciones son hábitos. Los hábitos nos permiten realizar varias tareas a la vez, pero también ahorran energía, puesto que resultaría agotador tener que pensar conscientemente en cada cosa que hacemos (si alguna vez has probado a practicar la meditación budista de atención plena, sin duda, sabrás a qué nos referimos). La capacidad del cerebro de «automatizar» nuestros actos libera nuestra atención para poder centrarla en cosas nuevas, como la historia que nos está contando uno de los pasajeros que viajan con nosotros en el coche. Los hábitos resultan tan esenciales para el funcionamiento normal que William James los denominó «el gran volante de inercia de la sociedad», mientras que Alfred North Whitehead sostenía que «la civilización avanza ampliando el número de operaciones importantes que podemos realizar sin pensar en ellas».

Los hábitos no son totalmente inconscientes, pero nos resultan muy difíciles de observar y controlar porque se producen con gran rapidez y sin esfuerzo. Cuando desarrollamos una habilidad por primera vez, tenemos la oportunidad de observar sus efectos en los resultados que nos importan, lo que nos permite ajustarlos o descartarlos. Pero conforme dicha habilidad se va haciendo más automática, nos resulta cada vez más difícil controlar minuciosamente su eficacia. Los que llamamos «malos hábitos» son hábitos que se han vuelto disfuncionales, pero que, dado que se realizan sin esfuerzo, puede resultar complicado romper. Así pues, los hábitos pueden impedirnos aprender de la experiencia debido a que nos permiten actuar sin prestar atención.

HEURÍSTICA Y SESGOS

Otro conjunto de factores que dificultan el aprendizaje a partir de la experiencia tiene que ver con diversos sesgos que afectan a nuestra capacidad de juicio; sesgos que pueden hacernos pasar por alto, distorsionar o rechazar información importante de nuestro entorno. Al igual que los hábitos, los sesgos suelen ser resultado de la forma que tiene nuestro cerebro de intentar hacer cosas con rapidez y sin prestar mucha atención. El coste que ello conlleva se produce cuando no hacemos el mejor uso posible de las pruebas de las que disponemos.

Probablemente recurrimos con excesiva ligereza a calificar una determinada postura u opinión de *sesgada*, en el sentido de *tendenciosa* o *parcial* calificativos que también aplicamos a quienes sustentan tales puntos de vista sencillamente porque no nos gustan. Por fortuna, como adelantábamos en el capítulo 9, lo que en términos científicos se conoce como «sesgos cognitivos» puede definirse de forma bastante objetiva. Recuerda que un proceso es ruidoso cuando genera muchos errores aleatorios, pero juzgamos que un proceso está sesgado cuando genera errores sistemáticos, con resultados que se sitúan siempre por encima o siempre por debajo de la respuesta correcta. Cuando tenemos un criterio objetivo o un valor verdadero, podemos identificar los sesgos de alguien comparando sus respuestas con dicho criterio o valor. Cuando no sabemos qué es objetivamente cierto, este enfoque no funciona, pero los investigadores han desarrollado toda una serie de estrategias experimentales para eliminar los sesgos.[2]

Wikipedia ofrece una lista de sesgos cognitivos documentados.[3] La última vez que lo comprobamos la lista enumeraba nada menos que 123 sesgos distintos, al menos en la versión inglesa (lo cual podría dar la impresión de que los psicólogos cobran por cada nuevo sesgo que inventan, y quizá algunos lo hagan). Muchos de ellos fueron documentados por primera vez por los psicólogos Daniel Kahneman y Amos Tversky. Este último falleció en 1996 todavía relativamente joven, pero más tarde Kahneman recibiría el Premio Nobel por el trabajo conjunto de ambos. El éxito de ventas de Kahneman *Pensar rápido, pensar despacio* constituye el mejor texto introductorio para conocer todos esos sesgos cognitivos, y, si no lo has leído aún, te instamos a que lo hagas.

Algunas de estas pautas psicológicas llevan la propia palabra *sesgo* en su nombre (por ejemplo, el llamado «sesgo de confirmación»), mientras que otras se denominan *heurísticas* (como la llamada «heurística de disponibilidad»). La distinción entre ambos términos resulta un tanto difusa, pero a grandes rasgos se puede decir que *sesgo* hace referencia a un resultado (una desviación sistemática del valor real que se juzga), mientras que *heurística* remite al proceso que genera un sesgo concreto. Una heurística es un método rudimentario específico (pero falible) que hemos aprendido para hacer juicios rápidos con el fin de soslayar la ardua tarea cognitiva que implica una deliberación minuciosa.

Los sesgos pueden variar a lo largo de un continuo que va de «frío» a «caliente» (por utilizar la metáfora de la temperatura). Los sesgos «calientes» son los más fáciles de describir porque nos resultan muy familiares. Surgen como resultado de emociones (sobre todo ira o miedo) y motivaciones (lo que queremos que ocurra o lo que queremos creer). En el otro extremo, los sesgos fríos parecen ser subproductos de nuestra forma habitual de hacer juicios rápidos, incluso en situaciones en las que estamos serenos y relajados, sin objetivos ni deseos particulares a la vista. Un ejemplo, expuesto por Gerd Gigerenzer y sus colegas, es la forma en que inferimos el tamaño relativo de las ciudades a partir de lo familiares que nos resultan sus nombres.[4] En general esto suele funcionar debido a que las grandes ciudades son más conocidas que las pequeñas, pero también puede inducirnos a error. Por ejemplo, en Estados Unidos, la mayoría de la gente supondrá que San Francisco es más grande que San José, aunque sus poblaciones sean de 815.000 y 983.000 habitantes respectivamente. ¿Por qué? Entre otras razones, porque en la cultura popular hay muchas más referencias a San Francisco (y también ayuda lo suyo tener colinas empinadas, tranvías y, sobre todo, el Golden Gate).

No vamos a dedicar mucho tiempo aquí a describir los sesgos calientes, no porque carezcan de importancia, sino porque sin duda el lector tendrá bastante experiencia a la hora de detectarlos. Todos hemos visto a personas que parecen cegadas por sus emociones y deseos, pero, aunque nos cueste admitirlo, todos hemos actuado también alguna vez así. La realidad es que, normalmente, la cognición es de naturaleza motivacional, en el sentido de que hay determinadas creencias y resultados que queremos que sean ciertos y otros que esperamos que no lo sean. Los sesgos calientes suelen ser más perjudiciales que los fríos, en la medida en que mucha gente puede llegar a hacer todo lo posible por distorsionar las evidencias a fin de conseguir lo que quiere, y puede menospreciar a quienes llegan a conclusiones contrarias. Esto puede dar lugar a conflictos irresolubles cuando las personas insisten en que su postura es imparcial mientras que la del otro bando es tendenciosa. Por ejemplo, hemos hablado con muchos colegas que testifican como expertos en juicios: la mayoría de ellos están de acuerdo, en teoría, en que muchos peritos son parciales y el hecho de que una de las partes les pague crea un posible conflicto de intereses; pero la mayoría también insisten en que ellos no son el tipo de personas que se dejan persuadir por dinero.

No vamos a repasar aquí las docenas de sesgos que se han documentado en la bibliografía psicológica. En su lugar, nos centraremos en los que parecen especialmente propensos a impedirnos aprender de nuestras experiencias.

La heurística de disponibilidad

Se trata básicamente de un sesgo frío. Tal como la definieron en un primer momento Kahneman y Tversky, la heurística de disponibilidad remite a nuestra tendencia a «evaluar la frecuencia de un tipo de sucesos o la probabilidad de un suceso concreto por la facilidad con la que se pueden traer a la memoria casos o ejemplos de ellos». Kahneman y Tversky hacían referencia a las diversas formas en que algunas cosas pueden captar nuestra atención, como, por ejemplo, conceptos que se hallan vinculados a muchos otros conceptos familiares en nuestra memoria, sucesos acaecidos en fecha más reciente, experiencias particularmente vívidas o situaciones que resultan fáciles de imaginar. He aquí un sencillo ejemplo de sus primeras demostraciones: ¿es más probable que en inglés la letra «K» sea la primera letra de una palabra o la tercera? La última vez que preguntamos a un grupo de alumnos, el 61 % respondieron que cualquier palabra elegida al azar tendría más probabilidades de empezar por «K», mientras que solo el 39 % pensaba que era más probable que la «K» fuera la tercera letra de dicha palabra. La mayoría del 61 % de los alumnos se equivocó: en inglés la letra «K» aparece con más frecuencia como tercera letra de una palabra que como inicial. Pero el caso es que nos resulta más difícil hacer una búsqueda de palabras por su tercera letra en nuestra memoria auditiva o visual, puesto que, cuando aprendemos una palabra, siempre es la inicial la que oímos o leemos primero. La mayoría de nosotros leemos las primeras letras con nuestros padres, pero a nadie se le ocurre decirnos cosas como, por ejemplo: «Esta es la "I" mayúscula; esta es la "i" minúscula... Veamos... ¿sabes alguna palabra con la "i" como tercera letra?... ¡Trigo!».[5]

La exposición a los medios de comunicación es una de las principales razones por las que algunas cosas nos resultan de mayor disponibilidad cognitiva. Un estudio realizado en la década de 1970, por ejemplo, reveló que muchas personas creían que los tornados se cobraban más vidas que el asma a pesar de que las muertes por asma eran veinte veces más frecuentes.[6] La mayoría de la gente prefiere leer un artículo de prensa o ver una película sobre tornados porque son más espectaculares (de modo que las historias sobre la mortalidad causada por los tornados nos resultan más familiares).

He aquí un ejemplo concreto de cómo la heurística de disponibilidad puede influir en los debates políticos. Mucha gente cree que en los juicios por daños corporales los jurados tienden a conceder indemnizaciones caprichosas y desorbitadas. Una de las investigaciones realizadas por Rob analizaba las noticias publicadas en Estados Unidos sobre juicios con jurado y las comparaba con las estadísticas judiciales reales extraídas de diversos estudios.[7] En una muestra de casos publicados en los medios, las personas que presentaban demandas judiciales ganaban el 85 % de las veces; en realidad, el porcentaje oscilaba entre el 30 % y el 55 % dependiendo del tipo de litigio. En caso de ganar el pleito, ¿cuál sería la cuantía media de la indemnización? La media de las indemnizaciones en los casos publicados en artículos de periódicos y revistas era de casi 2 millones de dólares; la indemnización media real en todos los juicios fue de entre 50.000 y 300.000 dólares. De modo que los medios de comunicación –y la heurística de disponibilidad– pueden llevarnos a tener una expectativa exagerada de lo que sacaremos si presentamos una demanda.

La heurística de anclaje y ajuste

Este es otro sesgo frío. Cuando tenemos que hacer estimaciones cuantitativas, con frecuencia no sabemos por dónde empezar. En una famosa escena cómica de la trilogía homónima, el archienemigo del espía británico Austin Powers, el doctor Maligno, se despertaba tras varias décadas de estasis criogénica, y de inmediato se disponía a extorsionar a los gobiernos del mundo por «Un... millón... de dólares», sin comprender que en la actualidad dicha cantidad es demasiado modesta para que tal delito compense.

Pero el doctor Maligno no es el único que tiene este problema: a todos nos resulta difícil hacer suposiciones relativas a magnitudes concretas. Kahneman y Tversky postulaban que normalmente abordamos esta tarea buscando una cifra a la vez arbitraria y llamativa que nos sirva de punto de partida aproximado, y luego juzgamos si la cifra debe ajustarse al alza o a la baja. Pero aquí está el problema: por regla general no solemos ajustarla lo suficiente. El resultado es que nuestra estimación, tan minuciosamente evaluada, tiende a terminar siendo demasiado próxima al punto de partida arbitrario que habíamos elegido. El lector avispado habrá advertido ya que este proceso de anclaje y ajuste es un riesgo omnipresente cuando hacemos estimaciones de Fermi.

He aquí un nuevo ejemplo del ámbito judicial. Rob y sus colegas estaban estudiando la forma en que la gente determina la cuantía justa de la pensión mensual de manutención de los hijos tras un divorcio.[8] Dado que se trata de una ardua tarea, las estimaciones que formulan diversas personas suelen ser muy dispares, y una forma de reducir esa variabilidad es darles un valor concreto como ejemplo. El estudio reveló que, cuando se daba a los sujetos la cifra de 800 dólares como ejemplo, estos recomendaban una pensión media de unos 1.000, pero si se les proponía la cifra de 1.400 dólares, recomendaban una media de 1.300. No existe ninguna norma objetiva para determinar la cuantía correcta de la pensión alimentaria, pero la cuestión aquí es que cualesquiera cifras de referencia siempre serán objeto de regateo y manipulación por parte de los abogados en su intento de influir en los jueces.

Sesgo retrospectivo

En retrospectiva todo se ve clarísimo. O, dicho de otro modo: después de ocurrido un hecho es fácil acertar en haberlo «predicho»; la retrospectiva resulta muchísimo más fácil que la prospectiva. El psicólogo Baruch Fischhoff postuló que este sesgo constituye un rasgo general de la cognición humana: después de conocer un resultado, nos parecerá que ese resultado era más obvio de lo que realmente era de antemano.[9]

Veamos un ejemplo. A principios de la década de 1970, Fischhoff estudiaba los juicios de probabilidad, para lo cual elegía resultados futuros que le parecieran o muy improbables o muy probables. Esto ocurrió durante la administración Nixon, que era un vehemente anticomunista, de modo que Fischhoff preguntaba a la gente si era probable que el presidente estadounidense viajara a China en visita diplomática antes de dejar el cargo. Resultó que Nixon hizo una visita diplomática a China en 1972, lo cual sorprendió incluso a los expertos en política exterior. Fischhoff tuvo la brillante idea de volver a hablar con las personas a las que había entrevistado para pedirles que recordaran qué probabilidad habían asignado a la opción de que Nixon viajara a China, y descubrió que la gente recordaba errónea y sistemáticamente haberle asignado mayores probabilidades de las reales: en resumidas cuentas, pensaban que ellos ya contaban con que aquello ocurriera, que «lo sabían desde el principio».

El sesgo retrospectivo también crea problemas a los estudiantes de ciencias sociales. Si yo muestro un nuevo hallazgo en el ámbito de la psicología o la sociología, probablemente el lector será lo bastante inteligente para encontrar una razón plausible que lo justifique. Como consecuencia, puede que llegues a la conclusión de que dicho hallazgo resulta bastante obvio e imagines que, de hecho, ya lo sabías de antemano. Una forma habitual de explicar esto en clase es dar a los alumnos una breve descripción de un supuesto estudio sobre relaciones amorosas: a la mitad de ellos se les dice que el estudio demuestra que «cada oveja con su pareja», mientras que a la otra mitad se les dice que lo que demuestra es que «los polos opuestos se atraen». Ambas afirmaciones parecen igualmente «de sentido común», pero son por completo contradictorias. Por desgracia, después de leer los supuestos resultados del estudio, cada grupo de alumnos califica en su mayoría de «obvio» el resultado concreto que han leído, lo que a veces los lleva incluso a preguntarse por qué el profesor les enseña tales trivialidades.

En la actualidad existen cientos de casos que demuestran cómo funciona en la práctica el sesgo retrospectivo. En algunos de ellos no tiene grandes consecuencias, pero en otros las implicaciones resultan más nocivas. Hace unos años, el antiguo jugador de fútbol americano y actor O. J. Simpson fue juzgado por el presunto asesinato de su exmujer. Antes del veredicto, la mayoría de la gente, incluidos muchos expertos (abogados en activo y jugadores profesionales), creían que lo más probable era que fuera declarado culpable. Cuando finalmente fue declarado no culpable, habría estado bien ver decir a todos aquellos expertos: «¡Vaya! Nos equivocamos»; pero, en cambio, muchos de ellos aparecieron en programas de noticias «explicando» que los jurados negros (que en ese caso eran la mayoría) tienden a ser indulgentes con los acusados también negros. Los datos disponibles en ese momento revelaban que tal acusación era fácticamente errónea; y, en todo caso, si de verdad era eso lo que creían, ¿por qué no habían predicho la absolución desde el principio? Sea como fuere, el caso es que aquellos expertos acabaron fabricando un mito sobre los prejuicios de los jurados negros.

Sesgo endogrupal y «emblematización»

En la década de 1970, el psicólogo Henri Tajfel desarrolló el paradigma de los «grupos mínimos» tras una investigación en la que clasificaba a los sujetos en grupos utilizando criterios patentemente arbitrarios (por ejemplo, si sobrestimaban o subestimaban el número de puntos que parpadeaban en una pantalla). Tajfel demostró que incluso esas mínimas agrupaciones bastaban para propiciar un trato más favorable a los miembros del propio grupo (o endogrupo) en la asignación de recompensas por una tarea no relacionada.[10]

Los psicólogos sociales han descubierto que las actitudes que expresa la gente a veces no vienen tan motivadas por sus creencias reales sobre la verdad de una proposición (por ejemplo, una afirmación sobre el efecto de la pena de muerte o el control de armas en los homicidios) como por el deseo de expresar públicamente sus propios valores («yo soy conservador/progresista»). Nos parece que la expresión «colgarse medallas» constituye una buena forma de resumir este fenómeno, y volveremos a referirnos a él más adelante en este libro.[11]

Sesgo de correspondencia

Cuando está al volante de su coche, Rob se encuentra a menudo maldiciendo en silencio a otros conductores que circulan demasiado despacio mientras buscan la dirección correcta: es obvio que esas personas están tan ensimismadas que no les importan los demás conductores. Pero, con frecuencia, Rob también se sorprende a sí mismo reduciendo la velocidad en las inmediaciones de un centro comercial para ver si tiene la tienda que busca. Y cuando alguien toca el claxon detrás de él, se queda perplejo: ¿pero es que no se dan cuenta de que la culpa es de los estúpidos promotores que han diseñado tan mal el centro? Resulta que Rob no es ni mucho menos el único que exhibe esta peculiar incoherencia. Una encuesta realizada en 1991 entre víctimas de accidentes descubrió que, en los accidentes con varios vehículos involucrados, el 91 % de los conductores culpaban a otra persona, normalmente otro conductor.[12]

Bajo la rúbrica de la denominada «teoría de la atribución», los psicólogos llevan mucho tiempo estudiando cómo explicamos los motivos tanto de nuestra propia conducta como de la del prójimo. En 1958, Fritz Heider postuló que, siempre que es posible, las personas tienden a atribuir el comportamiento del prójimo a causas «internas» (por ejemplo, rasgos personales como la «avaricia» o la «inteligencia») en lugar de a causas «externas» (por ejemplo, peligros ambientales o poca visibilidad); en cambio, cuando ellas mismas hacen algo mal, tienden a atribuir su propia conducta a causas externas. En 1977, Lee Ross sostenía que las evidencias de este sesgo eran tan omnipresentes que debería considerarse el «error fundamental de atribución».[13] En posteriores trabajos demostró que esta tendencia a menudo amplifica los conflictos interpersonales, ya que cada parte denuncia los motivos y defectos de la otra a la par que descarta las poderosas fuerzas contextuales que contribuyen a la situación.

En la década de 1990, varios estudios transculturales empezaron a revelar que, a fin de cuentas, el sesgo no resultaba tan fundamental como parecía: por ejemplo, los habitantes de los países asiáticos mostraban una mayor preferencia que los occidentales por las explicaciones externas (situacionales).[14] De ahí que en la actualidad muchos investigadores prefieran denominarlo «sesgo de correspondencia», y se considere particularmente característico de las culturas occidentales. No obstante, también en Asia se identifica la tendencia a «tomarse las cosas de manera excesivamente personal». Una observación atribuida al antiguo filósofo chino Zhuangzi afirma que «si un hombre está cruzando un río y una barca vacía choca con su propio bote, aunque sea un hombre de mal carácter no se enfadará mucho. Mas si ve a un hombre en la barca, le gritará que se aparte. Y si no le escucha, volverá a gritar una y otra vez, y empezará a maldecir».[15]

Sesgo de confirmación

Hemos dejado lo mejor para el final; lo «mejor» solo en el sentido de que probablemente este sea el sesgo más importante que esperamos ayudar a superar. El sesgo de confirmación se refiere a la tendencia a buscar sobre todo pruebas que sustenten una determinada hipótesis en detrimento de las que puedan contradecirla. También se produce cuando tenemos pruebas en ambos sentidos pero atribuimos más importancia a los hechos que apoyan nuestra hipótesis que a los que no lo hacen. En la misma línea, cuando encontramos pruebas desfavorables, solemos someterlas a mayor escrutinio crítico que a las favorables. Los sesgos de confirmación se dan a lo largo de todo el espectro «de caliente a frío» que hemos definido anteriormente. La versión caliente nos resulta familiar: es cuando alguien menciona de forma selectiva solo aquellos hechos que le permitirán ganar una discusión o salirse con la suya, o simplemente niega hechos inconvenientes. Pero la versión fría no reviste menos importancia: la gente suele buscar y mencionar hechos que apoyan su hipótesis simplemente porque le parece el punto de partida lógico. Al fin y al cabo, si no encontramos ejemplos que la confirmen, nuestra hipótesis se va al garete; el problema surge cuando encontramos tales ejemplos pero nos quedamos ahí. Volveremos sobre el sesgo de confirmación en capítulos posteriores.

CONSIDERAR LO CONTRARIO: UN TRUCO ÚTIL PARA LIBERARNOS DE LOS SESGOS

> No creo, señor, que tenga derecho a darme órdenes solo porque sea mayor que yo o haya visto más mundo que yo; su supuesta superioridad dependerá del uso que haya hecho de su tiempo y experiencia.
>
> CHARLOTTE BRONTË, *Jane Eyre*

> La práctica no te hace perfecto. Solo la práctica perfecta te hace perfecto.
>
> VINCE LOMBARDI

Como hemos visto, hay muchas razones por las que no aprendemos todo lo que podríamos de las experiencias vitales. Pero, para que quede claro, no estamos diciendo aquí que sea imposible aprender de la experiencia; de ser así, la ciencia sería una pérdida de tiempo. Digamos más bien que aprender de la experiencia es difícil, y requiere que analicemos nuestras propias experiencias de forma minuciosa. K. Anders Ericsson, probablemente el mayor experto en el desarrollo de la pericia, afirmaba: «Los efectos de la mera experiencia difieren enormemente de los de la práctica deliberada, en la que los individuos se centran en tratar de forma activa de ir más allá de sus capacidades actuales [...]. La práctica deliberada requiere una concentración que solo puede mantenerse durante periodos limitados de tiempo».

Al enseñarte todos estos sesgos (o al menos recordarte su existencia), ¿es posible que hayamos logrado hacerte más imparcial? ¡Ojalá fuera tan fácil! Diversos estudios demuestran que el mero hecho de conocer estos sesgos puede reducir su influencia, pero solo un poco. Otro enfoque para combatirlos consiste en pagar a la gente para que formule juicios lo más certeros posible, con la esperanza de que, si hay dinero de por medio, se salte los atajos cognitivos y se esfuerce por razonar de forma más sistemática. Pero, por sorprendente que pueda parecer, eso tampoco resulta de gran ayuda: la gente no suele superar los sesgos más básicos ni siquiera cuando hay mucho en juego.

Probablemente, la estrategia de mayor éxito identificada hasta la fecha para liberarse de los sesgos cognitivos es la que se conoce como considerar lo contrario, o, en casos más complejos, considerar la alternativa.[16] Cuando tengas una firme expectativa sobre algún resultado futuro, detente a considerar todas las razones por las que podría suceder justo lo contrario. Cuando uno hace este ejercicio, suele descubrir que, en efecto, tiene buenas razones para elegir la opción que ha escogido, pero también las habría tenido para decantarse por la otra opción. En el capítulo 4 describíamos una actividad de debate (utilizando el tema del aumento de los exámenes estandarizados en las escuelas) en la que se pedía a los sujetos que asignaran un nivel de confianza (por ejemplo, «75%») a cada afirmación que hacían que pudiera ser verdadera o falsa. Uno de los resultados interesantes de esta actividad era que llevaba de forma natural a los sujetos a «considerar lo contrario», dado que eran conscientes de que tenían menos del 99% de confianza en la mayoría de sus propias afirmaciones. En las clases de ciencias no se suele enseñar a «considerar lo contrario», pero la realidad es que esta praxis está integrada en la mayoría de las metodologías científicas. Los experimentos de asignación aleatoria, por ejemplo, se diseñan para tratar de averiguar qué ocurriría en circunstancias opuestas (o, como recordará el lector, «contrafactuales»).

En el próximo capítulo veremos cómo la denominada cognición motivacional puede distorsionar la práctica científica, incluso cuando los investigadores pretenden ser honestos intermediarios de los hechos. Luego veremos algunos trucos del oficio que los científicos han desarrollado para intentar superar sus propios sesgos.

Capítulo 13

CUANDO LA CIENCIA SE EQUIVOCA

En 1988, el reputado director de un laboratorio francés y su equipo de investigación publicaron un artículo en la prestigiosa revista científica *Nature* en el que se hacía una afirmación extraordinaria. Al parecer, habían descubierto que, tras diluir múltiples veces una solución que originariamente contenía un determinado anticuerpo (de hecho, tras diluirla nada menos que hasta 10^{120} veces), el agua resultante de tan desmesurada dilución –ahora purísima– seguía mostrando indicios de retener parte de la reactividad de la solución del anticuerpo original, y eso a pesar de que las probabilidades de que todavía pudiera conservar algún resto de dicha solución eran extremadamente reducidas. El artículo sugería que, de algún modo, la organización molecular del agua guardaba memoria de lo que había contenido en toda la secuencia de diluciones anteriores.

¿Qué cabría pensar de un artículo así? Bueno, obviamente, como este capítulo se titula «Cuando la ciencia se equivoca», es fácil adivinar que no acabaremos dando precisamente nuestro apoyo entusiasta al descubrimiento. Pero esta historia aborda un gran problema al que todos nos enfrentamos: no hay ningún indicativo en los artículos publicados en revistas científicas o en las noticias relacionadas que nos diga cuáles de ellos hablan de nuevos y emocionantes descubrimientos, y cuáles ejemplifican aquellos casos en los que la ciencia se ha equivocado. Y eso puede revestir una enorme importancia. Si tenemos a un ser querido que padece una enfermedad difícil de tratar, un artículo en el que se postule que el agua puede contener cierta memoria molecular podría ofrecernos alguna esperanza para las curas homeopáticas propuestas, dado que la homeopatía reivindica resultados basados en microdiluciones extremas similares. Y si resulta que el artículo nos está llevando a engaño (aquí veremos por qué nosotros creemos que es así), puede hacer que millones de personas malgasten su dinero y, lo que es peor, pongan en peligro su salud al dejar de lado otras opciones de tratamiento realmente eficaces.

El problema de reconocer la buena y la mala ciencia es aún más complejo, dado que en realidad estamos hablando de todo un abanico de diversas circunstancias en las que la ciencia no está a la altura de las expectativas o en las que se reviste bajo su manto algo inequívocamente falso en un intento de darle legitimidad. Tales circunstancias abarcan desde lo involuntario y honesto hasta lo engañoso y fraudulento.

LAS DIVERSAS FORMAS EN QUE LA CIENCIA PUEDE EQUIVOCARSE

Como punto de partida, empecemos por la buena ciencia. Lo ideal, sin duda, es que la ciencia se practique correctamente y obtenga resultados certeros. Eso es lo que de hecho esperamos encontrar cuando leemos una noticia de prensa sobre tal o cual descubrimiento o cuando leemos directamente un artículo científico. Sin embargo, a veces la buena ciencia obtiene resultados erróneos. De hecho, si recuerdas todo lo que comentamos en el capítulo 4 sobre los niveles de confianza, a veces de la buena ciencia deberías obtener resultados erróneos. Los buenos científicos deberían darnos un determinado nivel de confianza, es decir, la probabilidad de que sus resultados sean correctos. Eso es justo lo que se espera de ellos. Pero si nos dan un nivel de confianza del 95 % con respecto a un determinado resultado, y si están haciendo su trabajo lo mejor que saben, eso significa que deberían equivocarse en uno de cada veinte artículos que publican. Por lo tanto, debe de haber buena ciencia que publique resultados erróneos: al menos una vigésima parte de los artículos deberían entrar en esa categoría si se ha estado trabajando con niveles de confianza del 95 %.

Pasemos ahora a la mala ciencia. El tipo más inocente de mala ciencia es el que practican aquellos científicos que hacen bien la mayoría de las cosas, pero cometen algún error importante. Por ejemplo, hay artículos cuyos autores no han sido conscientes del efecto «mirar a otra parte» que comentábamos en el capítulo 7: cuando un estudio examina más variables que aquellas para las que originalmente se había diseñado, existe una alta probabilidad de que se malinterpreten conexiones casuales como resultados significativos. Ahora el lector ya conoce este efecto, de manera que nunca cometerá ese tipo de error, pero algunos científicos no se dan cuenta de que caen en la trampa de mirar a otra parte, por lo que en sus artículos reclaman fiabilidad para un resultado que en realidad no está justificado. Este es solo un ejemplo de ciencia mal hecha.

Debemos hacer aquí una breve pausa para expresar nuestra comprensión con respecto a los errores que se cometen en el ámbito de la ciencia. Un estudio y un análisis científicos bien construidos pueden ser extraordinariamente difíciles de llevar a cabo de la forma correcta. Pueden cometerse un montón de errores. En este libro describimos algunas de las grandes meteduras de pata que los científicos han aprendido a evitar a lo largo de los años, pero eso no significa que hacerlo no les suponga un esfuerzo. (Lo admitimos: tanto los lectores de este libro como nosotros, los autores, seguiremos cometiendo de vez en cuando el error de mirar a otra parte.) Una de las ventajas de disponer de una comunidad donde unos científicos revisan los artículos que otros publican y reproducen los resultados de sus experimentos es que de ese modo cada científico puede contar con otros para detectar los errores que inevitablemente cometerá.

Así pues, deberíamos intentar no mostrarnos demasiado petulantes cuando se detecta un error en un artículo científico: así es como funciona la ciencia. (A los científicos a los que se les da particularmente bien diseñar estudios de forma que resulte fácil detectar los errores se los tiene en alta estima; menos respetados, por supuesto, son aquellos que publican sin parar resultados basados en errores o se niegan a corregirlos cuando se detectan.) Asimismo, cuando leemos un artículo científico que acaba de publicarse, deberíamos partir del supuesto de que todavía puede contener errores que saldrán a la luz después de que otros estudios hayan lidiado con sus resultados; y eso aun después de que el artículo se haya visto sometido al proceso normalmente riguroso de revisión por pares al que suelen recurrir las publicaciones científicas.

En el siguiente escalón del espectro de la mala ciencia se encuentra la llamada «ciencia patológica». Este es un concepto que se presentó por primera vez a la opinión pública en 1953, en una conferencia del químico y ganador del Premio Nobel Irving Langmuir,[1] quien describió una serie de ejemplos en los que un científico comienza haciendo ciencia de verdad, pero en un momento dado acaba prendado de un resultado sorprendente y a partir de ahí empieza a ignorar todos los indicios de que se trata de un error. En tales situaciones, el científico pierde la cabeza: no es que tan solo pase por alto un error sutil como en los casos anteriores, en los que siempre se esforzaría por descubrir cualquier aspecto en que su resultado pudiera estar equivocado. Lejos de ello, intenta defenderlo contra toda evidencia de que es erróneo.[2] Este tipo de fallo en el que pueden incurrir los científicos honestos resulta tan perturbador que volveremos a él tras terminar este repaso de las posibles formas en que la ciencia puede equivocarse.

Después de la ciencia patológica viene lo que a veces se denomina *seudociencia*. Quienes practican seudociencia emplean el lenguaje científico: les gusta la terminología, pero por lo visto no tanto la actividad en sí. Así, por ejemplo, no comprueban realmente si existe una conexión causal entre lo que les gustaría que fuera la causa de algo y lo que afirman que es el efecto. Tampoco intentan encajar su postulado en el contexto general de todo lo que sabemos sobre el tema, lo que antes describíamos como la «balsa» de conocimientos científicos entrelazados. Y al mismo tiempo utilizan un montón de jerga grandilocuente.

A veces es fácil adivinar que estamos ante un caso de seudociencia, pero a menudo hay que leer con un poco más de atención. Puede que el autor haya dotado de un diseño atractivo a la página web y haya utilizado bonitas ecuaciones, pero al leer uno empieza a pensar: «¡Un momento!». Resulta que en la página se emplean términos que suenan a ciencia, pero dichos términos se utilizan de forma incorrecta, y ese mal uso lleva a conclusiones erróneas. Además, una página seudocientífica no busca seriamente las posibles maneras en que sus resultados puedan ser erróneos, ni muestra dónde están los puntos débiles de sus propios argumentos.

La seudociencia puede derivar en lo que a veces se denomina ciencia «culto de cargo». Este término tiene una historia detrás que tiene su origen en Richard Feynman, el célebre ganador del Premio Nobel de Física, quien lo introdujo durante una charla que dio en 1974 en la ceremonia de graduación del Instituto Tecnológico de California:

> En los Mares del Sur se practica un culto de cargo, o de cargamento. Durante la guerra veían aterrizar a los aviones con montones de

> buenos materiales, y quieren que ahora ocurra lo mismo. Así que se las han arreglado para hacer cosas tales como construir pistas de aterrizaje, encender fuegos a los lados de las pistas, construir una cabaña de madera en la que se sienta un hombre con dos trozos de madera en la cabeza a modo de auriculares y unas barritas de bambú sobresaliendo como antenas —es el controlador—, y esperan a que aterricen los aviones. Lo hacen todo bien. La forma es perfecta. Es exactamente tal como era. Pero no funciona. Ningún avión aterriza. Así que yo llamo a este tipo de cosas «ciencia culto de cargo», porque siguen todos los preceptos y formas aparentes de la investigación científica, pero les falta algo esencial, puesto que no aterrizan los aviones.

Feynman utilizaba el término para referirse a un tipo de ciencia que se parece un poco a la seudociencia, pero puede que incluso peor, dado que solo caricaturiza vagamente la ciencia real, mientras que en realidad hace el equivalente a llevar auriculares de madera con antenas de bambú y esperar que eso haga aterrizar a los aviones. Cuando se recurre al culto de cargo, obviamente, la ciencia real no aterriza.

Ahora bien, las cosas aún pueden ir a peor. Al final de la lista, en el extremo del espectro, se halla la ciencia fraudulenta. Este tipo de ciencia implica un intento intencionado y activo de engañar a otros tergiversando los propios hallazgos. La mala conducta subyacente puede venir motivada por la perspectiva de obtener beneficios económicos, por el miedo a perder el empleo o por la ambición personal. Es difícil medir la incidencia del fraude científico, pero, aunque dista mucho de ser una práctica generalizada, puede que no sea tan rara como parece: diversas encuestas realizadas a científicos revelan que casi el 2% de ellos admiten (de forma anónima) haber incurrido en prácticas científicas fraudulentas, y aproximadamente uno de cada siete cree que sus colegas cometen fraude.[3] Es un dato que asusta.

El fraude siempre es malo, pero la ciencia puede seguir funcionando con fraudes ocasionales porque los procesos científicos habituales —escrutinio de los hallazgos, intento de reproducirlos, comprobación de nuevas hipótesis implícitas en ellos— probablemente acaben eliminando los falsos resultados, con suerte antes de que se produzcan demasiados daños.

Si alguien que se dedica a hacer ciencia fraudulenta elige un tema lo suficientemente poco conocido, puede que nunca le descubran, pero, por otra parte, tampoco se gana mucho haciendo algo tan poco conocido que no interesa a nadie. De manera que confiamos en que, de un modo u otro, la ciencia fraudulenta se autorregule por sí misma (o al menos eso esperamos). Y puesto que la ciencia se ha mostrado eficaz como forma de seguir la pista a la realidad y construir soluciones eficientes basadas en esa comprensión del mundo real, cabe suponer que no hay demasiado fraude en la bibliografía científica. Aun así, cada pocos meses sale a la luz un nuevo y espectacular ejemplo de fraude científico entre el millón de artículos que se publican anualmente.

Lo bueno es que los lectores de este libro aprenderán a detectar ese tipo de fraude de una forma que solo se está identificando en fecha reciente. Algunos investigadores se dedican a revisar la distribución de los datos que aparecen publicados en artículos, sobre todo cuando recelan de algún resultado concreto. Y han empezado a descubrir que, cuando la gente inventa datos falsos, no se le da muy bien inventar falso ruido aleatorio en esos mismos datos. Al representar gráficamente los datos, parece que estos obedezcan a una distribución perfectamente acampanada de incertidumbre estadística, sin que aparezca ninguno de los indicadores de los otros tipos de ruido (incluidas las incertidumbres sistemáticas del capítulo 9) que cabría esperar para esa medición en particular. O, peor aún, puede que ni tan solo aparezca en absoluto tal distribución de ruido en forma acampanada, en cuyo caso todos los datos parecerán demasiado buenos; ni siquiera reflejarán el equivalente de las oscilaciones de «cara o cruz» que sabemos (por el capítulo 7) que tendrían los datos reales.[4]

¿Qué debemos hacer con toda esa retahíla de formas en que pueden fallar las proposiciones científicas? Obviamente, en este libro pretendemos poner de relieve todo tipo de modos de fallo en los que puede incurrir nuestro pensamiento, y lo hacemos con varios objetivos en mente: queremos reconocer esos errores cuando leemos sobre resultados científicos y, sobre todo, deseamos encontrar expertos que nos ayuden a detectar tales errores; por otra parte, queremos evitar caer en esas trampas mentales en nuestra vida cotidiana (estemos tratando o no una cuestión científica), y, por último, deseamos evitar ser el tipo de científicos que cometen errores de ese estilo en su trabajo. Y aunque la mayoría de nosotros no seamos científicos, sigue siendo muy útil –y clarificador– pensar en esos fallos desde la perspectiva de los científicos de los mencionados ejemplos de casos en los que la ciencia se equivoca, tanto la de los que caen en las trampas como la de los que se esfuerzan por evitarlas. (Sin duda dejaría una impresión indeleble en nuestra mente ver que alguien como el señor Spock de *Star Trek* se equivocara de alguna de esas maneras.)

QUÉ HACE QUE LA CIENCIA PATOLÓGICA RESULTE ESPECIALMENTE PREOCUPANTE

Si analizamos toda la gama de problemas que hemos comentado aquí, probablemente nos interesará centrarnos en los que se sitúan en el rango intermedio del espectro, no en los extremos. No podemos hacer nada con respecto a los resultados de la buena ciencia que se revelan erróneos por azar (como ya hemos mencionado, los que se producen una de cada veinte veces cuando hay un 95% de confianza) aparte de reclutar a una comunidad de colegas para que nos ayuden a detectar nuestros errores honestos, por ejemplo, reproduciendo nuestros resultados. En el otro extremo, la mayoría de nosotros tampoco va por ahí utilizando jerga científica al tuntún sin saber lo que significa, o empecinándose en inventar datos de forma fraudulenta para demostrar algo. En cambio, el caso intermedio de la ciencia patológica –engancharse o prendarse de un resultado especialmente apasionante ignorando todos los datos que sugieren que nos equivocamos– exhibe numerosos rasgos que todos podemos identificar como trampas en las que podemos caer (y de hecho hemos caído).

La conferencia de Langmuir sobre ciencia patológica antes mencionada sugería una posible lista (que aquí hemos reformulado ligeramente) de «indicios» que el autor consideraba reveladores de que un resultado científico podría pertenecer a esta dudosa categoría:

1. El efecto obedece a una causa apenas detectable, y la magnitud del efecto es sustancialmente independiente de la intensidad de la causa.
2. El efecto en sí apenas resulta detectable o tiene una significación estadística muy baja.

3. Se pretende tener un elevado grado de precisión.
4. El trabajo implica teorías fantasiosas contrarias a la experiencia.
5. Se responde a las críticas al trabajo con excusas *ad hoc*.
6. En un primer momento la proporción entre partidarios y detractores aumenta hasta alcanzar casi el 50 %, y luego decae hasta casi llegar a cero.

Así pues, ante un resultado científico preocupante, uno empieza preguntándose: «¿Es este efecto, o su causa, apenas detectable?». Ahora bien, obviamente, si nos inquieta la posibilidad de encontrarnos ante un caso de ciencia patológica, es probable que la causa o el efecto sean apenas detectables, porque, si fueran obvios, seguramente no se nos habría planteado tal inquietud. La siguiente cuestión podría ser un poco más sutil: «¿Depende la magnitud del efecto de la intensidad de la causa?». Eso es lo que en el capítulo 3 denominábamos «relación dosis-respuesta» al hablar de los criterios de Hill: uno espera que, si toma un poco más de la «dosis» –la causa–, debería ver también un poco más de la respuesta. Pero no siempre ocurre así; por ejemplo, una pequeña dosis de un antibiótico puede no tener ningún efecto, pero cuando se cruza cierto umbral de dosificación se obtiene rápidamente todo el efecto posible, eliminando la infección. Sin embargo, cuando uno ya está actuando al límite de su capacidad para detectar la causa y el efecto, necesita pruebas adicionales de que no se engaña y no está viendo una relación causal donde no la hay; en ese caso, la existencia de una correlación reproducible entre causa y efecto, es decir, de una relación dosis-respuesta, se convierte en un importante indicador. Se trata, por supuesto, de un criterio más exigente que la mera detección de la causa y el efecto, y sirve como recordatorio de que, con elementos apenas detectables, es ciertamente fácil leer en los resultados lo que uno espera ver, por lo que conviene ser muy rigurosos con la proposición.

Muchos de los criterios de Langmuir parecen obedecer al hecho de que la gente se «queda prendada» o se «enamora» de sus resultados, por emplear el mismo lenguaje con el que presentábamos más arriba la ciencia patológica. De hecho, la expresión «prendarse de los propios resultados» resulta ser en realidad una muy buena analogía. Cuando uno se enamora de alguien, hay un periodo en el que todo lo que hace esa persona le parece mono y entrañable. (Ya sabes, en plan: «¿No es maravilloso cómo se mofa de todos mis amigos?».) Luego, cuando toda esa química amorosa se disipa y uno vuelve a la realidad varios años después, no puede por menos que preguntarse: «¿En qué demonios estaba pensando?».

Cuando se está enamorado de alguien, todo se ve de color de rosa, y eso mismo parece ocurrir también cuando uno está prendado de una idea o de un resultado científico. Crees que has descubierto un nuevo y asombroso aspecto del funcionamiento del mundo, y que en adelante este será distinto gracias a tu descubrimiento. Estás entusiasmado. Entonces empiezas a desechar los datos que no te dan el resultado exacto que deseabas, y solo prestas atención al «resultado preciso» (lo que da lugar al punto 3 de Langmuir). Luego desarrollas teorías increíbles y fantasiosas para explicar cómo debe de funcionar (punto 4 de Langmuir), sin pararte a pensar si esas teorías encajan o no con los muchos otros conceptos y pruebas científicas bien consolidadas cuyo entramado forma la metafórica balsa de ideas que hemos ido construyendo a lo largo de varios milenios. La que hemos forjado en el ámbito de la ciencia es una historia coherente, de manera que, si una determinada explicación no encaja en ella, eso debería hacer saltar todas las alarmas; pero, cuando uno está locamente enamorado de una idea, es incapaz de ver ninguna señal de advertencia.

Para complicar aún más las cosas, cuando uno está prendado de ese modo se siente inclinado a defender a su amorcito contra cualquier crítica proveniente del resto de la comunidad científica. Cuando otros empiezan a señalarte lo que falla en tu experimento, o en tus resultados, comienzas a inventar excusas de lo más peregrinas: «¡Ah, sí! Eso fue solo porque viniste en un mal día. Ese día había mucha humedad, y por eso el experimento no funcionó. Si la humedad hubiera sido menor, ¡sin duda habría funcionado!». Y sigues inventando ese tipo de argumentos *ad hoc* para responder a cualquier crítica concreta (punto 5 de Langmuir).

Puede detectarse una última pista en la reacción de la comunidad científica (punto 6 de Langmuir). En un primer momento, otros científicos también se muestran entusiasmados con el resultado porque parece que de algún modo podría cambiarlo todo. Luego, con el tiempo, empiezan a desencantarse a medida que, uno tras otro, intentan reproducir el resultado sin éxito. Al final, ya prácticamente nadie se lo cree.

¿QUIÉN TEME A LA FEROZ CIENCIA PATOLÓGICA?

Probablemente valga la pena señalar aquí que el retrato de la ciencia patológica que esbozó Langmuir no constituye una definición estricta o excluyente. No puede afirmarse de manera categórica que algo es o no es ciencia patológica. La lista de Langmuir es solo una colección de señales de advertencia: si estamos leyendo algo y empezamos a ver cosas que nos recuerdan a ella, ni que sea un poco, deberíamos ponernos en guardia. Y, ya seas un científico inmerso en un experimento o simplemente alguien que trata de detectar una conexión causal a fin de tomar una decisión, si de repente te sorprendes a ti mismo haciendo cosas que se asemejan en algo a la lista de Langmuir, deberías tomarte un día libre y preguntarte: «¿Adónde pretendo llegar con esto?». (El objetivo es que no seas la última persona de tu empresa que se da cuenta de que tu magnífico plan de reorganización no está funcionando.)

Dado que se trata de una lista de señales de advertencia, el hecho de que solo una de ellas se cumpla no basta para recelar de un resultado. Supongamos que un determinado resultado tiene una causa sólida medible y exhibe una firme relación con un efecto medible igualmente sólido. Cualquiera puede reproducir el experimento y obtener ese mismo resultado, solo que a nadie se le había ocurrido antes hacer las mediciones en cuestión. Ahora alguien las ha hecho, y todo el mundo le ha dicho: «¡Vaya! ¡Tienes razón! Al añadir más de esto obtienes más de esto otro»; la significación estadística era notable, y no hacía falta una precisión asombrosamente perfecta para verlo. En tal caso, incluso si el resultado va en contra de todas las demás teorías vigentes, nos lo tomamos más en serio; no lo descartamos como ciencia patológica. En cierto sentido, eso fue lo que ocurrió cuando tanto el equipo de Saul como otro equipo rival realizaron las primeras mediciones que indicaban en ambos casos que la expansión del universo se está acelerando. La gente fue capaz de observarlo con un efecto lo bastante grande (medido por el brillo de estrellas lejanas en explosión) como para empezar a asimilarlo y decir: «Pues vamos a tener que replantearnos la combinación de historias entrelazadas que conforman nuestro panorama científico actual».

No obstante, cuando se obtiene un resultado que pone en entredicho las teorías vigentes, normalmente la base científica que lo sustenta se somete a un escrutinio mucho más riguroso. Se requiere un nivel de prueba más elevado para aceptarlo. Volviendo a nuestra metáfora de la balsa, ese resultado desafiante es como un nuevo tronco que de entrada no encaja en nuestra balsa en absoluto. Pero no vamos a ignorar el tronco solo porque no hay forma de encajarlo en el panorama general, de manera que durante un tiempo digamos que se mantiene en «cuarentena». A la larga, si tenemos suficientes troncos para construir una nueva balsa mejorada en torno a la anterior, lo hacemos. Eso fue lo que ocurrió cuando Einstein postuló su teoría de la relatividad, que nos permite considerar la idea de que el propio espacio podría ser curvo. Si surge una idea extraña como esta, que desde una perspectiva ordinaria no parece tener sentido, no querremos perderla solo porque nos resulte difícil visualizar cómo funciona.

EL MOMENTO DE LA VERDAD

Ahora que tenemos ante nosotros todas las posibles formas en que la ciencia puede equivocarse y estamos debidamente advertidos sobre la posibilidad de ser presa de la ciencia patológica, ¿cómo actuar ante las noticias científicas que leemos o ante las pruebas más recientes en las que se basa un experto creíble? Hasta para un científico puede ser extremadamente difícil leer, entender y evaluar artículos científicos de manera apropiada, incluso en subdisciplinas próximas a la suya, por no hablar de otros ámbitos cuyo vocabulario y cuyos retos experimentales específicos desconoce. Pero, aunque buena parte de la argumentación científica nos resulte difícil de seguir, a veces se puede captar el tono general del trabajo y, sobre todo, buscar pruebas de que los autores estaban lo bastante atentos a sus propios errores y a las posibles formas en que podrían engañarse. (No es casual que esto resulte muy similar a nuestra mejor receta, la estrategia de «considerar lo contrario», para mitigar nuestros propios sesgos cognitivos.) Y la lista de Langmuir con frecuencia nos proporciona indicadores concretos sobre el tono general de un artículo científico.

ALGUNOS CASOS CONCRETOS

Fusión fría

Puedes encontrarte un llamativo ejemplo de noticia científica que exige este tipo de evaluación en un tema siempre popular y sin duda importante como es la generación de energía a partir de la fusión nuclear. Cada pocos años surge un aluvión de artículos científicos en los que se anuncia un gran avance en la investigación de la fusión como fuente de energía. No es de extrañar que tales novedades científicas salten a los titulares: si lográramos generar grandes cantidades de energía utilizable a partir de un combustible abundante (por ejemplo, uno presente en el agua del mar) y creáramos solo pequeñas cantidades manejables de residuos y no aumentáramos los gases de efecto invernadero, podríamos mejorar drásticamente la vida de todos los habitantes del planeta. Este objetivo último ha dado lugar a dos grandes iniciativas internacionales a largo plazo que utilizan dos enfoques tecnológicos distintos (ambos con avances iterativos) para descubrir a la larga cómo crear un reactor de fusión continua controlable y luego convertirlo en una fuente de energía industrialmente viable. Sin embargo, junto al lento pero constante flujo de noticias sobre los resultados de estas dos iniciativas de coste milmillonario, de tanto en tanto también aparecen artículos de equipos que afirman haber logrado un gran avance que anulará la necesidad de estos enormes y prolongados desarrollos que tantas décadas de investigación requieren. Veamos uno de tales anuncios: el de la «fusión fría» realizado en 1989.

A la fusión fría se la denomina así para contrastarla con las altísimas temperaturas (de un orden de magnitud más calientes que el Sol) que alcanzan las máquinas, devoradoras de energía y enormes como un estadio de fútbol, que requieren las dos grandes iniciativas tecnológicas mencionadas para crear la fusión. En la primavera de 1989, dos acreditados químicos, Stanley Pons y Martin Fleischmann, dieron una conferencia de prensa en la que afirmaron haber generado energía a partir de la fusión producida en un experimento de sobremesa en el que hicieron pasar una corriente eléctrica a través de una estructura química estándar (denominada «célula electrolítica»), pero utilizando específicamente paladio y agua pesada (rica en deuterio). El mundo científico –y de hecho todo quisque— se entusiasmó ante la idea de tal experimento realizado por científicos consagrados (no era seudociencia: sabían de lo que hablaban), y de inmediato se empezó a intentar comprender cómo funcionaba, y a comprobar y reproducir los resultados.

Los numerosos intentos de replicar el experimento fracasaban sistemáticamente, y otros científicos comenzaron a encontrar defectos y errores en el planteamiento original. Por ejemplo, los físicos señalaban que, si se produjera en efecto el tipo de fusión que afirmaban Pons y Fleischmann, se liberaría una enorme cantidad de radiación, suficiente para matar a cualquiera que estuviera en la sala; y, sin embargo, nadie parecía estar herido. También resultaba raro que la liberación de energía extra se produjera mucho después de que se iniciara el experimento, sin que se variara la corriente eléctrica que entraba en la célula electrolítica. Pons no respondió a la inmensa mayoría de las dudas planteadas, incluidas las relativas a la configuración del experimento: él y Fleischmann seguían convencidos de sus hallazgos. Pero a finales de ese año la mayoría de los científicos daban por finiquitada cualquier pretensión de haber logrado la fusión fría.

Los medios de comunicación se hicieron eco de muchas de esas inquietudes. En *The New York Times*, Malcolm Browne escribió: «El doctor Pons y el doctor Fleischmann [...] se negaron a proporcionar los detalles necesarios para realizar experimentos de seguimiento». Robert L. Park, en un libro titulado *Ciencia o vudú* donde revisaba el asunto unos diez años después, afirmaba: «A los niveles de potencia declarados por Pons y Fleischmann, cabría esperar que su célula de prueba emitiera dosis letales de radiación nuclear [...]. Debería haber sido la fuente de radiación más caliente al oeste de Chernóbil». Una retrospectiva publicada en la misma época en *Scientific American* comentaba: «Hay un punto en el que coinciden todos los firmes partidarios de la fusión fría: sus resultados no son reproducibles. Para la mayoría de los científicos, eso implica que los resultados de la fusión fría no son creíbles, pero ¡sus firmes partidarios sugieren que esta imprevisibilidad los hace aún más interesantes!».

¿Qué criterios de Langmuir podemos observar aquí? Ciertamente, no parece que la magnitud del efecto (la cantidad de energía de fusión producida) dependiera de la intensidad de la causa: la energía de la corriente eléctrica de entrada no se modificaba cuando se iniciaba el pretendido efecto. Toda nuestra experiencia en física, y las correspondientes teorías establecidas al respecto, sugerirían que la fusión debería generar subproductos comprobables, como la radiación, por lo que la ausencia de tales subproductos requeriría al menos de alguna teoría que no encajara con la mejor «balsa de la ciencia» actual, cuando no de una teoría fantasiosa. De manera similar, la falta de experimentos confirmatorios que reprodujeran el resultado parece haber dado lugar a excusas *ad hoc* (aunque no está claro si estas procedían principalmente del equipo original o de sus partidarios). Y, asimismo, el apoyo al postulado en cuestión primero aumentó y luego fue disminuyendo a medida que salía a la luz más información. De modo que cuatro de los criterios de Langmuir parecen aplicables a este caso. Aunque los otros dos (un efecto apenas detectable y la pretensión de un elevado grado de precisión) no están presentes, las razones para preocuparse por la validez de este experimento bastarían para que para finales de 1989 probablemente ninguno de nosotros hubiera querido invertir su dinero en una empresa de fusión fría.

Es importante dejar claro aquí que la idea de buscar una ruta nueva e inusual hacia la fusión que resulte mucho más fácil de utilizar constituye un gran ejemplo de cómo funciona la ciencia. Incluso encontrar un resultado que no sea reproducible –o que tenga fallos experimentales– no es necesariamente malo. Pero todos aspiramos a ser capaces de tomar distancia y buscar proactivamente los posibles errores. Obcecarse con el resultado no constituye una virtud en este caso. Y es la evidente resistencia a considerar una posibilidad alternativa de que haya algo gravemente erróneo lo que hace saltar todas las alarmas.

Agua desmemoriada

Con este preocupante ejemplo en mente, volvamos ahora a la posibilidad de que el agua mantenga cierta memoria molecular en microdiluciones. Como hemos mencionado, para muchas personas este postulado científico tenía una implicación personal mucho más inmediata que la esperanza de la fusión fría, pues podía interpretarse como una prueba externa que respaldaba el planteamiento de la medicina homeopática. La historia de cómo la revista científica *Nature* trató el postulado de la memoria del agua resulta de lo más pintoresco, y refleja el dilema que se le planteó al director de la revista, John Maddox, cuando un reputado científico, Jacques Benveniste, envió un artículo para su publicación en el que hacía la extraordinaria (¿fantasiosa?) afirmación de que una dilución en agua de una solución de anticuerpo en una proporción de $1{:}10^{120}$ seguía mostrando indicios de la actividad biológica del anticuerpo original. Por un lado, Maddox parecía deseoso de fomentar una ciencia novedosa, que rompiera moldes y fuera más allá de las convenciones vigentes, pero en este caso el resultado no solo rebasaba el pensamiento científico dominante, sino que sencillamente no encajaba en el panorama general de la ciencia, nuestra metafórica «balsa». Como diría más tarde el propio Maddox: «Nuestras mentes no estaban cerradas, sino más bien poco predispuestas a cambiar íntegramente la visión de cómo se construye la ciencia».[5]

Maddox llegó a una solución de compromiso para hacer frente a esta situación inusual: aceptó publicar el artículo en *Nature* si los revisores no encontraban nada erróneo en él (con un respetado laboratorio refrendando a su autor, estaba claro que no se trataba de seudociencia). Pero, dado el riesgo de que pudiera confundir a una gran proporción de la opinión pública internacional –por ejemplo, cerca de la mitad de la población francesa ha utilizado la homeopatía en alguna ocasión–, añadió una nota de advertencia editorial: «Hay razones buenas y concretas por las que las personas prudentes deberían, por el momento, suspender todo juicio».[6] Además, insistió en que *Nature* enviara un equipo al laboratorio de Benveniste para supervisar la repetición del experimento. Dado lo difícil que resulta darse cuenta de que nos engañamos a nosotros mismos o nos dejamos engañar por otros, Maddox eligió para su equipo a Walter Stewart, un físico de los Institutos Nacionales de Salud de Estados Unidos con experiencia en desacreditar actividades científicas sospechosas, acompañado nada menos que por James Randi, «el asombroso Randi», un ilusionista que había estado revelando de qué modo ciertas personas con supuestos poderes psíquicos, como Uri Geller, orquestaban sus aparentes efectos paranormales.

Los informes sobre el caso describen lo que parece una escena bastante divertida desarrollada en el laboratorio de Benveniste al inicio de la repetición del experimento, con Randi entreteniendo ocasionalmente a todo el mundo mediante pequeños trucos de magia. Primero, el equipo visitante observó cómo se realizaba repetidas veces el experimento de la forma en que el laboratorio acostumbraba a hacerlo, con todos los diversos viales químicos convenientemente identificados para los experimentadores. A continuación, tal como se había acordado de antemano, repitieron el experimento varias veces de forma aleatoria y ocultando las etiquetas identificativas de los viales (es decir, «a ciegas»). Al parecer, Randi envolvió las etiquetas y pegó el paquete al techo (presumiblemente se utilizó el techo para dar un efecto dramático) hasta que concluyeron los experimentos y todos estuvieron listos para revelar qué contenía cada vial. Cuando se revelaron los resultados, se vio que el experimento «a ciegas» no había funcionado: solo las soluciones relativamente poco diluidas eran biológicamente activas, pero no las diluciones extremas que habían generado tanto entusiasmo. La consecuencia era, pues, que algún aspecto del proceso experimental había estado creando de forma espuria el aparente resultado cuando los experimentadores no trabajaban «a ciegas» y sabían qué resultado debía dar cada vial. Tal como informaron Maddox, Randi y Stewart en el siguiente número de *Nature*: «Concluimos que no hay ninguna base sustancial para afirmar que [el anticuerpo] anti-IgE a alta dilución (en factores tan grandes como 10^{120}) conserva su eficacia biológica, y que la hipótesis de que la memoria de solutos pasados puede dejar impronta en el agua es tan innecesaria como fantasiosa».[7]

En su informe, Maddox, Randi y Stewart acaban señalando una serie de problemas asociados al trabajo del laboratorio de Benveniste que hacen sonar las alarmas en nuestra lista de Langmuir. Por ejemplo, al parecer se sabía que a veces el experimento «no funcionaba» (criterio 5 de Langmuir), y el equipo de Benveniste señalaba que había algunos periodos de tiempo en los que no funcionaba nunca. Habían especulado con la posibilidad de que fallara algo en el agua utilizada en la dilución. También habían creado todo un «imaginario popular» interno en el laboratorio, con creencias como que transferir una dilución de un tubo de ensayo a otro estropeaba el efecto, o que tampoco se obtenía resultado alguno si se diluía múltiples veces usando factores de tres o siete cada vez en lugar de un factor de diez. El informe de Maddox también señalaba que la medición del efecto constituía una ardua tarea (contar un tipo de célula sanguínea entre muchas otras) que se sabía que se les daba especialmente bien a algunos de los miembros del laboratorio (¿quizá el criterio 2 de Langmuir: el efecto era apenas detectable?). Y, por último, la precisión del recuento parecía ser mejor de lo teóricamente posible (criterio 3 de Langmuir); en particular, dos mediciones de muestras idénticas coincidieron demasiado bien, y no mostraron el error de medición que siempre está presente en ese tipo de experimentos basados en recuentos.

Es evidente que la sorpresa del artículo original ya mostraba el criterio 1 de Langmuir: el efecto no guardaba ninguna relación con la causa, ya que se presumía que las sucesivas diluciones de diluciones seguían siendo biológicamente reactivas. Y la idea de que la organización molecular del agua guarde memoria de una de las miríadas de sustancias que en algún momento han estado presentes en ella sin duda parece una teoría fantasiosa y contraria a la experiencia (criterio 4 de Langmuir). Todo esto nos deja con una sensación bastante inequívoca de que nos hallamos ante un caso de ciencia patológica. Como declaraba el informe de Maddox, Randi y Stewart: «Creemos que el laboratorio ha fomentado y luego mantenido una ilusión sobre la interpretación de sus datos». Benveniste nunca cambió de opinión.

Quienquiera que en aquel momento tuviera la esperanza de que por fin, después de más de doscientos años, hubiera alguna prueba científica que respaldara los postulados de la homeopatía, sin duda debió de sentirse decepcionado. Por supuesto, a los lectores de este libro les interesará saber que la forma más directa de abordar tales postulados, los ensayos controlados aleatorios comentados en el capítulo 3, ha desacreditado a la homeopatía.[8] De hecho, este tipo de pruebas tienen una larga historia, ya que, históricamente, uno de los primeros ensayos controlados aleatorios de tipo doble ciego fue nada más y nada menos que un ensayo sobre homeopatía realizado en 1835.[9]

La hipótesis torsional de la esquizofrenia

Puesto que no queremos dejar al lector con la impresión de que todos los científicos que «apuntan alto» se entregan necesariamente a la ciencia patológica, resultará provechoso considerar aquí un caso que a primera vista parece ciencia patológica y mostrar por qué eludió ese destino. En un discurso pronunciado en 1977 como presidente de la Asociación Estadounidense de Psicología, Theodore Blau, un profesional muy respetado, aprovechó la oportunidad para plantear una hipótesis ciertamente audaz: «¡Podemos predecir el riesgo de desarrollar esquizofrenia pidiendo a los niños que dibujen círculos alrededor de la letra X!».

Blau afirmaba (además de presentar algunas pruebas de ello) que los niños que dibujan círculos en sentido contrario a las agujas del reloj (una tendencia que él denominó «torsión») tienen un riesgo sustancialmente mayor de padecer esquizofrenia. Esto no resulta tan descabellado como podría parecer. Blau argumentaba que su sencilla prueba podría revelar un problema de «dominancia cerebral mixta» que interfería en las señales de comunicación entre los hemisferios izquierdo y derecho del cerebro. Transcurrida una década, sin embargo, numerosos estudios han sido incapaces de respaldar la hipótesis de Blau.

¿Por qué no nos hallamos aquí ante otro ejemplo de «fusión fría» o «memoria del agua»? Creemos que el caso de Blau es distinto porque él siempre se mostró muy franco con respecto a las posibles formas en que podría estar equivocado. Así, señaló que «existen serios problemas metodológicos y de frecuencia base inherentes al presente estudio que deben explorarse y tenerse en cuenta si se quiere que esta investigación contribuya a la actividad preventiva con niños en situación de riesgo», y sugirió otras líneas de evidencia que deberían investigarse para poner a prueba su idea. Quizá la cautela de Blau explique por qué sus críticos se mostraron profesionales y respetuosos al abordar su hipótesis (aunque uno de ellos no pudo resistirse a burlarse un poco con el subtítulo: «¿Girando en la dirección equivocada?»).

¿POR QUÉ PREOCUPARSE?

Puede que solo unos pocos de nosotros dediquemos gran parte de nuestro tiempo a realizar experimentos científicos y luego preocuparnos por la posibilidad de ser presa de la ciencia patológica. Pero todos tenemos que tomar regularmente decisiones que nos gustaría que se basaran en nuestro mejor conocimiento posible de la realidad (como tomar o no un preparado homeopático). Por eso queremos saber cómo reconocer aquellos casos en los que la ciencia se equivoca, y constatar que los expertos con los que contamos utilizan los mencionados criterios y otros similares para verificar las pruebas en las que basan sus recomendaciones.

Esta es en parte la razón por la que hemos presentado aquí dos llamativos casos en los que científicos consolidados han incurrido en los indicadores de la ciencia patológica enumerados de la lista de Langmuir.

Pero puede que los casos aquí expuestos ejemplifiquen un problema de importancia aún más trascendental. Realicemos o no estudios científicos, todos nosotros somos susceptibles de quedarnos prendados de una u otra creencia sobre lo que debe ser cierto y luego aferrarnos a ella por más que entre en conflicto con el resto de las cosas que creemos saber (por ejemplo: «Sorprendentemente, soy más productivo cuando estoy sobrecargado y hago varias cosas a la vez»). También ponemos malas excusas siempre que tales creencias no funcionan, y, como empezamos a ver en el capítulo anterior, nos fijamos solo en las mejores situaciones en las que nuestras creencias parecen funcionar indudablemente bien, descartando el resto («Esa ventaja de hacer varias cosas a la vez no me funcionó el viernes, pero solo porque no había dormido bien»). Incluso reputados científicos con descubrimientos sobradamente confirmados a sus espaldas, cuya formación debería hacerlos más resistentes a este tipo de fallo mental, pueden caer de forma manifiesta en esa trampa, tal como demuestran los dos casos concretos aquí mencionados. Cada vez que notemos que nos está ocurriendo lo mismo, deberíamos pararnos a pensar en la memoria del agua y la fusión fría, para luego tomar distancia y decir: «Aquí tengo que ser más escéptico».

Volviendo a centrarnos en el panorama general de «cuando la ciencia se equivoca», también tenemos que ser conscientes del uso frecuente de terminología científica para encubrir ficciones, al estilo de la seudociencia, así como de la existencia de postulados científicos basados en pruebas inequívocamente fraudulentas. Por el lado positivo, podemos ser más indulgentes con aquella actividad científica genuina y honesta que obtiene casualmente un resultado erróneo debido a fluctuaciones estadísticas de ruido aleatorio, e incluso a errores ocasionales que otros científicos detectan. En un aspecto más sombrío, aunque los datos fraudulentos podrían parecer el colmo de lo que se puede observar cuando se examinan resultados científicos, históricamente existe otro uso indebido del estandarte de la ciencia que resulta aún más maligno: aquellos casos en los que se ha recurrido al lenguaje y a los postulados científicos para racionalizar y justificar la discriminación, la opresión e incluso los asesinatos masivos.

Estos atroces abusos se circunscriben principalmente a la utilización de estudios sobre determinadas subpoblaciones humanas para justificar políticas que perjudican a estas (o favorecen al grupo que realiza el estudio). Los daños causados de este modo han ido desde una leve discriminación hasta la implantación de sólidos prejuicios respaldados por la ley, llegando a extremos como la marginación en guetos e incluso el genocidio. Son ejemplos tristemente célebres la frenología; el movimiento eugenésico; las prácticas del doctor Mengele y la ciencia nazi, y el experimento Tuskegee. Es evidente que estamos hablando aquí de un profundo e inquietante aspecto del comportamiento humano, además de un crucial fracaso de las culturas y las civilizaciones, y no simplemente de un fallo de la ciencia. Pero es importante que nos preguntemos cómo el uso que hacemos de la ciencia podría luchar contra tales peligros y resistirse a su asimilación en apoyo de ese tipo de opresión o incluso en abierta complicidad con ella.

A lo largo de este libro llamamos constantemente la atención del lector sobre las diversas formas en que, con los años, hemos descubierto (a menudo a través de la cultura de la ciencia) que es probable que nos engañemos y malinterpretemos la realidad; el uso opresivo de la ciencia podría verse, pues, como una versión malvada de este autoengaño. Por regla general no podemos evitar volver a engañarnos de ese modo, pero sí podemos: *a*) concienciarnos sobre estos tipos de fallos a fin de tener más posibilidades de reconocer cuándo empezamos a caer en ellos y corregir el rumbo; y, en ocasiones, *b*) poner en práctica técnicas y barreras de protección que nos ayuden a evitar caer en un tipo de fallo determinado. Por lo que respecta a los peligros que plantean los estudios sobre subgrupos humanos, a menudo recurrimos a la primera de esas dos opciones, la de la concienciación: los casos que han ocurrido en la historia nos ponen los pelos de punta, de manera que estamos alerta cuando vemos políticas públicas basadas en estudios de ese tipo, y somos más sensibles a las señales de alarma cuando nos involucramos nosotros mismos en la creación o el uso de algún estudio que de algún modo nos recuerda esos infames precedentes históricos.

También podemos ofrecer al menos algunos ejemplos de la segunda opción, el desarrollo de barreras de protección: en Estados Unidos, a raíz de las noticias sobre los experimentos nazis con seres humanos, el experimento Tuskegee y otros casos similares, el Congreso creó la llamada Comisión Nacional para la Protección de los Sujetos Humanos de Investigación Biomédica y Conductual.[10] En su «Informe Belmont», dicha comisión estableció tres principios que debían fundamentar la ética del estudio científico de sujetos humanos: el respeto a las personas, que incluye la protección de su autonomía; la beneficencia, que incluye atenerse a la norma de «no causar daño» y maximizar el posible beneficio para los sujetos, y la justicia, que incluye la distribución equitativa de costes y beneficios. Estos principios se convirtieron en los criterios de protección que utilizan unos comités de ética independientes denominados Juntas de Revisión Institucional (IRB, por sus siglas en inglés) para aprobar y supervisar las propuestas de estudios con seres humanos. Hoy en día, por ejemplo, todas las universidades y organizaciones de investigación estadounidenses que reciben financiación del gobierno federal deben contar con un comité de ética permanente que examine cualquier propuesta de investigación que involucre a seres humanos, incluso si la propia investigación en sí no recibe dicha financiación. En un primer momento los comités de ética se centraron en la investigación médica, pero pronto ampliaron su ámbito de actuación a la investigación en ciencias sociales. Muchos otros países cuentan con procedimientos similares, y a menudo existen también comités de ética independientes para supervisar la investigación con animales.

Como todas las empresas humanas, el proceso de decisión de los comités de ética es imperfecto, e ilustra el tipo de disyuntivas entre «falso positivo y falso negativo» que hemos analizado anteriormente en este libro. Por ejemplo, un comité de ética puede imponer una norma muy estricta que resulte casi imposible de cumplir para cualquier propuesta de investigación, evitando así cualquier posible daño a los sujetos, pero obstaculizando a la vez una gran cantidad de investigación que podría contribuir potencialmente al futuro bienestar humano.

Otra reciente iniciativa para crear e instituir barreras de protección éticas ha sido el desarrollo de la llamada «investigación participativa de base comunitaria». La idea es involucrar a los miembros de la comunidad estudiada como socios de pleno derecho en la investigación. Los miembros, o sus representantes, participan en todos los aspectos de esta: desde la identificación de las cuestiones que resultará útil planear, pasando por la planificación de la propia investigación y la recogida de datos, hasta el análisis de los datos y la interpretación de los resultados.

Esto no siempre es práctico, pero resulta especialmente prudente explorarlo en temas controvertidos y en los que la comunidad se juega mucho. El objetivo de este planteamiento es asegurarse de que la comunidad se beneficie de los conocimientos y las políticas públicas que se deriven de la investigación, y lo ideal sería que asimismo sirviera para garantizar que, como mínimo, los estudios de subpoblaciones humanas sirvan bien a las subpoblaciones en cuestión.

Todos estos intentos de frenar el posible uso indebido de la ciencia por parte de humanos que estudian a otros humanos sin duda son valiosos, pero aquí no hay soluciones sencillas. Tenemos que seguir esforzándonos por superar todas las dificultades del tema, porque ciertamente hay razones importantes para que estudiemos subpoblaciones humanas, incluso cuando la comunidad no pueda participar o cuando no haya una comunidad concreta definible a la que poder consultar.

Gran parte de este libro está dedicado a ensalzar las virtudes del pensamiento científico y la metodología científica como medio para comprender el mundo, de modo que podamos tomar decisiones eficaces basadas en dicha comprensión. Pero sabemos bien que la etiqueta «hecho con ciencia» en la portada de cualquier argumento no es razón suficiente para aceptarlo. Esperamos que ahora el lector esté al loro de todas las múltiples formas en las que, cuando se alega «ciencia», se le induce a aceptarlo sin pensarlo detenidamente. En el próximo capítulo, como antídoto a estas sombrías reflexiones, recurriremos a un enfoque relativamente nuevo para abordar un aspecto clave de todos estos tipos de fallos.

Capítulo 14

SESGO DE CONFIRMACIÓN Y ANÁLISIS CIEGO

¿Existe un arco emocional cuando se trabaja en un proyecto estimulante? Cuando hablábamos del concepto de optimismo científico, pensábamos en cómo nos ayuda a persistir en intentar resolver un problema en medio de las numerosas iteraciones que a menudo son necesarias para avanzar. Con ello aludíamos también de forma indirecta al hecho de que, en general, los proyectos estimulantes suelen pasar por momentos difíciles con independencia de que en última instancia se conviertan o no en grandes éxitos. El vasto proyecto humano de aprender a pensar con claridad a fin de entender el mundo lo suficientemente bien para prosperar, o al menos para tomar decisiones eficaces, también afronta sin duda sus momentos difíciles. Y a estas alturas del libro, después de los dos últimos capítulos, podríamos empezar a desesperar o al menos a tener serias dudas con respecto a la capacidad humana de pensar con claridad.

Son justamente esos momentos de posible desesperanza, en los que podríamos rendirnos y tirar la toalla, los que requieren echar mano del optimismo científico y su consigna: «¡No desesperes!». Nuestro objetivo, en el marco del pensamiento crítico para el tercer milenio, es ver esas situaciones en que nuestra mente falla simplemente como otro gran problema en el que trabajar de forma iterativa siempre y cuando veamos signos de progreso. Y, sin duda, tenemos indicios de que tal progreso existe. Muchos de los planteamientos mentales que hemos analizado en las tres primeras partes de este libro representan espectaculares avances conceptuales producidos tan solo en el último siglo. No es momento de rendirse. Por el contrario, debemos empezar por diagnosticar el problema que acabamos de descubrir, y luego buscar posibles soluciones.

Tanto en los preocupantes ejemplos de la ciencia patológica como en los casos, francamente aterradores, de postulados científicos al servicio de la opresión humana, los protagonistas toman siempre un mismo camino para apuntalar sus afirmaciones. Y el pavimento que hace ese camino transitable no es otro que el sesgo de confirmación, el defecto cognitivo humano que destacábamos al final del capítulo 12 como especialmente dañino.

Dediquemos unos momentos a considerar cuán pernicioso puede llegar a ser el sesgo de confirmación. Como señalábamos en el capítulo 12, la gente suele empezar a poner a prueba una determinada creencia buscando hechos que la sustenten. Parece lógico. Un famoso rompecabezas, el problema de las cuatro cartas de Wason, lo demuestra bastante bien. Ante nosotros se colocan en una mesa las siguientes cuatro cartas, con una letra en una cara y un número en la otra:

Se nos pregunta a qué carta o cartas hay que dar la vuelta para comprobar si es cierta o no la siguiente proposición: «Si hay una vocal en una cara de la carta, entonces hay un número par en la otra cara».

¿Cuál sería la respuesta del lector? Inténtalo; te esperamos.

De acuerdo con los principios de la lógica deductiva, la respuesta correcta es dar la vuelta a las cartas «A» y «7»: la «A» para asegurarte de que en la otra cara hay un número par, y el «7» para asegurarte de que no hay ninguna vocal. Pero, por regla general, menos del 5% de las personas eligen ambas opciones, y aproximadamente una tercera parte optan por dar la vuelta solo a la carta «A». Dar la vuelta a la carta «A» es correcto, puesto que constituye una forma de confirmar la hipótesis, pero en general se ignora la carta «7», que a su vez constituye una forma de refutarla si resulta ser errónea. He aquí otro ejemplo, pues, del sesgo de confirmación. (Casi la mitad de las personas a las que se les pregunta eligen dar la vuelta tanto a la «A» como al «2»; pero dar la vuelta a la carta «2» no prueba la proposición, puesto que «si *vocal*, entonces *número par* en la otra cara» no implica que «si *número par*, entonces *vocal* en la otra cara».)[1]

El sesgo de confirmación nos lleva a buscar solo pruebas confirmatorias y a no buscar pruebas refutatorias. Pero existe también una especie de corolario: el llamado «sesgo de disconformidad»: aunque tendemos a no buscar datos refutatorios o disconformes por iniciativa propia, cuando encontramos pruebas que contradicen nuestra hipótesis solemos someterlas a un escrutinio mucho más severo que el que aplicamos a las pruebas congruentes con ella. Así, mientras que un simple fallo de lógica deductiva constituiría un «sesgo de confirmación frío», mostrarse más riguroso con las pruebas que no nos gustan constituye un «sesgo de confirmación caliente», una forma de razonamiento motivacional en el que estamos predispuestos a asegurarnos de que nuestra conclusión preferida triunfe sobre una alternativa que demostraría que estábamos equivocados.[2]

A Rob le gusta ilustrar este sesgo caliente utilizando su propio comportamiento cuando investigaba los efectos de las políticas públicas relacionadas con el consumo de drogas. En 1975, Italia despenalizó la posesión (pero no la venta) de todas las drogas psicoactivas; en 1990, tras un referéndum ciudadano, la posesión volvió a penalizarse, y solo tres años después, tras otro referéndum, se despenalizó de nuevo. A Rob el caso le pareció una suerte de «experimento natural» que podría decirnos mucho sobre los efectos de la legislación en los problemas de drogadicción. Por desgracia, en esa época Italia no evaluaba sistemáticamente el consumo de estupefacientes, pero sí registraba las «muertes relacionadas con las drogas». Cuando analizó los datos, descubrió que dichos fallecimientos experimentaban un constante aumento desde mediados de la década de 1980, pero, para su sorpresa, la tasa de mortalidad descendía tras la penalización de 1990, y volvía a aumentar tras la despenalización de 1993. Interpretada al pie de la letra, la historia que contaban los datos parecía clara: penalizar la posesión de drogas salva vidas. Entonces, ¿por qué se sorprendió Rob? Pues porque precisamente en 1993 había publicado un exhaustivo análisis en el que argumentaba que despenalizar la posesión no tiene prácticamente ningún efecto detectable en el consumo de drogas y ofrecía varias razones teóricas de por qué era así.

Los datos de Italia amenazaban con demostrar que la conclusión anterior de Rob constituía un grave error, y él se sintió amenazado por ello, de modo que empezó a indagar más, y encontró otros dos países europeos que también habían elaborado informes sobre las muertes relacionadas con las drogas en el mismo periodo. Uno de ellos, España, también había despenalizado la posesión de drogas más o menos al mismo tiempo que Italia, pero ya no había vuelto a penalizarla. Sin embargo, a pesar de tales diferencias, los datos mostraban que en los tres países se había producido una disminución transitoria de los fallecimientos en torno a

1991, lo que echaba por tierra la hipótesis de que la despenalización conduce a una mayor tasa de mortalidad. Rob se sintió aliviado: sus argumentos de 1993 seguían siendo válidos.

¿Se enmarcaba la conducta de Rob en lo que podría considerarse una buena praxis científica? Retrospectivamente, hoy Rob afirma (no sin una buena dosis de vergüenza) que esta historia constituye un buen ejemplo de cómo funciona un sesgo de confirmación frío, dado que buscó pruebas que sustentaran sus expectativas sin buscar aquellas otras que pudieran contradecirlas; pero también ejemplifica un sesgo caliente, pues introdujo nuevos datos y realizó una comprobación más exhaustiva solo en el momento en que los resultados iniciales no le gustaron.

Podría pensarse que habría una menor tendencia a incurrir en «sesgos calientes» en el mundo, más sereno, de las mediciones físicas, o en el más remoto aún de las mediciones cosmológicas. Al fin y al cabo, el hecho de que la velocidad de expansión del universo sea de 50 o de 100 kilómetros/segundo por megapársec no cambia en nada nuestros objetivos políticos ni nuestra situación financiera.[3] Pero ese fue precisamente el debate que se mantuvo candente durante casi veinte años a partir de mediados de la década de 1970. Un equipo de científicos publicaba un artículo tras otro dando por buena la cifra de 50 km/s/Mpc, mientras que otro equipo hacía lo propio dando por buena la de 100 km/s/Mpc. Ambos equipos estaban constituidos por excelentes científicos, y ambos presentaban en sus artículos buenos argumentos y datos sólidos conducentes a sus resultados, pero también es justo decir que durante este periodo se podía adivinar más o menos quiénes eran los autores de un determinado artículo por sus conclusiones. ¿Qué estaba fallando?

Recientemente se han descubierto similares tendencias dispares en la historia (mencionada en el capítulo 5) de las mediciones realizadas en el ámbito de la física de partículas que se repitieron a lo largo de muchas décadas con técnicas cada vez más mejoradas. Las disparidades solían aparecer en forma de mediciones que tendían a coincidir con otras anteriores mejor de lo que habría podido permitir el ruido inherente a tales mediciones. También en este caso quienes realizaban las mediciones eran excelentes científicos, y sus resultados no se interpretan en ningún caso como fraudulentos ni como un producto de ciencia patológica. Una vez más, cabe preguntarse: ¿qué está fallando?

Con el tiempo, la causa probable en ambos casos se ha identificado como otro efecto insidioso más de un sesgo de confirmación involuntario. Puede que la causa de este sesgo de confirmación no fuera tan común en la época en que un análisis científico consistía en realizar, pongamos, una docena de mediciones, sumarlas y dividirlas entre doce para obtener la media. Pero hoy en día las mediciones físicas son mucho más complejas, y suelen requerir recopilar ingentes cantidades de datos, introducirlos todos en un ordenador y escribir montones de programas informáticos que ayuden a extraer conclusiones a partir de tales datos; luego hay que dedicar mucho tiempo a seleccionar los datos fiables y depurar los programas informáticos. Todas ellas son tareas importantes para todos los científicos. Un gran conjunto de datos suele incluir algunos que se recopilaron por error –quizá el aparato de medición aún no estaba del todo listo, o en un estudio sobre un grupo de adultos se obtuvieron accidentalmente algunos resultados de adolescentes–, y dichos datos deben identificarse y eliminarse. Y resulta que cualquier programa informático mínimamente complejo está abocado a tener una serie de errores difíciles de encontrar; algunos de ellos no afectarán en exceso a los resultados, pero otros sí lo harán, y hay que encontrarlos y corregirlos.

El problema es que existe una tendencia real a encontrar y rechazar datos poco fiables, y a encontrar y corregir errores de software, solo hasta el punto en que la respuesta que obtenemos deja de sorprendernos. Es decir, que se buscan datos erróneos o fallos cuando se obtienen resultados inesperados, pero dejan de buscarse cuando dichos resultados nos «parecen» correctos, aunque esos bonitos resultados sean el producto de datos erróneos remanentes o de errores informáticos aún no detectados. La consecuencia es que las mediciones finales y los consiguientes artículos científicos tenderán a mostrar resultados sistemáticamente sesgados en favor de aquello que los científicos esperaban ver. Esta parece ser la explicación de por qué las mediciones históricas de la física no oscilaron tanto como deberían haberlo hecho en virtud del ruido aleatorio que cabía esperar en ellas. Y en el caso, sin duda más llamativo, de las mediciones de la expansión del universo, es probable que la diferencia entre los resultados de 50 y 100 km/s/Mpc fuera consecuencia en gran parte de las decisiones que tomó cada equipo con respecto a qué datos se consideraban fiables.

Resulta un tanto sorprendente que este particular fallo cognitivo del sesgo de confirmación no haya causado daños peores. En los ejemplos históricos aquí mencionados podemos detectar la intervención favorable de otros aspectos de la ciencia, puesto que finalmente las mediciones mejoraron lo suficiente como para que aquellos malos resultados concretos se hicieran patentes. Pero en ambos casos perdimos años de investigación y descubrimiento debido a aquellos resultados sesgados. Y el peligro de tomar decisiones basadas en ese tipo de mediciones lastradas por el sesgo de confirmación sigue existiendo cuando no tenemos la ventaja de la visión retrospectiva tras años de mediciones mejoradas.

Uno de los temas repetidos de este libro es que podemos aprender de nuestra experiencia en el mundo de la ciencia, que a menudo nos muestra en qué fallamos con respecto al pensamiento racional, y trasladar las lecciones al resto de nuestra vida cotidiana. En este caso está bastante claro que se trata de un defecto del que todos tenemos experiencia. ¿Quién de nosotros no ha pedido consejo a una persona experimentada y luego, si no le ha gustado su respuesta, ha seguido preguntando a más gente hasta que alguien en quien confiaba le ha dado el consejo que quería oír? Llegados a este punto, probablemente hemos dejado de buscar más asesores, igual que el científico que deja de depurar su trabajo cuando ve los resultados que esperaba.

Sin embargo, nuestro objetivo al buscar ejemplos del ámbito científico es poder aprovechar los trucos, consejos y técnicas que la ciencia ha inventado para ayudarnos a superar esos déficits mentales. En los casos mencionados, una vez que los físicos empezaron a ser conscientes de la ubicuidad del problema que acababan de identificar, comenzaron a inventar técnicas para evitarlo; técnicas que todos deberíamos conocer. Esta parte de la metodología científica es tan nueva que aún no se ha extendido a todas las disciplinas de la ciencia, por lo que los lectores de este libro tendrán la oportunidad de llevar la delantera en este aspecto a una parte del mundo científico, al menos durante un tiempo.

LA IGNORANCIA COMO SOLUCIÓN

A primera vista, el defecto cognitivo del sesgo de confirmación parece un tanto difícil de abordar. No podemos esperar que la gente siga trabajando en un problema eternamente, buscando fallos en sus programas informáticos o preguntando a más y más asesores aun después de obtener la respuesta que quería. Resulta que la base de una de las soluciones más eficaces para afrontarlo tiene un origen sorprendente: la ignorancia. Una de las técnicas de adopción de decisiones más divertidas que aprendemos de pequeños es la estrategia de compartir la tarta. Cuando queríamos compartir un trozo de tarta de forma equitativa recurríamos al algoritmo «Tú cortas y yo elijo»: como la persona que corta la tarta no sabe qué trozo le tocará, tiene un incentivo para ser escrupulosamente justa en el corte. De ese modo aprovechamos la ignorancia para obtener el resultado correcto.

Puede aplicarse la misma idea al problema del sesgo de confirmación. Imagina que eres tú ese científico que busca y rechaza datos erróneos y depura su programa informático, pero no sabes si los datos erróneos y los fallos informáticos que descubres son los responsables de «amañar» los resultados sorprendentes que observas. Supongamos, de hecho, que no te permites a ti mismo saber cuál es el efecto final de tu limpieza de datos y tu depuración informática hasta que hayas decidido explícitamente que has terminado el análisis y estés listo para publicar los resultados, te gusten o no, y sean o no los que esperabas.

En la práctica, ahora no sabes qué «mitad del pastel» será la tuya –si estarás satisfecho o decepcionado– cuando tomes la decisión acerca de, por ejemplo, qué datos rechazar o cuándo dejar de buscar errores informáticos. Esa ignorancia te obliga a ser honesto contigo mismo con respecto a todas las pequeñas decisiones que debes tomar al realizar tu análisis a fin de que dichas decisiones no se vean lastradas por un sesgo de confirmación proclive a los resultados que te gustaría o esperarías ver. Los físicos denominan a esta innovación científica «análisis ciego», por analogía con los experimentos de «doble ciego», donde ni los médicos ni los pacientes saben quién recibe tratamiento y quién, placebo.[4]

¿Por qué no todos los científicos empiezan a usar este procedimiento inmediatamente después de saber de él? Se necesita cierto tiempo para acostumbrarse al análisis ciego, puesto que la mayoría de los científicos han pasado a depender de la observación de los resultados para averiguar si hay algún problema en sus datos o en su programa informático; nos obliga a inventar nuevas formas de detectar esos problemas sin revelar los resultados clave, lo cual requiere cierto reciclaje y, a veces, creatividad. Imaginemos, por ejemplo, un estudio científico cuyo resultado clave depende de la media de un gran conjunto de mediciones. Una forma sencilla de «cegarse» consiste en ocultarse a sí mismo el valor medio añadiendo cierta cifra, mantenida en secreto por un amigo, a cada dato individual antes de iniciar el análisis. Después, cuando hayamos decidido que hemos terminado el análisis final, nuestro amigo nos revela la cifra oculta para que podamos restarla y averiguar la media en cuestión. De ese modo podemos depurar nuestro experimento, por ejemplo, escudriñando datos alejados de la media (oculta), y potencialmente rechazándolos como incorrectos (¿quizá el detector estaba estropeado ese día?) sin revelar prematuramente la respuesta final clave.

Este enfoque de análisis ciego es muy similar al que empezó a utilizar el grupo de Saul cuando, varios años después del mencionado debate sobre el ritmo de expansión actual del universo, estudiaba la siguiente cuestión cosmológica: ¿cuánto ha variado ese ritmo de expansión a lo largo de los eones? El equipo de Saul supo de la existencia del método del análisis ciego –entonces una novedad–, y, dada la experiencia de los anteriores equipos que habían debatido la medición cosmológica relacionada, le pareció que merecía la pena probarlo. Al final, el análisis ciego se convirtió en un estándar para muchas mediciones cosmológicas. Al principio parecía que implicaba mucho trabajo adicional, pero se hizo todavía más evidente que se trataba de un trabajo necesario cuando el grupo de Saul volvió a analizar las mediciones anteriores de otros equipos y encontró pruebas inequívocas de que se habían estado buscando posibles errores solo hasta el punto en el que los resultados eran los esperados; y cuando –lo que es aún peor– su equipo volvió a analizar algunos de sus propios datos anteriores y descubrió un defecto similar. Pese a lo minucioso que creía que había sido su equipo (y presumiblemente los demás), esta forma de sesgo de confirmación se había deslizado en su trabajo. Una vez que se es consciente de lo insidioso que puede llegar a ser el sesgo de confirmación, se hace difícil confiar en cualquier resultado que no haya utilizado algún método como el análisis ciego para evitar un problema tan común.

¡SORPRESA, SORPRESA!

El aspecto lúdico de ocultarte algo a ti mismo da lugar a algunas llamativas historias cuando equipos enteros de investigación recurren a este método. Tras cuarenta años de desarrollo iterativo, el equipo internacional consagrado a la búsqueda de ondas gravitatorias se disponía a poner en marcha por primera vez un instrumento lo bastante sensible para detectar tales señales, que resultan casi inconcebiblemente débiles. A los integrantes del proyecto conocido como Observatorio de Ondas Gravitatorias por Interferometría Láser (LIGO, por sus siglas en inglés) les preocupaba la posibilidad de no detectar las señales reales (que se espera que sean muy inusuales) o identificar erróneamente como onda gravitatoria lo que en realidad era ruido (ya que se espera que este sea muy parecido a las señales reales y además resulta ser extremadamente más frecuente, lo que llevará constantemente al detector a dar falsos positivos). De manera que este enorme equipo decidió jugar consigo mismo al siguiente juego: creó un pequeño subequipo que se encargaría de introducir de vez en cuando en su sistema una señal parecida a una onda gravitatoria, a veces muy débil, a veces más fuerte, a modo de prueba para ver si el resto del equipo se tomaba en serio cada una de esas raras señales. De hecho, el subequipo no revelaría si una señal era real o no hasta que el resto del equipo hubiera completado el análisis, escrito el correspondiente artículo científico y, si la señal era real, se comprometiera a publicarlo.

La primera vez que Saul oyó hablar de este sistema, el equipo principal había estado trabajando en el análisis y en la redacción del artículo durante meses, pero al final el subequipo reveló que la señal que estaban estudiando para su artículo era falsa. Varios años después, el equipo detectó una señal que juzgó inequívocamente falsa: era una señal intensa, mucho más del mínimo necesario para que su detector la captara; pero esta vez, para gran sorpresa de los investigadores, la señal resultó ser real: ¡la primera detección de ondas gravitacionales de la historia!

Otro ejemplo de método de análisis ciego es el caso en el que se comprueba la eficacia de diferentes dosis de un tratamiento biológico comparando diversas opciones en las que se va incrementando gradualmente la dosis de una determinada sustancia. En ese caso podríamos pedirle a nuestro amigo que dispusiera los tubos de ensayo de forma aleatoria y no nos dijera cuál es cuál hasta una vez completados todos los análisis. Sin duda, este ejemplo le resultará familiar al lector, ya que básicamente es lo que veíamos que hizo el asombroso Randi para «cegar» el ensayo sobre la memoria del agua. Y, por supuesto, ojalá los científicos que estudiaron la fusión fría hubieran conocido también este tipo de técnicas de higiene mental.

INTÉNTALO EN CASA

El análisis ciego ya sería importante de por sí aunque solo sirviera para los experimentos científicos, pero el caso es que este método también resulta útil en la vida cotidiana. Un ejemplo especialmente sencillo: si uno quiere determinar de veras qué vino le sabe mejor con independencia del precio y de la etiqueta que lleve la botella, lo mejor es hacer una cata a ciegas, que, por supuesto, es lo que hacen los enólogos.

Uno de nuestros ejemplos preferidos de análisis ciego en la vida real nos lo brinda Annie Duke, psicóloga y exjugadora profesional de póquer, en su libro *Decide y apuesta*. Duke explica que los jugadores profesionales de póquer suelen omitir el resultado de una mano cuando comentan las buenas y malas jugadas con sus colegas: «Decirle a alguien cómo termina una historia le anima a ser resultadista, a interpretar los detalles de tal manera que encajen en ese resultado [...]. Si se conoce el resultado, sesgará la evaluación de la calidad de la decisión para alinearla con la calidad del resultado».

Duke admite que, cuando se dirige a un público lego, este a menudo se siente frustrado cuando le habla de jugadas de póquer prudentes o audaces sin especificar el resultado de cada una de ellas. Cuando le preguntan el porqué, responde: «No es relevante». En el póquer, como en la vida, los resultados concretos están condicionados por nuestras estrategias, pero también por factores fortuitos que no podemos controlar. Los buenos jugadores de póquer son conscientes de que las estrategias inteligentes mejoran nuestras probabilidades a largo plazo, aunque no tengan éxito en cada caso individual.

También los empleadores más concienciados recurren cada vez más al análisis ciego para reducir la posible discriminación de grupos infrarrepresentados en sus decisiones de contratación. El ejemplo más conocido es el uso de biombos o pantallas destinados a ocultar el aspecto físico de los músicos cuando realizan audiciones para optar a un puesto en orquestas profesionales, un método que se ha traducido en un aumento significativo de la selección de mujeres para dichos puestos. Asimismo, especialmente en Europa, los empresarios tienden cada vez más a ocultar la información demográfica en las solicitudes de empleo antes de seleccionar a los candidatos para las entrevistas de trabajo.[5]

El análisis ciego, sin embargo, no es una panacea, y puede tener consecuencias imprevistas. Por ejemplo, en muchas partes de Estados Unidos se ha prohibido a los empleadores incluir una casilla de «antecedentes penales» en las solicitudes de empleo, pero varios estudios sugieren que esto puede llevarlos a utilizar la condición de minoría étnica del candidato como un indicador sustitutivo de la posibilidad (ahora desconocida) de que tenga antecedentes penales, lo que en la práctica da lugar a un aumento de la discriminación.[6]

UN JUEGO DE ESPIONAJE DE DATOS PARA EVALUAR EL SESGO DE CONFIRMACIÓN EN NUESTRAS CREENCIAS POLÍTICAS

Sin duda el lector recordará el análisis que hacíamos en el capítulo 7 del efecto «mirar a otra parte», en el que, si observamos determinados datos del suficiente número de formas distintas, con diferentes análisis, acabaremos encontrando lo que parecerá un resultado que respalda una determinada hipótesis que esperábamos probar, pero que en realidad se deberá a la fluctuación aleatoria del ruido. Ese es exactamente el tipo de peligro que el análisis ciego aspira a contrarrestar. Y a los humanos se nos da muy bien encontrar justificaciones *post hoc* para centrarnos justo en el análisis que casualmente resulta sustentar nuestra hipótesis aunque los demás análisis no lo hagan. La práctica de ir probando distintos análisis hasta obtener el resultado deseado se conoce como «dragado de datos» o «espionaje de datos» (o *p-hacking* en inglés), un concepto acuñado por los psicólogos Uri Simonsohn, Joseph Simmons y Leif Nelson.

Si el lector desea experimentar el efecto «mirar a otra parte» y la tendencia a obtener los resultados que uno espera cuando hace un análisis sin recurrir a la técnica del «cegado», puede echar un vistazo al juego interactivo basado en el espionaje de datos que propone el sitio web FiveThirtyEight (en <projects.fivethirtyeight.com/p-hacking>). El juego, en inglés, parte de la política estadounidense, aunque es fácil hacer extensiva a la realidad de otros países la cuestión que plantea, tan importante como controvertida: ¿son mejores para la economía los demócratas o los republicanos? El juego parte asimismo de datos reales. El truco es que uno puede definir la variable independiente (quién ocupa el poder) y la variable dependiente (cómo va la economía) de muchas formas distintas.

¿Importa más quién preside el país o quién gobierna cada estado? ¿La «economía» debería medirse en función del PIB, del empleo, de la inflación, de las cotizaciones bursátiles o de una combinación de los cuatro elementos? Dependiendo de cómo se definan las variables, se puede obtener un patrón estadísticamente significativo que haga parecer que el partido que hayamos elegido –sea cual fuere– es definitivamente mejor para la economía.

Una vez que hayamos encontrado un análisis que demuestra que «nuestro» partido es mejor, podemos inventar justificaciones *post hoc* de por qué hemos definido las variables del modo como lo hemos hecho. Entonces puede que estemos aún más convencidos que antes de que el partido en cuestión es, *en efecto*, mejor para la economía. La única forma de evitar caer en este sesgo es hacer un análisis ciego. Podríamos, por ejemplo, ignorar voluntariamente qué partido es cuál hasta que estemos satisfechos de la manera en que hemos definido las variables. Luego, al descubrirlo, tendremos que atenernos al resultado obtenido aunque no sea el que queríamos. Y, sin duda, a veces no lo será: la realidad solo en ocasiones se alinea con nuestros deseos.

«CEGAR» A LOS EXPERTOS

Otra de las principales aplicaciones que podemos darle al análisis ciego fuera del ámbito de la investigación científica es la evaluación de opiniones de expertos. Un llamativo ejemplo de ello es el recurso a expertos forenses en casos criminales. Al parecer, algunos de los tópicos más apreciados de las historias policiacas, incluidas las pruebas condenatorias basadas en las huellas dactilares, resultan sufrir problemas de sesgo de confirmación. Los expertos en huellas dactilares tenían una larga tradición de prácticas profesionales que hasta hace muy poco eran cualquier cosa menos análisis ciegos, lo que se traducía en una marcada tendencia hacia ciertos tipos de identificaciones. Sin embargo, conforme las praxis modernas se fueron incorporando al debate científico, nuevos estudios arrojaron dudas sobre la calibración de dichos expertos, hasta el punto de que diversos informes de destacadas instituciones científicas recomendaban someter a un nuevo trabajo de calibración este tipo de pruebas legales.[7] (Sorprendentemente, varios reputados expertos en huellas dactilares modificaron sus conclusiones cuando se les plantearon test a ciegas que incluían huellas que ya habían identificado previamente.)[8] En la actualidad, esta calibración a ciegas ha empezado a formar parte de la práctica forense.

Teniendo esto en cuenta, deberíamos esperar que los expertos a los que consultamos intenten dar sus opiniones utilizando el análisis ciego siempre que sea posible. Esto supondrá a menudo un pequeño cambio en la práctica habitual. Por ejemplo, los médicos suelen examinar las conclusiones de otros médicos consultados anteriormente antes de dar una segunda opinión.[9] Pero, si nos ponemos en el lugar del paciente, probablemente nos beneficiaríamos si el médico ignorara las conclusiones anteriores. De manera similar, desde nuestra perspectiva, también los jueces y los miembros de los jurados se beneficiarían de los dictámenes periciales basados en análisis ciegos, aunque es posible que algunos litigantes prefirieran mantener el enfoque actual.

CIENCIA ABIERTA

El análisis ciego a los resultados es solo un modo de reducir el sesgo de confirmación. Hay otros, y cada vez se debaten más de forma conjunta en el marco de una tendencia más amplia promovida por el movimiento «ciencia abierta».[10] Personalmente nos sentimos entusiasmados con este movimiento, puesto que constituye una parte importante de lo que aquí hemos dado en llamar pensamiento crítico para el tercer milenio. Aunque muchos de los métodos respaldados por la ciencia abierta son anteriores a esta, la fuerza del movimiento reside en el hecho de aunarlos todos en un planteamiento general para mejorar la credibilidad y la integridad de la práctica científica.

Uno de estos métodos de la ciencia abierta –exigido de manera creciente por las principales revistas académicas– es el llamado «prerregistro», en el que, antes de realizar un estudio, los investigadores archivan públicamente la metodología propuesta, las hipótesis específicas que se van a comprobar y el plan de análisis de datos que utilizarán para comprobarlas. Hay quien ha argumentado que el prerregistro elimina la necesidad de un análisis ciego de los resultados (o viceversa), pero en realidad ambos métodos son complementarios y deben utilizarse de forma conjunta. El prerregistro obliga a los investigadores a reflexionar detenidamente sobre sus métodos y estrategias de análisis antes de recopilar los datos, mientras que el análisis ciego permite al equipo poner a prueba nuevas ideas que no se les habían ocurrido antes, o abordar nuevos problemas analíticos que no habían previsto, sin temor a que sus deseos enturbien la investigación.

Los partidarios de la ciencia abierta defienden otras muchas prácticas, de las que solo mencionaremos algunas. Una de ellas consiste en hacer un uso más habitual de las investigaciones multilaboratorio, en las que varios laboratorios se ponen de acuerdo para llevar a cabo su propia comprobación de una hipótesis concreta; esto se hace sobre todo cuando se intentan reproducir hallazgos sugerentes publicados en la bibliografía académica, pero también puede plantearse para poner a prueba nuevos temas de investigación que se consideran importantes. Una variación de este planteamiento es el recurso a proyectos «multianalistas», donde varios equipos independientes reciben el mismo conjunto de datos y se les pide que pongan a prueba la misma hipótesis. (Estas prácticas triangulan los sesgos de confirmación de distintos laboratorios y analistas con la esperanza de que no todos estén sesgados en la misma dirección.) Otra estrategia que está ganando fuerza es que las revistas científicas dediquen cierto espacio a los llamados «informes registrados», en los que los investigadores proponen un estudio a la revista y esta se compromete de antemano a publicarlo siempre que la justificación teórica y los métodos propuestos sean aprobados en una revisión técnica por pares. Además de eliminar el sesgo de confirmación ligado al hecho de que resulta menos probable que las revistas publiquen un hallazgo que se aparta de lo esperado, esta práctica también elimina la tendencia natural de estas a publicar solo los resultados que demuestran hipótesis interesantes y descuidar los que las refutan. Y cuando dos o más investigadores discrepan marcadamente sobre una hipótesis, pueden formar lo que se conoce como una «colaboración adversativa». En este método los competidores diseñan, llevan a cabo y publican conjuntamente uno o varios experimentos que ambos consideran pruebas justas de sus perspectivas contrapuestas. Cada investigador se reserva el derecho a exponer sus propias conclusiones al final del artículo, pero, al comprometerse previamente con la metodología, no puede descartar los resultados no deseados atacando el estudio en sí.[11]

Los defensores de la ciencia abierta también han presionado sobremanera a las revistas científicas para persuadirlas de que exijan algunas de estas prácticas —o todas ellas— o bien recompensen a los autores por llevarlas a cabo mostrando en sus artículos determinados iconos o «medallismo a la ciencia abierta» que los acrediten por recurrir a cada una de ellas.[12] También han defendido varias formas de animar a los científicos a mostrarse más predispuestos a admitir abiertamente que su trabajo anterior es erróneo o defectuoso cuando así lo creen (el proyecto «Pérdida de confianza» del que hablábamos en el capítulo 5 es un buen ejemplo de ello).[13] Es importante señalar que los investigadores utilizan las herramientas de la ciencia para examinar tales propuestas, y están empezando a surgir evaluaciones empíricas de los costes y beneficios de dichos métodos. Confiamos en que el instrumental de la ciencia abierta se amplíe y perfeccione con el tiempo.

QUÉ LECCIÓN EXTRAER

Ahora que el lector está familiarizado con el análisis ciego, debería aspirar a él —o a alguno de los mencionados métodos alternativos para reducir el sesgo de confirmación— cada vez que decida escuchar a un experto o acepte la opinión de uno. Si un experto digno de confianza es aquel que conoce las diversas formas en que nos engañamos a nosotros mismos, lógicamente querremos encontrar expertos que demuestren que llegan a sus resultados (y favorecen los resultados de otros) con el conveniente análisis ciego, el prerregistro u otras salvaguardas apropiadas contra el sesgo de confirmación. Y, en un ámbito más personal, deberíamos estar alerta cada vez que, al tener que determinar un resultado que se reduce a un sí o un no, un valor numérico o una opción entre acciones distintas, damos por hecho que conocemos la respuesta antes de estudiar el problema. Puede que se trate de decidir si debemos empezar a tomar estatinas para reducir el nivel de «colesterol malo» o pagar publicidad para potenciar nuestro negocio; o puede que intentemos ayudar a nuestro hijo en edad universitaria a elegir una especialidad que le permita ganarse la vida.

Para encontrar la respuesta más fiel a la realidad a una cuestión de este tipo, sin duda, tendremos que decidir qué datos utilizar y cómo utilizarlos; por ejemplo, qué sitios web ofrecen datos fiables y cuáles no. (Es posible que, por ejemplo, nos veamos tentados a decir: «Vamos a usar los datos de WebMD en lugar de los de la web de la Clínica Mayo, porque son más fáciles de leer y además parecen menos aterradores con respecto a los resultados de salud que espero observar».) Tendremos que decidir qué datos se aproximan lo bastante a nuestro caso para resultar relevantes. (Y si no nos gustan los primeros resultados que observamos, puede que nos sorprendamos diciéndonos a nosotros mismos: «Quiero solo los datos médicos que se apliquen a mi grupo de edad y a mi nivel general de forma física».) Sin embargo, no deberíamos permitirnos tomar ninguna de estas decisiones si también vemos las consecuencias de elegir esos datos en la respuesta final, porque entonces seleccionaremos inconscientemente la información de modo que obtengamos las respuestas que queremos. Para evaluar la calidad de la metodología de un sitio sin ver sus resultados, puede que tengamos que pedirle a un amigo que corte y pegue la información de cada sitio en un documento aparte, quitando el nombre del sitio y ocultando las conclusiones.

En lo sucesivo, pues, cada vez que te encuentres en este tipo de situación de toma de decisiones, en la que tu selección de los hechos puede verse influida por la propia decisión a la que estos conducirían, haz una pausa y, a ser posible dando cierto tono dramático a tu voz, anuncia a todos los que te rodean (que, en condiciones ideales, estarán trabajando en el mismo problema): «Tenemos que interrumpir de inmediato este estudio (o dejar de pensar en determinado problema o en determinada elección entre distintas acciones) porque estamos empezando a hacer cosas que van a sesgar el resultado. No podemos mirar el resultado hasta que hayamos elegido todos los datos y comprobado todos los planes relativos a los procedimientos de decisión».

No será la última vez que tendremos que inventar una nueva técnica para no engañarnos a nosotros mismos, ni que perderemos la esperanza de poder seguir pensando con claridad, porque cada vez que inventamos una nueva tecnología que cambia nuestra forma de interactuar con el mundo, con los demás y con nuestro estudio colectivo de la realidad, se nos ocurren también formas novedosas de engañarnos. La próxima vez no se tratará solo de que los ordenadores cambien las reglas del juego ofreciéndonos análisis más complejos y más oportunidades de programar errores. Por ejemplo, cuando todos llevemos implantes en la cabeza y las respuestas a nuestros pensamientos se proyecten en imágenes realistas en nuestras gafas (¡eso sí que da miedo!), sin duda tendremos que volver a inventar nuevas técnicas para evitar engañarnos.

La vida del optimista científico –la vida del PC3M– es por fuerza una vida auténticamente creativa.

Quinta parte

AUNAR FUERZAS

Capítulo 15

LA SABIDURÍA Y LA LOCURA DE LAS MASAS

Hasta aquí hemos analizado la racionalidad de las mentes individuales, pero, obviamente, quienes abordan la mayoría de los grandes problemas son grupos más o menos numerosos de individuos que trabajan en colaboración: parejas que revisan su presupuesto doméstico, vecinos que preparan un plan de protección ante potenciales terremotos, compañeros de trabajo que coordinan un proyecto complejo o ingenieros de la NASA que gestionan el aterrizaje seguro de un astromóvil en Marte, además de todo el trabajo que desarrollan las administraciones locales, regionales y nacionales de los diversos países, u organizaciones supranacionales como las Naciones Unidas.

Pero ¿son las mentes grupales algo más que un conjunto de mentes individuales? ¿Son los grupos más –o menos– que la suma de sus partes? Históricamente, los observadores han ofrecido dos visiones contrapuestas de los grupos humanos: una de índole pesimista y otra de naturaleza optimista. El problema es que ninguna de las dos resulta del todo convincente. La visión más sombría procede de descripciones *post hoc* de grupos de la vida real a los que les ha ido francamente mal; la de color de rosa proviene de una simple demostración que viene esgrimiéndose desde principios del siglo xx y que puede hacer que los grupos parezcan geniales... hasta que uno se da cuenta de que en ese argumento no interviene para nada ningún grupo real.

De modo que, una vez presentados ambos puntos de vista, echaremos un vistazo a lo que nos han enseñado diversas investigaciones experimentales más sistemáticas sobre el funcionamiento de grupos reducidos, donde podemos manipular distintos rasgos del grupo y de la tarea en cuestión y observar cómo este llega a una decisión final. Dichas investigaciones revelan que tanto la visión pesimista como la optimista pueden ser ambas acertadas según la ocasión, lo que significa que tomar decisiones en grupo a veces puede mejorar las cosas y a veces empeorarlas. Por suerte, podemos identificar algunos de los factores que hacen que los procesos grupales vayan bien o vayan mal. Comprender las condiciones en las que los grupos se mueven en una u otra dirección nos permite comenzar a elaborar una receta para saber cómo y cuándo funcionan mejor los grupos, un aspecto que empezaremos a abordar al final de este capítulo y seguiremos desarrollando en los dos siguientes.

COMPORTAMIENTO MULTITUDINARIO Y PENSAMIENTO GRUPAL

Podemos encontrar una temprana visión pesimista de los grupos humanos en el libro *Delirios populares extraordinarios y la locura de las masas*, publicado en 1841 por Charles Mackay, que introdujo la noción de «mentalidad gregaria». Mackay ofrece numerosos ejemplos concretos de delirios de multitudes e histeria colectiva, incluida la célebre tulipomanía holandesa, en la que la gente llegó a convencerse hasta tal punto del valor de inversión de los tulipanes que algunos incluso vendieron sus casas a fin de reunir el capital necesario para comprar un solo bulbo. (El lector encontrará una exposición más teórica, que abarca un territorio similar, en el libro de Gustave Le Bon *Psicología de las masas*, publicado en 1895.)

La mayoría de los ejemplos de Mackay implican un comportamiento colectivo, pero no guardan relación con grupos formales responsables de adoptar decisiones comunitarias (concejos, administraciones, etc.), y en muchos casos las personas involucradas ni siquiera se conocen entre sí; se trata más bien del tipo de actuaciones que suelen calificarse de «comportamiento multitudinario». Por ejemplo, algunas de las investigaciones empíricas más escalofriantes en ese sentido han examinado los registros históricos sobre las turbas de linchamiento que aterrorizaban a los afroamericanos: los análisis estadísticos revelan que la probabilidad de que dichas turbas mataran de hecho a su víctima (normalmente ahorcándola) aumentaba con el tamaño del grupo, y asimismo era mayor cuando los hechos se producían al anochecer o después.

El tamaño del grupo y la oscuridad acrecientan el anonimato: nuestra identidad individual importa cada vez menos cuanta más gente integra la multitud; y cuanta menos luz haya, menor será la probabilidad de que los demás nos reconozcan. Así pues, en la medida en que se reduce la identidad individual y aumenta el anonimato, se produce una difusión de la responsabilidad en la que se pierde el sentido de la propia autonomía personal. Los psicólogos denominan a esto «desindividuación». Hay también otro fenómeno que contribuye al comportamiento multitudinario, el llamado «contagio emocional», en el que la exposición a las emociones de otra persona desencadena emociones similares en nosotros mismos: cuando A expresa tristeza por algo, B también empieza a sentirla; A percibe esa tristeza y eso amplifica a su vez la suya propia, en un círculo vicioso que se retroalimenta.[1]

Muchos de los ejemplos de desindividuación y contagio emocional pueden parecer extremos y poco frecuentes. Pero, de hecho, las versiones menos extremas son bastante habituales, como habrá podido observar cualquier lector que haya asistido alguna vez a reuniones escolares o vecinales sobre temas polémicos.

Una visión igualmente sombría de la irracionalidad que puede florecer en los grupos impregna el libro *Victims of Groupthink: A Psychological Study of Foreign-Policy Decisions and Fiascos* («Víctimas del pensamiento grupal: un estudio psicológico sobre decisiones y fiascos de política exterior»), publicado en 1972 por Irving Janis. Solo que aquí, en lugar de estudiar el comportamiento colectivo de «turbas» desorganizadas, Janis examina en detalle los procesos decisorios de las élites políticas, el ejemplo más conocido de los cuales es la actuación del gabinete presidencial de John F. Kennedy durante el fiasco de bahía de Cochinos –un intento fallido de apoyar un golpe de Estado en la Cuba de Fidel Castro– y la posterior crisis de los misiles cubanos. Janis fue objeto de acerbas críticas por parte de otros colegas, psicólogos académicos como él (que argumentaban que los casos que citaba no eran fruto de una muestra aleatoria y carecían del rigor de los experimentos de laboratorio controlados) y algunos historiadores (que cuestionaban la exactitud de sus relatos). Pese a ello, su libro sobre el «pensamiento grupal» (en inglés, «*groupthink*») ha tenido una influencia duradera; y también merecida, dado que Janis exhibe una gran habilidad para identificar y calificar las patologías grupales, y existen numerosas pruebas de que las que él describe se producen ocasionalmente en grupos en la vida real.

Aunque el término en sí fue acuñado ya en 1952 por William Whyte, Janis ofreció en 1971 su propia definición en *Psychology Today*, donde lo describía del siguiente modo:

> Una forma fácil y rápida de referirse al modo de pensar que adoptan las personas cuando la búsqueda de consenso se hace tan dominante en un grupo cohesionado que tiende a anular la evaluación realista de las vías de acción alternativas. «Pensamiento grupal» es una expresión del mismo orden que el vocabulario de la neolengua que utilizara George Orwell en su inquietante mundo de *1984*.

Janis enumeraba ocho grandes síntomas del pensamiento grupal: ilusión de invulnerabilidad, creencia en la moralidad intrínseca del grupo, racionalizaciones colectivas, visión estereotipada de los exogrupos, autocensura, ilusión de unanimidad, presión directa sobre los disidentes y presencia de los «autoproclamados guardianes mentales» (miembros que protegen al líder de la exposición a puntos de vista o información contradictorios). También postulaba dos grandes factores de riesgo como potenciales causantes de dichos síntomas: el primero, un «contexto situacional provocador» que implique una amenaza inminente y ninguna solución obvia para evitarla, escapa en gran medida al control del grupo; el segundo es una peculiar forma de cultura organizativa malsana caracterizada por el aislamiento del grupo, la ausencia de un liderazgo imparcial y la falta de heterogeneidad en las características e ideologías previas de los miembros.

Janis ofrecía una serie de posibles soluciones al problema del pensamiento grupal: argumentaba que los líderes debían abstenerse de expresar sus propias opiniones, y quizá de asistir a algunas reuniones, para que los miembros del grupo se sintieran libres de hablar con franqueza. También habría que alentar a estos a hacer de abogados del diablo, criticando las soluciones propuestas por el grupo y defendiendo las ventajas de otras soluciones alternativas. Asimismo, los grupos deberían dividirse en subgrupos para poder deliberar de forma independiente.[2] Inicialmente, el concepto de pensamiento grupal no se basaba en la conducta de los equipos científicos ni se aplicaba a ella, y de hecho surgió en el estudio de las élites políticas, no en el de los ciudadanos de a pie. Pero parece fácilmente aplicable a los equipos científicos, las asociaciones de madres y padres, las reuniones de personal docente y, en realidad, a cualquier entorno en el que las personas tengan que trabajar juntas para resolver problemas.

LA SABIDURÍA DE LAS MASAS

Hasta aquí la visión pesimista de los grupos. Una visión mucho más optimista es la que ofrece la perspectiva de la «sabiduría de las masas». En 1907, Francis Galton publicó un artículo en *Nature* en el que documentaba un notable hallazgo: tras pedir a un gran número de personas que trataran de adivinar diversas cantidades –como, por ejemplo, la altura o el peso de un objeto–, demostró que, aun cuando la mayoría de las suposiciones de los sujetos eran erróneas, si se calculaba la media de todas ellas, esta se aproximaba bastante al valor real. He aquí un ejemplo práctico. Un año, en una demostración que hicimos en clase, pedimos a todos los alumnos que estimaran el peso máximo que podía alcanzar un avestruz de las especies que viven actualmente: las estimaciones oscilaron entre 7 kilos y nada menos que 2 toneladas; pero la media de las respuestas fue de 148 kilos, muy cerca del peso correcto, que es de unos 156 kilos. Aunque sabemos (y no tardaremos en explicárselo al lector) exactamente por qué ocurre esto, nos sigue pareciendo algo mágico: es como si hubiera una mente grupal invisible.

Benjamin Page y Robert Shapiro documentaron numerosos ejemplos reales de este efecto de la «sabiduría de las masas» en su libro *The Rational Public* («El público racional»), publicado en 1992, mientras que James Surowiecki hizo lo propio en su éxito de ventas *Cien mejor que uno*, publicado en 2004. Ambos libros tienen un talante optimista y festivo, y sus autores se deleitan en la idea de que, aunque cada uno de nosotros pueda ser ignorante a su manera, si unimos nuestra ignorancia podemos resultar brillantes sin que nadie tenga que cambiar de opinión.

Detestamos ser unos aguafiestas, pero lo cierto es que no hay nada mágico aquí. Y lo que ocurre no tiene nada que ver con posibles mentes grupales, o siquiera con las capacidades humanas. Antes bien, como reconocen los propios autores, el efecto de la sabiduría de las masas es un resultado puramente mecánico de un concepto fundamental en estadística: la llamada «ley de los grandes números». Acuérdate de nuestra anterior distinción entre ruido (error aleatorio o estadístico) y sesgo (error sistemático). Cuando realizamos mediciones de alguna magnitud, o pedimos a la gente que haga estimaciones de ella, cada estimación contendrá un error aleatorio. La ley de los grandes números, en su forma más simple, dice que, cuando aunamos un gran conjunto de estimaciones (por ejemplo, para obtener la media), sus errores aleatorios se anulan entre sí.

Pensemos en las conjeturas de nuestros alumnos sobre el peso de los avestruces. La mayoría de la gente no sabe mucho de avestruces, pero, con un poco de razonamiento de Fermi (acuérdate del capítulo 11), podemos deducir que la cifra correcta será superior a lo que pesan la mayoría de las personas (por lo tanto, probablemente más de 90 kilos) y considerablemente inferior al peso de un coche (por lo tanto, probablemente muy por debajo de los 500 kilos). A partir de ahí formulamos meras conjeturas, y dado que resulta igual de probable que los errores aleatorios pequen por exceso que por defecto, al aunar todas las respuestas los errores empiezan a anularse mutuamente. Por ejemplo: si la estimación de A se equivoca en +25 kilos, y la de B en -15 kilos, juntos, A y B, solo se equivocarán en 25 - 15 = 10 kilos.

Una vez que entendemos este efecto, podemos constatar que no tiene nada que ver con las deliberaciones o la inteligencia del grupo. De hecho, podemos demostrar que permitir que los miembros del grupo interactúen entre sí puede empeorar su rendimiento. Por ejemplo, en cierta ocasión pedimos a nuestros alumnos que adivinaran el porcentaje de votantes del condado de Alameda (en California) que habían apoyado a Mitt Romney en las elecciones de 2012. La estimación media fue del 19,8 %, bastante próxima a la respuesta correcta, que era el 18,4 %. Pero, antes de decírselo a los estudiantes, les pedimos que intentaran sacar partido a su inteligencia colectiva debatiendo sus estimaciones entre ellos. El resultado de la deliberación fue una nueva estimación con una media del 24,2 %; en otras palabras, lo hicieron peor. Esto ilustra un sucio secretito de la bibliografía sobre el rendimiento de los grupos reducidos, y es que muchos de los beneficios de aunar opiniones pueden perderse en el momento en que las personas hablan entre sí. Por supuesto, al final abogaremos por el intercambio de opiniones, solo que estructurando minuciosamente la deliberación.

LOS EXPERIMENTOS CON GRUPOS REDUCIDOS ILUSTRAN CUÁNDO LOS GRUPOS TRIUNFAN Y CUÁNDO FRACASAN

Hemos argumentado aquí que la bibliografía sobre la «locura de las masas», el «pensamiento grupal» o la «sabiduría de las masas» no resulta plenamente creíble como descripción general del modo en que suelen actuar los grupos cuando toman decisiones conjuntas. De manera que ahora nos centraremos en la bibliografía relativa a los experimentos con grupos reducidos, en los que se reúne a grupos de personas normales y corrientes para completar tareas, resolver problemas o tomar decisiones en un contexto de asignación aleatoria a diferentes condiciones controladas. En general, nos saltaremos los detalles de dichos experimentos, centrándonos en algunas de sus conclusiones más importantes.

Una distinción clave que ayuda a organizar estos hallazgos es la que se da entre los dos tipos distintos de influencia que pueden ejercerse en el seno de los grupos: la primera es la influencia informativa (o la «fuerza de los argumentos»), es decir, la capacidad de combinar los conocimientos colectivos del grupo y utilizarlos para llegar a una solución; la segunda es la influencia normativa (o la «fuerza en los números»), esto es, la tendencia a dar preferencia a la facción o el bloque de votos más numerosos del grupo. A veces resulta difícil diferenciar entre estos dos tipos de influencia, puesto que las mayorías suelen favorecer a su vez la postura con mejores evidencias y argumentos a su favor. Sin embargo, en los experimentos es posible distinguirlas, o bien variando el tamaño de las facciones de los grupos (mientras se mantienen constantes las evidencias), o bien variando la fuerza de los argumentos (mientras se mantienen constantes los tamaños de las facciones).[3]

Para algunos tipos de situaciones, la «fuerza de los números» –por ejemplo, la norma de que «gana la mayoría simple»– parece apropiada. Con frecuencia los grupos deben tomar decisiones en las que ni la lógica ni las pruebas en uno u otro sentido pueden proporcionar una respuesta «correcta». Por ejemplo, ¿quién fue mejor guitarrista, Jimi Hendrix o Andrés Segovia? En realidad, se trata de una cuestión de gustos. Una persona podría argumentar: «Segovia era mejor guitarrista porque su técnica es inmaculada y sus estudios requieren un nivel de destreza que Hendrix no podría igualar», mientras que otra podría replicar: «Era mejor Hendrix porque su expresión emocional y el puro dramatismo de su forma de tocar ampliaron los límites de la música popular». De modo que los grupos suelen decidir por mayoría cuando el tema resulta ser primordialmente una cuestión de opinión o de gustos: qué grupo de música contratar para un evento, qué logotipo adoptar para una nueva empresa o a qué candidato apoyar antes de unas elecciones. Para las cuestiones de gran trascendencia puede requerirse una mayoría reforzada (por ejemplo, de dos tercios), pero en la mayor parte de los temas bastará con una mayoría simple. Un proceso basado en la regla de la mayoría puede zanjar un tema sobre el que es improbable que las diferencias de opinión puedan resolverse.

Aun así, la regla de la mayoría puede tener importantes inconvenientes. Por ejemplo, las diferentes facciones pueden recurrir al acoso o a la intimidación para ganar adeptos; los miembros de facciones minoritarias pueden sentirse resentidos y condenados al ostracismo, y, si las facciones de un grupo se correlacionan con determinados rasgos personales como el género o la raza, habrá miembros de la comunidad que se verán abocados a estar siempre en el bando «perdedor».

Además, muchos problemas tienen soluciones que, una vez identificadas, resultan «manifiestamente correctas». Una vez que se han formulado con claridad, la mayoría de los miembros del grupo, o todos ellos, llegan a comprender que tienen sentido, de modo que en este caso rige la «fuerza de los argumentos». Para que esto ocurra, obviamente, alguien tiene que ofrecer la mejor solución; pero eso no basta. Los miembros del grupo han de tener algún tipo de sistema conceptual compartido para identificar los argumentos más fuertes frente a los más débiles. Volveremos sobre ello dentro de un momento.

Incluso sin observar las deliberaciones de un grupo, a menudo es posible deducir algo sobre el equilibrio de la influencia normativa e informativa en dicho grupo si se sabe cómo estaban divididos sus miembros entre las diversas posturas (es decir, si se conocen las facciones) al inicio de la discusión.[4] De ese modo, los psicólogos sociales han descubierto que las decisiones grupales sobre cuestiones de gustos o de opinión tienden a resultar predecibles en función de qué facción era la más numerosa en un primer momento. Eso ocurre así incluso cuando los grupos no habían acordado de manera explícita que seguirían la regla de la mayoría al tomar su decisión.

¿Cómo detectaríamos la presencia de una fuerte influencia informativa? En el caso extremo, un grupo que opere bajo la «fuerza de los argumentos» adoptará la mejor solución o argumento que se le ofrezca, aunque esa postura solo tenga un único adepto al inicio del debate. Los psicólogos sociales llaman a esto un proceso en el que «la verdad prevalece».

Como hemos señalado, para que esto ocurra debe existir algún tipo de sistema conceptual compartido que haga que algunas posturas resulten manifiestamente correctas, o al menos manifiestamente superiores a las demás. ¿A qué nos referimos con lo de «manifiestamente correctas»? Significa que los miembros del grupo comparten una misma forma de evaluar una posible respuesta, un sistema conceptual común que puede utilizarse para verificar si es correcta o no.

La aritmética constituye uno de dichos sistemas conceptuales. Si nos preguntan «¿cuánto es 12×321?», es probable que a la mayoría de nosotros la respuesta no nos venga a la mente de manera inmediata; pero si un miembro del grupo exclama: «¡3.852!», cualquiera que sepa multiplicar puede verificar que es correcto.

Otro caso es el dominio compartido de la lógica. Piensa en el ejemplo siguiente: «Juan mira a Ana, pero Ana mira a Jorge; Juan está casado, pero Jorge no. ¿Hay aquí una persona casada mirando a otra soltera? ¿Sí, no, o no se puede determinar?». En los grupos, la mayoría de la gente elige rápidamente una de estas tres respuestas, pero, una vez que se explica, resulta bastante fácil ver que en realidad la respuesta correcta es una de las otras dos (dejaremos que el lector –o su grupo favorito– lo decida).

El conocimiento común también puede servir como sistema conceptual compartido. Por ejemplo, supón que vas caminando con un grupo y todos estáis perdidos. Todos estáis de acuerdo en que debéis ir hacia el norte, pero discrepáis acerca de dónde está el norte hasta que uno de los miembros señala unas colinas que todos sabéis que están al este.

La ciencia constituye uno de los ámbitos donde esperamos ver procesos en los que la verdad prevalezca. Las buenas teorías científicas pueden servir como sistemas conceptuales compartidos siempre que tengan una sólida lógica interna y gocen de un buen respaldo de evidencias externas. Así pues, ¿en ciencia «la verdad prevalece»?[5] Creemos que la respuesta es que a la larga sí, pero el proceso hasta llegar ahí puede ser lento, y no hay duda de que temporalmente pueden imponerse las mayorías científicas, aunque estén equivocadas. (Podría decirse que en realidad todas las mayorías científicas siguen estando parcialmente equivocadas, solo que menos que sus predecesoras.) Cuando le hablaron de un libro de la época nazi que llevaba por título *Cien autores en contra de Einstein*, este bromeó: «¿Por qué cien? Si estuviera equivocado, con uno bastaría». Para él, parecía obvio que la verdad prevalecería cuando cada uno de nosotros se detuviera a «hacer las cuentas». Obviamente, el ejemplo de Einstein no implicaba simple aritmética, sino cálculos de física avanzada sobre el comportamiento de la luz. Demostrar que un cálculo físico es correcto o incorrecto solo es posible entre personas que tienen un sistema conceptual compartido que las capacita para resolver el problema (en este caso, una «balsa» de conceptos de física empíricamente comprobados, junto con las correspondientes fórmulas matemáticas de apoyo). Si los tres autores de este libro tuviéramos que resolver un problema de física, probablemente John y Rob se irían a tomar un café, y dejarían la solución en manos de Saul. Muchos experimentos con grupos reducidos implican recurrir a tareas de memoria, problemas matemáticos y rompecabezas lógicos en los que suele ser posible convencer a la mayoría de las personas de que una determinada respuesta es la correcta y, como resultado, el grupo tiende a ser superior a su miembro medio. Pero el proceso suele parecer más bien del tipo «la verdad prevalece con ayuda», en el sentido de que a menudo hace falta que al menos dos o tres miembros aboguen por una solución antes de que todos los demás se paren a pensar en ella lo suficiente para ver por qué es correcta. Como resultado, los grupos no siempre superan a sus mejores miembros; y funcionan mucho peor cuando no disponen de un sistema compartido, como la lógica, la aritmética o el razonamiento científico, que los ayude a ver por qué una determinada propuesta tiene más probabilidades de ser correcta.

Hay otro tipo de situaciones en las que la «fuerza de los números» suele desempeñar un desafortunado papel. En un capítulo anterior veíamos que los individuos adolecen de toda una serie de sesgos sistemáticos de juicio (como, por ejemplo, la heurística de disponibilidad, el sesgo retrospectivo, etc.). Pues bien: resulta que los grupos pueden amplificar o atenuar tales sesgos.[6] Cuando el proceso operativo de un grupo se rige primordialmente por la «fuerza de los números» (gana la mayoría), dicho grupo puede amplificar de hecho cualquier sesgo compartido en el juicio individual de sus miembros, lo que en la práctica empeorará las cosas. Obsérvese que esta conclusión no requiere del tipo de patologías institucionales que Janis consideraba factores de riesgo del pensamiento grupal: ausencia de liderazgo imparcial, aislamiento frente a las voces externas, etc. Si se reúne a un grupo de desconocidos y se les asigna una tarea que favorezca el sesgo retrospectivo o la heurística de disponibilidad, siempre que sus procesos se rijan por la «fuerza de los números», la amplificación de dichos sesgos está garantizada.

Pero ¿pueden también los grupos atenuar los sesgos individuales de sus miembros? Por suerte, la respuesta es que sí, siempre que se den dos tipos de condiciones.

La primera condición es que los sesgos difieran entre los miembros. Ya hemos visto que los errores aleatorios se anulan mutuamente en conjunto. Los sesgos, por definición, no son aleatorios, de modo que no cabe esperar que se anulen, pero la clave aquí es si todos los miembros tienen el mismo sesgo o cada miembro tiene un sesgo distinto (por ejemplo, una ideología política). Si los sesgos difieren, pueden anularse mutuamente. Esa es una de las razones por las que la diversidad de los miembros de un grupo puede favorecer un mejor rendimiento de este.[7]

Obsérvese que decimos que la diversidad «puede favorecer» un rendimiento más eficaz por parte del grupo, y no que lo «favorece». Que lo haga o no probablemente dependa de si tal diversidad implica algún atributo que ayude al grupo a encontrar nuevas ideas para resolver la tarea en cuestión. Y para beneficiarse de la diversidad, el grupo requiere de una cultura de respeto y participación que posibilite que los puntos de vista minoritarios se expresen y se tomen en serio. Pero, obviamente, la diversidad puede ofrecer otros beneficios (equidad, legitimidad, novedad, diversión) con independencia de su efecto en el rendimiento del grupo.

La segunda condición alternativa que permite a los grupos superar los sesgos compartidos que distorsionan inicialmente su juicio es trabajar con el planteamiento de que «la verdad prevalece». Considera, por ejemplo, la heurística de anclaje que describíamos en el capítulo 12: si un grupo está intentando calcular cuánto costará renovar un edificio, sus estimaciones iniciales pueden verse fácilmente distorsionadas por un factor de «anclaje» prominente, como, por ejemplo, la propuesta de su líder de que se parta de una estimación arbitraria de 100.000 dólares y se realicen los ajustes a partir de ahí. Pero si alguien dice: «¡Un momento! ¡Esa cifra ni siquiera se acerca!», y demuestra que los gastos probables podrían ascender fácilmente a un volumen mucho mayor, el anclaje perderá relevancia, siempre que los demás miembros consideren los cálculos plausibles.

¿CÓMO SACAR EL MEJOR PARTIDO A LOS GRUPOS?

Como hemos visto, hay muchas razones para ser tanto optimistas como pesimistas con respecto a la cuestión de si la adopción de decisiones en grupo puede corregir los sesgos y la irracionalidad que pueden hacer descarriar a los individuos. Por fortuna, decidir si los grupos mejorarán o no las decisiones individuales no es una lotería. Podemos resumir las condiciones que favorecen que la adopción de decisiones en grupo resulte óptima y esforzarnos por aplicarlas en los grupos en los que participemos.

- Siempre que sea posible, los líderes de los grupos que deseen encontrar buenas soluciones deberían abstenerse de manifestar una preferencia prematura. Los grupos también pueden evitar los compromisos prematuros posponiendo cualquier votación hasta que se hayan debatido a fondo las evidencias.
- Los grupos deberían fomentar una cultura basada en una argumentación respetuosa en la que las personas se escuchen mutuamente y nadie censure sus propias opiniones por temor a verse amedrentado por la mayoría. Esta cultura puede fomentarse pidiendo a algunos de los miembros que desempeñen explícitamente el papel de abogados del diablo como forma de normalizar la consideración de las posturas que no son mayoritarias.
- El debate en grupo puede resultar más fácil cuando sus miembros provienen de entornos similares, y tienen sesgos y gustos parecidos. Pero la homogeneidad es una pésima receta para tomar decisiones con eficacia. Los grupos diversos tienen más probabilidades de reducir el ruido aleatorio, superar los sesgos iniciales de sus miembros y hallar soluciones más eficaces, aunque les cueste más trabajo hacerlo. Asimismo, tienen la ventaja añadida de acrecentar su propia legitimidad a ojos del conjunto de la comunidad.
- Los grupos pueden reducir el poder de los sesgos y heurísticas cognitivos, pero es más probable que lo hagan cuando disponen de herramientas conceptuales compartidas para reconocer las buenas respuestas una vez que las escuchan. En nuestra opinión, el material de este libro constituye en buena medida un conjunto de

herramientas conceptuales que pueden ayudar al lector a hacer justamente eso, y permitirle aprovechar las buenas ideas y mejorarlas.

Centrémonos un poco más en este último punto. El reto consiste en desarrollar herramientas que hagan más probable que un grupo pueda reconocer las buenas respuestas. ¿Y qué entendemos por buenas respuestas? Bueno, para empezar, queremos que las decisiones de nuestro grupo sean eficaces en el mundo tal como este existe de hecho, por lo que, obviamente, es importante que el grupo sea capaz de reconocer en la medida de lo posible aquello que resulta ser cierto en relación con el mundo. Su proceso grupal tiene que atenerse, pues, a la realidad compartida de la que hablábamos en el capítulo 2. Esto es indudablemente más fácil si todos los miembros del grupo dominan los diversos conceptos que hemos abordado a lo largo del libro, como el pensamiento probabilístico, el razonamiento causal y, en condiciones ideales, incluso los órdenes de comprensión y los problemas de Fermi, dado que dichos conceptos forman parte de un sistema integral de formas de comprobar si las hipótesis se sustentan o no en pruebas observables, verificables y reproducibles.

Pero hay otro aspecto de la adopción de decisiones en grupo que la hace más compleja que los procesos decisorios individuales, puesto que las decisiones no suelen venir determinadas simplemente por un conocimiento apropiado de los hechos del mundo. La mayoría de ellas dependen fundamentalmente de nuestros propios valores, así como de las emociones que nos impulsan a tomarlas, tanto si dichas emociones hunden sus raíces en nuestros temores y deseos como si arraigan en nuestras ambiciones y objetivos. De hecho, los valores y las emociones llegan a tener tanto peso en las decisiones que, en ausencia de un plan sólidamente fundamentado en principios que determine cómo un grupo abordará el proceso decisorio, es probable que sean estos, y no los procesos racionales de seguimiento de la realidad que hemos analizado en este libro, los que acaben determinando el resultado. Así pues, en el próximo capítulo pasaremos a considerar varios métodos fundamentados en sólidos principios para adoptar decisiones en grupo, teniendo en cuenta los valores que motivan e importan a los seres humanos individuales —espirituales, morales, filosóficos, políticos, emocionales, relacionales—, con el ambicioso objetivo de preservar nuestra capacidad de pensar y actuar de forma racional. Y en el siguiente examinaremos algunas innovaciones recientes que parecen ayudar a que las deliberaciones en grupo funcionen de manera más eficaz.

Capítulo 16

IMBRICAR HECHOS Y VALORES

Imagina que eres el alcalde de una gran ciudad europea y que tus expertos recomiendan que el consistorio ponga a prueba un nuevo programa destinado a reducir la delincuencia y el riesgo de sobredosis de los heroinómanos permitiéndoles recibir heroína gratis en narcosalas bajo supervisión médica. ¿Deberías aprobar el experimento? Y si este se lleva a cabo y en efecto se logran los dos resultados deseados, ¿aprobarías la implementación del programa? ¿En qué medida pueden influir los hechos y los valores en esa decisión? ¿Qué ocurre si los hechos apuntan en una dirección (por ejemplo, disminuyen las tasas de delincuencia y de sobredosis), pero nuestros valores apuntan en otra (suministrar heroína a los adictos nos parece mal)? ¿Y qué sucede cuando hay discrepancias sobre los valores?

En la mayoría de las decisiones importantes que tomamos, establecer los hechos relevantes es necesario, pero no suficiente. Los hechos no nos dicen qué hacer una vez que disponemos de ellos. Incluso cuando estos se determinan de manera satisfactoria para todas las partes involucradas, las decisiones acerca de cómo actuar requieren que consideremos nuestros propios valores y sentimientos. Como hemos argumentado a lo largo de este libro, hay formas productivas de debatir los hechos, pero ¿es posible debatir constructivamente los conflictos de valores? Y cuando existen apasionadas discrepancias en torno a estos últimos, ¿es posible, pese a ello, llegar a un consenso en torno a qué hacer?

HECHOS VERSUS VALORES

Partimos de la idea general de que hay una diferencia entre, por un lado, las proposiciones fácticas o descriptivas, como:

- La Tierra tiene 4.543 millones de años.
- La Grand Central Station de Nueva York está en la calle 42.
- La gripe es un virus.

Y, por otro, las proposiciones normativas o evaluativas, como:

- No debería aceptar esta oferta.
- No está bien decir que vas a hacer algo y luego echarte atrás.
- La administración debería arreglar los baches.

En un contexto social, parece apropiado dividir el proceso de toma de decisiones en dos fases: en primer lugar, hay que determinar qué metas y valores nos parecen más relevantes a la hora de tomar la decisión; y, en segundo término, hay que averiguar los hechos objetivos relativos a cómo afectarán las diferentes opciones a las mencionadas metas y valores. De manera que, en el ejemplo anterior, se podría organizar un estudio en el que *a*) se establecieran los valores sociales relevantes para determinar los resultados que desea el electorado, y *b*) los expertos estimaran el efecto del programa en cuestión en cada uno de dichos resultados. Podríamos partir de una lista de elementos que creemos que son relevantes para la población, y luego revisarla con la colaboración de los agentes sociales y la ciudadanía en general hasta obtener una nueva lista de aquellos factores que resultan importantes a la hora de plantearse, por ejemplo, una política antidroga. En el caso del programa de suministro médico de heroína, enumeramos tres potenciales factores –sus efectos en las sobredosis, la delincuencia y el número de personas que consumen heroína–, pero es probable que haya muchos otros (el coste del programa, el ahorro en términos de urgencias hospitalarias y actuaciones policiales, etc.). Incluso podríamos considerar otros factores que pueden resultar algo menos relevantes, como el impacto de la política antidroga en el turismo; a estos se les puede dar un menor peso.

Así pues, un posible esquema de cómo se podría enfocar la decisión podría parecerse al diagrama de la página siguiente.

La forma en la que podríamos calcular la aceptabilidad general de cualquier paquete de cambios en materia de políticas públicas –en este caso, el cambio propuesto consistía en proporcionar heroína bajo supervisión médica– podría asemejarse a lo que se muestra en el gráfico. Podemos

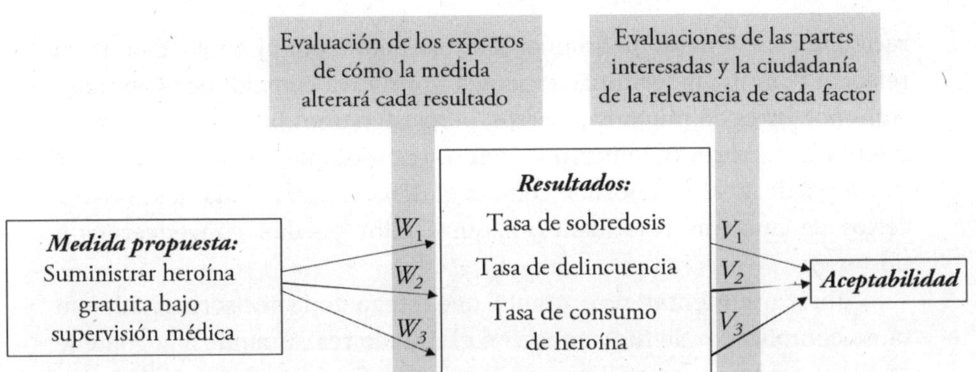

pedir a los expertos que calculen en qué grado un determinado paquete de medidas afectaría a cada uno de los resultados que influyen en la aceptabilidad de la propuesta (como la tasa de sobredosis, la tasa de delincuencia, etc.; los factores de la columna central). Por ejemplo, pueden analizar en qué grado la propuesta de proporcionar heroína bajo supervisión médica afectaría a las tasas de delincuencia, y pueden asignar un número, *W*, a dicho grado de alteración: cuanto mayor sea el impacto, mayor será *W*.

Paralelamente, podemos pedir a las partes interesadas y a la ciudadanía en general que asignen a cada factor un número, *V*, que indique el valor que le otorgan: cuanto más relevante sea el factor en cuestión para la aceptabilidad de la propuesta, mayor será *V*. Ahora la integración de hechos y valores se convierte en una simple cuestión aritmética. Multiplicamos *W* por *V* para cada factor, y lo sumamos todo para obtener la aceptabilidad global de un paquete de medidas concreto:

$$\text{Aceptabilidad} = (W_1 \times V_1) + (W_2 \times V_2) + (W_3 \times V_3) + \ldots$$

Si comparamos esta cifra de aceptabilidad con las de otras políticas propuestas —o con la opción de mantener el *statu quo*—, podemos elegir el paquete de medidas con el mayor índice de aceptabilidad global.

Así pues, no tenemos por qué dejar que los hechos y los valores se nos mezclen desordenadamente en la cabeza antes de poder tomar una decisión: en su lugar, basta con asignarles cifras concretas y hacer una simple operación aritmética. Una gran ventaja de esta forma de hacer las cosas es que posibilita que revisemos nuestra propia postura de manera racional. De ese modo podríamos darnos cuenta, por ejemplo, de que en relación con una determinada medida normativa coincidimos con nuestros oponentes en muchos aspectos, pero asignamos pesos distintos a los diferentes factores involucrados (como, por ejemplo, evitar las sobredosis). A partir de ahí es posible centrar el debate: quizá podamos convencerlos de nuestras prioridades, o quizá ellos puedan convencernos a nosotros.

Cabría argumentar, no obstante, que este método decisorio resulta un tanto complicado. No funcionaría en el mundo real. Cuando a la gente le apasiona un tema, no se detiene a hacer este tipo de consideraciones: se enzarza en disputas, tratando de imponer sus soluciones preferidas.

Sin embargo, a continuación veremos cómo este método ha funcionado de hecho en el mundo real en una situación especialmente tensa. No es que funcionara a la perfección, ni mucho menos, pero para ser un primer intento lo hizo mejor de lo que cabría esperar.

EL ESTUDIO DE LA BALA DE DENVER

En Denver, allá por el año 1974, el departamento de policía tomó la decisión de pasar de utilizar balas normales a usar balas de punta hueca.[1] Fue una decisión extremadamente controvertida. La gente decía que las balas de punta hueca no se diferenciaban en nada de las balas expansivas, que estaban prohibidas (estas últimas, que se aplastan al impactar, causan heridas graves). Hubo protestas, organizadas por la ACLU (la Unión Estadounidense por las Libertades Civiles) y por diversos grupos activistas y comunitarios. La opinión pública estaba indignada con el departamento de policía.

En ese momento, un agente de policía murió asesinado de un disparo con una bala de punta hueca. Cientos de policías se concentraron frente al ayuntamiento de la ciudad: si los delincuentes usaban ese tipo de balas, ellos se encontrarían en inferioridad de condiciones, cosa que no estaban dispuestos a aceptar. La situación era muy tensa y la discusión no cesaba. Una parte argumentaba a favor del uso de dichas balas, mientras que la otra argumentaba en contra. Era como un proceso en un tribunal de justicia.

Ambas partes recurrieron al testimonio de expertos, pero, conforme avanzaba la disputa, cada vez se hacía más evidente que no llevaba a ningún lado. La sensación general era que todo el sistema de orden público municipal se venía abajo. Los miembros del consistorio y otros parecían convencidos de que el habitual método de confrontación de posturas había fracasado y se enfrentaban a un peligroso callejón sin salida.

Lo que ocurría era que los legisladores pedían a los expertos en balística que les dijeran qué tipo de bala era «mejor», pero, como el criterio de «ser mejor» no podía definirse en términos técnicos, su pericia por sí sola no los capacitaba para dilucidar el asunto. Los conocimientos de los expertos eran relevantes a la hora de considerarlo, pero dar una respuesta implicaba hacer juicios de valor, sobre todo en torno a la cuestión de a quién había que dar prioridad en materia de seguridad. Y los expertos en balística no estaban especialmente cualificados –más de lo que podamos estarlo los autores o el lector– para hacer dichos juicios de valor.

Al mismo tiempo, los legisladores abogaban a favor o en contra de las balas de punta hueca sin saber lo suficiente sobre sus características técnicas o sobre los diferentes tipos de balas disponibles para entablar un debate competente. Sus opiniones se basaban enteramente en juicios de valor, sin conocer los hechos esenciales para emitir tales juicios con sensatez. El problema era que no se habían diferenciado los hechos de los valores, lo que constituyó un factor importante en el fracaso de los métodos habituales de gobernanza.

Mientras el debate se prologaba de forma tan encarnizada como infructuosa, se erosionaba el orden público y cientos de agentes de policía seguían concentrándose ante el consistorio, ¿a quién llamar para salir del atolladero y ayudar a lograr una resolución? El ayuntamiento decidió recurrir a un equipo de expertos reunidos por Kenneth Hammond, profesor de Psicología en la Universidad de Colorado.

Hammond y sus colegas analizaron la cuestión, y vieron que las balas tenían características que sin duda resultaban relevantes en el debate. Diferenciaron dos factores: por una parte, la gravedad de la lesión causada por ese tipo de bala, y, por otra, la eficacia disuasoria de esta. La gravedad de la lesión se cuantificó como la probabilidad de que una persona alcanzada por la bala muriera en el plazo de dos semanas, mientras que la eficacia disuasoria se definió como la probabilidad de que dicha persona pudiera devolver el disparo. A pesar de que en las discusiones previas no se habían diferenciado, se trata sin duda de factores distintos. Y también había otro criterio importante: la potencial amenaza para los transeúntes.

¿Qué probabilidad había de que la bala rebotara y alcanzara a un viandante? Puede parecer un poco cruel o despiadado hacer este tipo de distinciones, pero en la práctica revisten una gran importancia: si queremos tener alguna esperanza de llegar a un consenso mediante el debate sobre los temas difíciles, deben explicitarse todos los factores involucrados. Todas las balas del mercado tienen ciertas características técnicas, como su peso, la velocidad a la que salen del arma o la cantidad de energía cinética que pierden al impactar contra el blanco. Cada una de esas características repercute en la gravedad de las lesiones, la eficacia disuasoria y la posible amenaza para los transeúntes, y, dado que las características de las balas difieren, también lo hacen sus efectos en esos tres ámbitos. Tales eran las cuestiones fácticas que podían determinar los expertos en balística.

Pero también había que determinar las cuestiones de valor. ¿Cuáles eran las preferencias de todas las partes interesadas en cuanto a la gravedad de las lesiones, la eficacia disuasoria y la potencial amenaza para los transeúntes?

Así, en medio de todo ese alboroto, el equipo de Hammond reunió a varios miembros del ayuntamiento y de la sociedad civil, además de ciudadanos escogidos al azar, los sentó ante consolas informáticas donde se describían diversas balas hipotéticas especificando la eficacia disuasoria, la gravedad de las lesiones y la amenaza para los transeúntes, y les pidió que le dieran una puntuación al nivel de aceptabilidad de cada tipo de bala. A continuación, los científicos mostraron a los sujetos la curva de sus resultados: la aceptabilidad disminuía al aumentar la gravedad de las lesiones causadas por la bala, se incrementaba cuando lo hacía su eficacia disuasoria, y disminuía de nuevo al acrecentarse la potencial amenaza para los transeúntes. Entonces los científicos ponderaron todos esos valores; fue una forma organizada de descubrir los pesos relativos asignados a cada uno de ellos, incluyendo las importantes reacciones emocionales asociadas a las lesiones humanas.

Una vez llegados a este punto, pidieron a sus expertos en balística que revisaran las características técnicas básicas de todas las balas disponibles en el mercado –la velocidad de salida; la pérdida de energía cinética al penetrar en el cuerpo; el tipo, tamaño y forma de la herida infligida, y la profundidad de penetración en el organismo–, y que evaluaran las implicaciones en cuanto a la gravedad de las lesiones, la eficacia disuasoria y la amenaza para los transeúntes de cada una de ellas.

En ese momento descubrieron que había un tipo de bala que no habían tenido en cuenta hasta entonces. Era una bala de punta hueca, pero diferente de la que habían estado analizando, y los expertos en balística consideraron que cumplía los criterios de aceptabilidad establecidos por los miembros de la comunidad mejor que ninguna de las balas sobre las que habían estado debatiendo: tenía una buena eficacia disuasoria, lo que hacía que la policía se sintiera más segura; las lesiones que causaba tenían un nivel de gravedad relativamente bajo, y el posible riesgo para los transeúntes era asimismo reducido.

Todas las partes involucradas reconocieron que el resultado de este procedimiento no exhibía parcialidad alguna en favor de nadie: ni de la policía, ni de las organizaciones de la sociedad civil que abogaban contra el uso de balas «expansivas» por parte de las fuerzas policiales. Y todos coincidieron en que la policía debía utilizar el tipo de bala concreta que habían identificado en sus deliberaciones.

De hecho, la bala se usaría durante años sin suscitar más polémicas. Lo importante aquí es que hubo una diferenciación entre hechos y valores, lo que permitió que fueran quienes estaban mejor cualificados para hacerlo los que emitieran los juicios pertinentes. En cierto sentido, el proceso decisorio había implicado un análisis ciego, en la medida en que los expertos no sabían qué peso relativo asignaban los miembros de la comunidad a cada uno de los factores relevantes, de modo que ignoraban qué tipos de balas favorecían sus evaluaciones expertas, mientras que las personas que hacían sus evaluaciones ante las consolas no sabían qué conclusiones sacaban los expertos sobre las distintas balas. Daba igual si en un primer momento uno había estado del lado de la policía o del lado de los activistas locales, porque no sabía cuál sería el resultado de los juicios que emitiera. Otra ventaja del procedimiento era que resultaba totalmente explícito: el razonamiento podía revisarse y evaluarse explícitamente.

¿POR QUÉ NO LO HACEMOS CON MÁS FRECUENCIA?

Muchas disputas políticas se beneficiarían de este tipo de enfoque. Una de sus ventajas es que contribuye a mitigar el problema del «colgarse medallas» del que hablábamos antes: que el hecho de pronunciarse a favor o en contra de una cuestión controvertida, pongamos por caso el control de la venta y tenencia de armas de fuego en Estados Unidos, sea una «medalla» de pertenencia a un determinado grupo social u otro, debido a lo cual, cuando se le pregunta directamente cuál es su postura al respecto, la gente se limita a dar la respuesta que exige su identidad grupal. La cosa cambia, no obstante, si se le pregunta qué importancia relativa asignaría a los diversos factores que podrían verse afectados por las políticas de venta y tenencia de armas: en este caso cabría esperar una respuesta meditada, y no simplemente la que dicta el correspondiente grupo de pertenencia. Por supuesto, hay situaciones en las que parece poco probable que este tipo de enfoque resulte de utilidad. En algunas disputas, los valores de las distintas partes implicadas son tan diametralmente opuestos que la aceptabilidad de una determinada política no llega a acercarse ni de lejos a un posible consenso ni siquiera después de establecer los hechos por separado recurriendo a expertos. La decisión de cambiar la lengua oficial de una determinada área geográfica con una población dividida a partes iguales probablemente sería un buen ejemplo de ello.

Rob se esforzó por ayudar a la gente a diferenciar los hechos de los valores en su investigación sobre los efectos de las prohibiciones relativas al consumo y la posesión de drogas en la sociedad. Entre otras cosas, elaboró, junto con los economistas Peter Reuter y Tom Schelling, un documento en el que se ofrecía una taxonomía detallada de los perjuicios relacionados con las drogas, desde las muertes por sobredosis hasta los accidentes de tráfico y la violencia entre traficantes.[2] Además, tales perjuicios se clasificaban en dos grandes categorías en función de si se debían primordialmente a los efectos de los estupefacientes o a su prohibición: por ejemplo, las drogas son una fuente de transmisión del VIH a causa de su prohibición (concretamente, por la falta de acceso a agujas estériles derivada de esta), mientras que los accidentes de tráfico se deben a los efectos psicoactivos de la propia droga. Los autores creían, no sin cierta ingenuidad, que esta taxonomía ayudaría a partidarios y detractores de la despenalización a mantener debates más productivos y desapasionados sobre los méritos relativos de cada postura. Y aunque esperaban más oposición por parte de los detractores, resultó que la mayoría de las protestas vinieron de los partidarios (¡puede que los detractores no llegaran a leer el documento!), que se quejaron, con convincentes argumentos, de que enmarcar las cuestiones relativas a la legalización del consumo de drogas en términos de daños ignoraba por completo sus posibles beneficios (placer, diversión, exploración personal, alivio del dolor, etc.), que sin duda constituyen una parte esencial de cualquier análisis coste-beneficio de la cuestión.

Puede que este ejemplo solo ilustre un punto débil por parte de Rob, pero en nuestra opinión también ejemplifica la importancia de diferenciar claramente entre hechos y valores en cualquier debate público. Como acabamos de ver, a la hora de tomar decisiones normativas importantes, los expertos no tienen por qué ser necesariamente la autoridad que determina qué factores importan y en qué medida: aquí puede contribuir todo el mundo.

Por supuesto, no siempre es fácil encontrar la lista clave de factores relevantes que requiere este método decisorio. Pero, aun así, el estudio de la bala de Denver resulta didáctico. Incluso cuando las pasiones en torno a un determinado tema están a flor de piel, es posible adoptar un enfoque reflexivo de la formulación de políticas públicas que haga nuestro razonamiento explícito y, por ende, susceptible de revisión y debate.

VALORES QUE DISTORSIONAN LAS PROPOSICIONES Y METODOLOGÍAS FÁCTICAS

Aun cuando los factores primarios de una decisión normativa estén claros, existe otro motivo de preocupación que puede dificultar la adopción del método de diferenciación entre hechos y valores. A lo largo de la última parte del siglo XX fuimos cada vez más conscientes del modo en que nuestras diversas culturas y objetivos, junto con las desiguales relaciones que rigen en nuestras sociedades, pueden modelar nuestras acciones y creencias; y, como veíamos en el capítulo 13, los científicos no son inmunes a tales influencias. Así, aunque los hechos son elementos fundamentales de la realidad objetiva común de la que depende nuestra eficacia, las proposiciones que hacemos sobre tales hechos, junto con sus fundamentos metodológicos (lo que aquí llamaremos «relatos sobre los hechos»), pueden verse moldeadas y distorsionadas por dichas fuerzas sociales.

Para algunos, esto dificulta pensar en una posible diferenciación entre hechos y valores en las deliberaciones sobre decisiones normativas.

No es una preocupación trivial. Aunque nos inquieta menos la posibilidad de que los valores distorsionen los relatos sobre los hechos en el caso de un hallazgo físico como el de que «la fuerza es igual a la masa por la aceleración», en el caso de numerosos hallazgos de las ciencias sociales la situación resulta más confusa. Alice Eagly y Linda Carli señalaban un buen ejemplo de este tipo de relato sobre los hechos potencialmente preocupante en el ámbito de las ciencias sociales en un análisis realizado en 1981 de los datos conjuntos de un total de 148 experimentos publicados en los que se abordaba la relación de las diferencias de sexo con el grado de conformidad con las opiniones de otras personas. En general, el análisis revelaba que las mujeres eran más influenciables que los hombres en ese aspecto (aunque la mayor parte de los estudios eran de la década de 1970 o anteriores, y no deberían extrapolarse a la situación actual); sin embargo, al diferenciar los estudios en función del sexo de los primeros autores que firmaban cada uno de ellos, resultaba que ese efecto de conformidad ligado al género desaparecía en los que habían sido realizados por investigadoras.

¿Es, pues, un hecho que las mujeres (al menos antes de 1981) eran más conformistas que los hombres? Tal vez, pero si es así, ¿por qué solo los observadores varones lo documentaban? ¿Están los investigadores varones predispuestos de algún modo a realizar experimentos o mediciones que asignan a las mujeres un papel más conformista, o están las mujeres investigadoras predispuestas de alguna manera a realizar experimentos o mediciones que minimizan el grado de conformidad femenina? No lo sabemos, pero el hallazgo sugiere que los puntos de vista de los hombres y mujeres investigadores sobre el género podrían estar influyendo en sus presuntos resultados. Los científicos no dudan de que tras esa confusión subyace una realidad objetiva —y, en consecuencia, se muestran especialmente interesados en averiguar en qué punto las definiciones y la elección de las pruebas experimentales se ven moldeadas por influencias culturales o de género—, pero cuando se realizó el estudio, en 1981, estaba claro que había un problema en las proposiciones y metodologías de los experimentos.

En términos abstractos, a veces se ha argumentado que el problema de que los valores distorsionen los relatos sobre los hechos socava la propia posibilidad de diferenciar los hechos propiamente dichos de los valores, pero nosotros no estamos de acuerdo con tal afirmación. Como ocurre con muchos de los conceptos que hemos abordado en los capítulos anteriores, resulta práctico diferenciar el debate entre aquellos aspectos que tienen una base fáctica y aquellos que dependen primordialmente de valores, objetivos y emociones. Aunque esa diferenciación dependa de definiciones y clasificaciones que pueden cuestionarse, se gana mucho trabajando en aras de lograr tal aspiración, ya que obliga a las partes a considerar por separado las formas en que la realidad constriñe una decisión.

VALORES Y CONFLICTO

¿Qué valores tienen las personas? ¿Es posible dar una descripción sistémica de lo que importa a la gente, sea quien sea, de forma que podamos tenerlo en cuenta en la praxis de la toma de decisiones? Una posibilidad es preguntar directamente a la gente qué valora y en qué medida. Es cierto que una cosa es lo que se dice y otra, los valores que realmente se aplican en la práctica; pero, aun así, preguntar a la gente por sus valores no está fuera de lugar.

¿Están siempre en conflicto los valores? No, y, cuando están, es solo una cuestión de grado. En el ámbito de las ciencias sociales, debemos a Shalom Schwartz el desarrollo del marco conceptual actualmente predominante para proyectar de forma gráfica los conflictos de valores.[3] Para ello entrevistó a una serie de ciudadanos de veinte países distintos, a los que pidió que calificaran el grado de importancia de un conjunto de cincuenta y seis valores diversos en cuanto «principio rector de mi vida». Los modelos estadísticos revelaron que los valores básicos definidos como poder, éxito, hedonismo, estímulo, autonomía, universalismo, benevolencia, conformidad/tradición y seguridad pueden, o bien guardar una estrecha correlación (las personas que priorizan uno tenderán a priorizar otro), o bien percibirse como diametralmente opuestos (quienes priorizan uno tenderán a *no* priorizar otro), o bien no guardar relación alguna. Es decir que para la mayoría de la gente algunos de dichos valores (hedonismo y tradición) serán muy difíciles de conciliar cuando una decisión afecte a ambos, dado que tienden a percibirse como valores opuestos.

Otros pares de valores (como el poder y el éxito), en cambio, pueden favorecerse de manera simultánea, ya que no influirán de forma contradictoria en las decisiones normativas. Esta clasificación de los diversos valores ha dado lugar a una amplia bibliografía de investigación internacional que analiza los conflictos intergrupales del mundo real en ámbitos que van desde las migraciones al cambio climático, pasando por los conflictos étnicos en muchas regiones del mundo.

El modelo del pluralismo de valores de Philip Tetlock sostiene que los conflictos de valores (por ejemplo, la necesidad de hallar soluciones de compromiso entre la igualdad y la eficiencia económica) son psicológicamente aversivos.[4] Las personas tienen distintas estrategias para hacer frente a esas incómodas disyuntivas. Pueden negarlas, ignorando sin más uno de los valores en conflicto. Si tienen que rendir cuentas ante un grupo de personas con opiniones encontradas o desconocidas, pueden escurrir el bulto y dejar que otro tome la decisión, o postergarla. Si tienen que rendir cuentas ante un grupo homogéneo con un punto de vista conocido, pueden adoptar una postura polarizante, diciendo a su audiencia lo que quiere oír y demonizando a los oponentes (ausentes en su mayor parte).

Sin embargo, puede haber formas productivas de eliminar parte del problema que plantean tales disyuntivas entre valores. Claude Steele sostiene que las funciones de defensa del ego y de expresión de valores ligadas a las propias posturas proceden de un sistema de autoafirmación psicológica que se esfuerza por mantener una visión positiva de nuestro yo como moralmente bueno, razonable, independiente y competente.[5] Enfrentarse a información que amenaza esta visión desencadena oposición, negación, racionalización y otros intentos de rechazarla. Hasta aquí las ideas de Steele parecen coherentes con lo que acabamos de comentar en relación con las disyuntivas entre valores y las funciones ligadas a las actitudes propias. Pero lo que resulta especialmente interesante es una consecuencia que él deducía de estas ideas, y que a su vez indica un procedimiento para abordar los conflictos de valores de forma constructiva. Steele razonaba que, dado que la información que cuestiona los propios puntos de vista resulta amenazadora, se puede hacer que el individuo sea más resiliente y capaz de afrontar mejor esa amenaza dándole la oportunidad de afirmar sus valores. Así, en diversos experimentos, Steele y sus colegas han demostrado que las personas que se encuentran con nuevas evidencias estarán más predispuestas a considerarlas, e incluso a cambiar de opinión, si antes han tenido la oportunidad de refrendar abiertamente sus valores fundamentales –por ejemplo, rellenando un cuestionario con un inventario de valores–, lo que reducirá su necesidad de defenderlos de forma intransigente. Los investigadores han implementado programas de autoafirmación en diversos entornos del mundo real, como las escuelas, donde han revelado que las autoafirmaciones periódicas pueden aumentar la predisposición de los alumnos a asimilar nueva información de manera que mejore su rendimiento académico.[6]

VALORES COMPARTIDOS MÁS ALLÁ DE COLGARSE MEDALLAS

Estos elementos y perspectivas sobre nuestra relación con nuestros propios valores y sus orígenes nos llevan a plantearnos una cuestión de naturaleza algo más amplia: ¿cómo es que a veces parece que colectivamente hacemos progresos de cara a una interpretación común de ciertos valores, aunque partamos de supuestos culturales muy distintos e identidades con medallas diversas? Por ejemplo, a lo largo de los siglos las personas se han convencido mutuamente de una serie de valores clave consensuados. ¿Quién discutiría hoy la maldad de la esclavitud, la violación o la humillación intencionada de personas vulnerables? Aparentemente, pues, hay vías para acordar valores compartidos.

Entonces, ¿cómo razonamos sobre las cuestiones relativas a los valores? En capítulos anteriores hemos hablado de cómo funciona la metáfora de la balsa en el razonamiento científico. De una forma distinta, la misma metáfora también resulta útil aquí para describir nuestro pensamiento en relación con los valores. De hecho, los niños empiezan a razonar sobre los valores desde una edad muy temprana, a menudo en conversación con sus padres. Por ejemplo:

> NIÑO: Juanita me ha prestado su bolígrafo, pero creo que no se lo voy a devolver. Si se lo devuelvo, yo ya no tendré bolígrafo. Así que ¿por qué habría de hacerlo?
>
> PADRE: Entonces, ¿no crees que la gente tenga que devolver las cosas que le prestan?

NIÑO: Bueno, normalmente a lo mejor sí, pero esto es distinto.

PADRE: ¿Por qué es distinto?

NIÑO: Porque Juanita es más pequeña que yo.

PADRE: Pero si la gente no tiene que devolver las cosas que les prestan las personas que son más pequeñas, entonces Jaime no tendría que devolverte la peonza que te pidió prestada.

En este caso, el razonamiento oscila entre: 1) juicios sobre lo que está bien en casos concretos (devolverle el bolígrafo a Juanita, devolverle la peonza al niño), y 2) juicios sobre normas generales de comportamiento (la gente tiene que devolver lo que le prestan). Tomamos decisiones sobre lo que está bien en un caso concreto, pero esperamos que se vean confirmadas por los principios generales que dicho caso concreto ilustra. Si el principio general parece correcto, podemos dejarlo ahí; pero en caso contrario (por ejemplo, si nos lleva a defender que nadie tiene que devolver lo que le presta alguien más joven), o bien hay que retractarse del juicio anterior sobre el caso concreto (después de todo no estaba bien quedarse con el bolígrafo), o bien hay que reformular el principio general hasta encontrar uno que parezca correcto. Oscilamos constantemente, pues, entre nuestros juicios sobre casos concretos y nuestros juicios sobre normas generales, y actuamos cuando hemos llegado a un estado estable en el que nos sentimos cómodos tanto con nuestros actos en casos concretos como con las normas generales que tales actos ejemplifican. Este método se conoce como «equilibrio reflexivo».[7]

Un proceso similar se da entre adultos competentes, salvo que aquí el aprendizaje va en ambas direcciones (y los adultos al menos saben que deberían tener en cuenta los intereses del prójimo). Aprendemos unos de otros, e incluso aprendemos de otras culturas. Por ejemplo, si alguien no entendiera qué hay de malo en la esclavitud o la humillación, una forma de educarle sería mostrarle un ejemplo concreto, representativo, y hacerle ver que no está bien. A continuación, trabajaríamos de forma retrospectiva para averiguar qué principios generales están en juego (que los seres humanos no tienen derecho a poseer ni maltratar a otros seres humanos ni a ejercer violencia contra ellos; que la fuerza no comporta la razón, etc.); y, una vez formulados tales principios, podríamos revisar si nos parecen bien tal como están, o podríamos examinar más casos y emitir veredictos sobre ellos basándonos en nuestros principios.

La metáfora de la balsa que hemos utilizado antes también resulta útil en este caso. No tenemos que partir de cero en nuestra reflexión sobre los valores ni justificarlo todo desde el principio. Partimos de la balsa de juicios de valor que nos brinda nuestra sociedad, y utilizamos el sentido común para reflexionar acerca de lo que está bien y lo que no. Y mientras nos mantengamos a flote en ese conjunto de juicios de valor, podemos quitar algunos de ellos, uno por uno, e inspeccionarlos para ver si realmente son correctos: si se trata de un principio general, podemos revisarlo para ver si los juicios a que da lugar sobre lo que está bien en casos concretos nos parecen acertados o no; si se trata de un juicio sobre un caso concreto, podemos preguntarnos qué principio general es el que rige en tal caso para ver, de manera similar, si nos parece sólido. En este proceso, pues, adquiere un papel importante la deliberación iterativa sobre los valores, del mismo modo que utilizamos la deliberación iterativa para decidir entre distintas fuentes de potenciales evidencias y de conocimientos expertos cuando tenemos que determinar ciertos hechos.

Desde una perspectiva práctica, estos debates y conclusiones recientes sugieren posibles formas de mejorar la parte de toda deliberación relativa a los valores:

- Para empezar, debemos esperar que se produzcan numerosas iteraciones de «equilibrio reflexivo» entre nosotros y las personas con las que hablamos en la medida en que en los debates oscilen entre ejemplos concretos, en los que los interlocutores tendrán reacciones emocionales, y principios generales que podrían explicar tales reacciones.
- Debemos ofrecer oportunidades respetuosas para que nuestros interlocutores debatan abiertamente los valores que consideran importantes al inicio del proceso.
- Cuando nosotros y nuestros oponentes aboguemos por valores distintos que parecen estar en tensión mutua, reconozcamos que ambos podemos compartir cada uno de esos valores, aunque difiramos en la forma de priorizarlos, y busquemos maneras creativas de debatirlos.

EL VALOR DE LA DELIBERACIÓN

El filósofo Peter Strawson escribió en cierta ocasión:

> Se dice que un juez escocés de finales del siglo XVIII, al que le preguntaron cómo alcanzaba sus decisiones, respondió más o menos lo siguiente: «Primero leo todos los alegatos, y luego, tras dejarlos revolverse en mi cabeza (con el ponche) durante dos o tres días, dicto sentencia». Pero puede que no fuera muy buen juez.[8]

No es una mala descripción de lo que muchos de nosotros hacemos cuando, por ejemplo, tenemos que votar en un plebiscito sobre una determinada política pública: leemos todo lo que podemos sobre la medida en cuestión, dejamos que todo se revuelva en la cabeza durante unos días y luego votamos. Lo que hemos analizado en este capítulo con respecto a la diferenciación entre hechos y valores debería contribuir a dejar inequívocamente claro con qué frecuencia yerra este enfoque: no definimos de forma explícita los elementos que intervienen en las decisiones normativas, en la práctica ignoramos cómo revisarlas, y no sabemos debatir con alguien que discrepa de nosotros respecto a la decisión final.

Iniciamos este capítulo con un procedimiento plausiblemente práctico al que los grupos pueden recurrir a la hora de tomar decisiones normativas en las que están en juego hechos y valores. Puede que constituya una mejora con respecto a la opción de dejar los argumentos «revolverse en mi cabeza», pero el ejemplo del estudio de la bala de Denver sigue sin servir como modelo ideal de un proceso que diferencie los hechos de los valores e incorpore ambos. Su procedimiento algebraico y algorítmico no incluye algunos de los elementos fundamentados en principios que nos gustaría ver en una deliberación tanto con respecto a los hechos como a los valores. Por ejemplo, en lugar de limitarse a promediar las cifras factuales de los expertos o las ponderaciones de valores de los ciudadanos, debería haber margen para una deliberación iterativa sobre tales fuentes de información, tal vez partiendo primero de la estrategia de autoafirmación de Steele. Este tipo de deliberaciones dinámicas constituyen el tema de nuestro próximo capítulo.

Capítulo 17

EL RETO DE LA DELIBERACIÓN

Para empezar este penúltimo capítulo, nos gustaría plantear una proposición sorprendente y un reto moderado. Comencemos por la proposición: «Puede que seamos las primeras generaciones en la historia de la humanidad que podrían aspirar de manera razonable a forjar un mundo duradero en el que todas las personas puedan prosperar». Tal proposición resulta sin duda discutible, y quizá incluso poco verosímil, pero la mera posibilidad de que sea viable debería hacernos abrir los ojos. ¿Qué queremos decir con ello? En primer lugar, como comentábamos en el capítulo 10, solo nuestras generaciones –las personas que viven hoy– han podido ver las consecuencias de los esfuerzos realizados a escala mundial para alimentar a la población del planeta: solo en el tiempo transcurrido desde las últimas cuatro décadas del siglo XX hasta hoy la fracción de la población mundial que vive en condiciones de pobreza extrema ha descendido de más de la mitad a menos de una décima parte, y eso a pesar de que el conjunto de la población es 2,5 veces mayor. En ese mismo periodo de tiempo, las tasas mundiales de alfabetización han pasado de menos de la mitad al 87%. Además, por primera vez en la historia, el crecimiento demográfico se ha ralentizado, y en muchos países –incluidos los que durante largo tiempo han sido los más poblados del mundo– la población incluso ha empezado a disminuir. Así pues, hoy la posibilidad de abastecer a todos los habitantes del planeta constituye una novedad factible; no vivimos en un mundo maltusiano, abocado a albergar más gente que recursos para mantenerla.

La reciente pandemia ha sido aterradora, pero también ha demostrado que podemos utilizar el rápido progreso de nuestros conocimientos biológicos para fabricar una vacuna sobre la marcha. Aún nos queda mucho por recorrer para estar seguros de que podremos afrontar a tiempo cada nueva amenaza futura de ese tipo, pero sin duda parece que estamos en el buen camino.

A una escala planetaria aún mayor, somos las primeras generaciones de la primera especie capaz de configurar de forma deliberada su entorno global. Sí, es cierto que la industria humana puede provocar el calentamiento del planeta, pero nuestra propia capacidad de hacerlo también indica que actualmente operamos a escala global, que ya no somos meros receptores pasivos de un entorno planetario fluctuante. Otras poblaciones humanas anteriores experimentaron periodos de auge y decadencia en la medida en que las glaciaciones (o las sequías) moldearon su historia, y si bien –digámoslo sin ambages– aún no sabemos cómo gestionar nuestro clima de forma segura para estabilizar dichas fluctuaciones, por primera vez contamos con la posibilidad de disponer de herramientas (e inventar otras nuevas) que podrían marcar la diferencia la próxima vez que los glaciares invadan nuestra geografía.

Al parecer, también somos la primera especie que podría evitar la próxima extinción masiva, un acontecimiento que se produce aproximadamente cada 26 millones de años, cuando un gran cometa o asteroide colisiona con la Tierra y extermina a la mayoría de las especies. Hemos construido telescopios capaces de detectar cometas y asteroides mucho antes de que nos alcancen, e incluso hemos probado a enviar una nave espacial para dar un empujoncito a un asteroide lejano a fin de desviarlo de nuestra trayectoria.

En resumen: aún no sabemos cómo hacerlo, pero sí sabemos que las generaciones que viven hoy tienen la estimulante oportunidad de construir un mundo próspero que pueda sobrevivir a todo con la única excepción de los microorganismos. Suponemos que, al considerar esta proposición, probablemente el lector tenga la misma primera reacción que nosotros: «Sí, pero... Bueno, quizá, pero...». Está muy bien recurrir a nuestra persistencia fundamentada en el optimismo científico, pero está claro que el mundo no es el paraíso de tales ensoñaciones. Ni siquiera estamos utilizando nuestros conocimientos actuales todo lo bien que podríamos, por no hablar de mostrarnos preparados para asumir ese idílico objetivo.

Eso nos lleva a describir el reto moderado que prometíamos al comienzo de este capítulo. Podría decirse que, considerando este objetivo desde nuestra perspectiva actual, las herramientas más importantes que faltan en nuestro instrumental son las técnicas que nos permitan elaborar un pensamiento colectivo a gran escala que resulte constructivo. Cuando somos capaces de pensar bien colectivamente, podemos llevar a cabo tareas asombrosas, en apariencia imposibles; cuando no lo hacemos, no tardamos en quedarnos estancados, o, lo que es peor, nos volvemos destructivos. Nuestro reto colectivo –posiblemente el gran reto de nuestro tiempo– consiste en inventar tales herramientas para pensar juntos de forma productiva, y luego saber utilizarlas. Si somos capaces de afrontar dicho reto aquí y ahora, en los albores del tercer milenio, tendremos la oportunidad de sentar las bases de un planeta próspero.

A lo largo de la historia, una vez que los humanos hemos identificado un problema, nos hemos mostrado sorprendentemente capaces de inventar formas de abordarlo. También disponemos de algunos puntos de partida desde los que trabajar si queremos fomentar un pensamiento colectivo que resulte productivo. Al igual que hemos reconocido que nuestra industria tiene la capacidad de afectar al clima global (para bien o para mal), también deberíamos ser conscientes de que nuestra actual tecnología de la información de escala industrial puede tener repercusiones en el pensamiento colectivo que afecten a todo un país, o incluso al mundo entero.

Por ejemplo, en la última década se ha hecho patente que nuestras tecnologías de la información posibilitan la difusión restringida de mensajes de formas tales que crean lo que se ha dado en llamar «cámaras de resonancia mentales», donde solo escuchamos mensajes que reafirman nuestras propias opiniones. Esta realidad amplifica sobremanera el sesgo de confirmación, y ha llevado de forma inequívoca a una polarización partidista que nos impide avanzar en la resolución de numerosos problemas en muchos países de todo el mundo. Pero si tenemos la capacidad de engendrar comunidades de pensamiento polarizado, también deberíamos poder generar entornos de pensamiento colectivo más productivo: tan solo tenemos que descubrir cómo utilizar nuestra tecnología de otro modo.

A lo largo de este libro hemos abordado diversos enfoques, trucos científicos y hábitos mentales que nos permiten ser mucho más eficaces como individuos, pero que también pueden ayudarnos a tener éxito colectivamente. Ahora, al centrarnos en el gran reto de desarrollar herramientas específicas para el pensamiento colectivo que resulten efectivas en nuestro mundo digital, volveremos a constatar que tienen aplicaciones de diversa envergadura: cada nuevo enfoque que inventemos puede ayudarnos a construir un planeta próspero; pero también una ciudad próspera, o una empresa, o una organización no lucrativa, o incluso una familia o un grupo de amigos.

TECNOLOGÍA DE DELIBERACIÓN

Para afrontar este reto, puede ser extremadamente útil ver algunos ejemplos de pensamiento colectivo que resulta a la vez eficaz y fructífero. Aunque cada uno de estos ejemplos por sí solo no responda plenamente a lo que necesitamos, sí nos muestra al menos un punto de partida. En el capítulo anterior veíamos un ejemplo de una técnica de ponderación de hechos y valores que podría ser útil en determinadas situaciones. Sin embargo, no estaba claro que el estudio de la bala de Denver incorporara todos los elementos necesarios del pensamiento colectivo constructivo para convertirse en una herramienta fundamental en nuestro instrumental del PC3M. Veamos una técnica que podría desempeñar un papel más relevante en ese sentido: el llamado «sondeo deliberativo», una de las herramientas transformadoras más estimulantes que conocemos para avanzar hacia un pensamiento colectivo productivo.

El estudio de la bala de Denver puso de relieve la dificultad de introducir los hechos en aquellos debates en los que las personas involucradas tienen diferentes valores y prioridades. En tales casos, tienden a ser los propios temores, deseos, ambiciones y objetivos de la gente los que motivan sus opiniones. Eso es lo que ocurre, sin duda, en el polarizado momento político que se vive actualmente en muchos países, donde a menudo los ciudadanos sienten que no tienen forma de hablar entre sí. Quienes se sitúan en diferentes polos del espectro político discrepan de manera radical, lo que hace que, cuando se celebran elecciones, casi la mitad de la ciudadanía tenga la sensación de verse expulsada por completo del sistema político; luego llegan otras elecciones, y quizá entonces es la otra mitad de la ciudadanía la que se siente expulsada. Esta no puede ser una buena forma de gobernar un país: tiene que haber un modo de conseguir que la gente pueda aunar sus diferentes intereses, metas y deseos con una cierta pericia objetiva sobre cualesquiera cuestiones que quiera resolver a la hora de tomar decisiones, elaborar planes y acordar políticas públicas. Tal es el objetivo del sondeo deliberativo.

El concepto de sondeo deliberativo fue desarrollado a finales de la década de 1980 por Jim Fishkin, que por entonces era profesor en la Universidad de Texas (más tarde se trasladó a Stanford, donde actualmente dirige el Laboratorio de Democracia Deliberativa). Cuando explica cómo surgió la noción de sondeo deliberativo, Fishkin comenta que se le ocurrió al reflexionar sobre lo que sucede cuando se realiza una encuesta normal y corriente. Una empresa de sondeos o un medio de comunicación (pongamos *The New York Times*) pregunta a un millar de ciudadanos elegidos al azar (en este caso estadounidenses) algo como, por ejemplo: «¿Debería nuestro país firmar un acuerdo comercial transpacífico?». En un primer momento, la mayoría de la gente probablemente piense: «Pues, la verdad, no tengo ni idea»; pero lo curioso es que el ciudadano medio puede llegar a tener una opinión incluso sobre temas de los que no sabe nada, de manera que al final es posible que termine diciendo: «Bueno..., pues sí» (o «no»).[1] Al día siguiente, el titular de *The New York Times* rezará: «Los estadounidenses están a favor del acuerdo comercial en una proporción de dos a uno». Si tenemos en cuenta cómo se ha realizado la encuesta, no podemos por menos que pensar que esa es una conclusión bastante inútil, puesto que probablemente las personas encuestadas no saben mucho del tema (o nada en absoluto); tan solo dicen lo que creen que deben decir.

Lo que de verdad se quiere saber cuando se hace un sondeo es qué pensaría una muestra representativa de la ciudadanía sobre un determinado tema si de hecho supiera algo al respecto. Lo ideal sería saber qué pensarían los ciudadanos encuestados después de haberse informado sobre el tema y haber considerado detenidamente las diferentes opciones y sus consecuencias. De modo que Fishkin se preguntó: «¿Y por qué no lo intentamos? ¿Por qué no llevamos a una muestra representativa de ciudadanos a un centro de convenciones y creamos un proceso en el que los participantes puedan adquirir más conocimientos mientras se plantean la cuestión, recabando información tanto de expertos como de otros ciudadanos participantes mediante el debate y la deliberación?».

Con el tiempo, Fishkin y sus colegas desarrollaron un proceso que funciona más o menos de esa manera. Seleccionan al azar a varios cientos de ciudadanos, y luego los reúnen a todos, normalmente en un evento de tres días de duración, para deliberar sobre un determinado tema de política pública, como, por ejemplo, la reforma de la asistencia social. Primero realizan una encuesta previa para calibrar los conocimientos y opiniones de los sujetos sobre las cuestiones fundamentales; en el caso de la reforma de la asistencia social, podrían preguntar a cada participante sobre sus inclinaciones políticas al respecto, sus conocimientos sobre teoría económica básica, etc. Una vez recogidas las opiniones iniciales, dividen a los participantes en pequeños grupos de una docena de personas, más o menos, cada uno con un moderador especialmente formado. Entonces empiezan a deliberar, partiendo de una serie de materiales informativos meticulosamente preparados que todos han leído (o visionado en forma de vídeo). Dichos materiales tienen por objeto presentar la cuestión que hay que debatir, describiendo los hechos y valores coincidentes y discrepantes, las pruebas que sustentan las diversas posturas, y los argumentos a favor y en contra de las medidas consideradas, todo ello desarrollado con el asesoramiento de expertos representativos de todos los puntos de vista sobre el tema. La deliberación, aunque abierta, está moderada para maximizar el debate productivo. El moderador no está autorizado a añadir ningún contenido, sino que se limita a garantizar que cada deliberante tenga la oportunidad de dar su opinión y a señalar al grupo la información pertinente en el material distribuido. El moderador también debe asegurarse de que no se produzcan votaciones durante la deliberación: a diferencia de lo que vemos en las películas que ocurre en muchos juicios con jurados, a los grupos no se les permite realizar votación alguna durante la deliberación, excepto para decidir qué preguntas plantear a los expertos.

Es habitual que todo grupo llegue a un punto de la deliberación en el que sus integrantes no logran decidirse por la opción correcta. En ese momento, el grupo identifica todas las preguntas sobre lo que ocurriría si se instituyera una política concreta a las que no sabe dar respuesta: cómo podrían evitarse consecuencias imprevistas, cómo se podría favorecer un determinado resultado, etc. Tras recopilar tales preguntas, todos los grupos las transmiten a un equipo de expertos que abarcan toda la gama de puntos de vista sobre el tema en cuestión.

Dado que los expertos representan posturas distintas, es habitual que discrepen, pero todos ellos tienen cierto nivel de conocimiento sobre el tema. A los expertos no se les permite sermonear a los deliberantes ni tratar de hacerles cambiar de opinión: solo están ahí para responder a sus preguntas. De modo que los deliberantes interrogan a los expertos a voluntad, y luego se reanudan las deliberaciones en pequeños grupos. Ahora estos tienen más información con la que trabajar. Puede que alguien diga: «Bueno, el experto Fulano dijo tal y cual»; y otro podría responderle: «Sí, pero eso no tiene ningún sentido si tienes en cuenta lo que señaló el experto Mengano». Tras este tipo de debate, el grupo deliberativo suele hacerse bastante idea de qué experto tiene más conocimientos sobre un determinado tema, y, en condiciones ideales, incluso qué experto está más predispuesto a admitir que ignora una respuesta y es más capaz de establecer correctamente cuándo su nivel de confianza en una determinada proposición debería ser bajo (es decir, empleando el lenguaje del capítulo 5: qué experto está «bien calibrado»). Luego, conforme continúan deliberando, a los grupos se les ocurren nuevas preguntas, de modo que vuelven a recurrir a los expertos. Este proceso iterativo se repite varias veces a lo largo del fin de semana. El objetivo no es llegar a un consenso; no es como en un jurado, en el que todos los miembros tienen que estar de acuerdo. Sin embargo, para cuando finaliza el evento, es habitual que haya cambios de opinión. Fishkin y sus colegas, que pueden hacer un seguimiento de las diversas opiniones y cuantificar sus variaciones porque encuestan a los participantes antes y después del evento, han descubierto que los sujetos no cambian de opinión en función de quién es el experto más carismático o de quién habla mejor o tiene el estatus más alto en el grupo de deliberación, sino que lo hacen basándose en la nueva información que obtienen sobre el problema en cuestión.

Después de este tipo de deliberaciones es frecuente que la gente diga que había llegado al evento con cierta opinión, pero luego se ha dado cuenta de que estaba equivocada. Puede que alguien de su grupo haya hablado de un pariente que se hallaba en una situación concreta, y ese grado de personalización del tema le haya llevado a ser consciente de que había otras perspectivas a tener en cuenta. O que, tras escuchar a los expertos, comprendiera que no estaba considerando cierto hecho que constituía una parte importante de la historia.

DEJAR DE LADO LA APATÍA Y EL «MEDALLISMO»

El sondeo deliberativo también puede representar una respuesta alentadora a la apatía y el distanciamiento que a veces se interponen en el camino de la democracia. En las encuestas deliberativas que Fishkin y sus colegas han llevado a cabo, los sujetos tienden a tomarse su participación muy en serio. En ocasiones los investigadores han logrado tasas de participación notablemente altas entre las personas que seleccionan al azar, y más del 95 % de las que inician las deliberaciones llegan a completarlas. Es más: han descubierto que los sujetos tienden a incrementar su exposición a los medios de comunicación antes de los eventos; por ejemplo, han tenido casos de personas que nunca antes habían leído un periódico, pero que, tras ser seleccionadas, comienzan a leer tres al día. La gente se toma la invitación a participar como una auténtica obligación de hacer un buen trabajo.

También el fenómeno de «colgarse medallas» del que hablábamos en el capítulo 12 parece quedar aquí en un segundo plano. Durante los eventos de sondeo deliberativo los sujetos empiezan a identificarse gradualmente con el grupo de personas con las que deliberan, y dejan de lado su identidad como, pongamos por caso, liberales a ultranza o conservadores en temas de economía. Tal medallismo deja de ser un factor dominante cuando la gente delibera de este modo.

Escuchar a Fishkin describir los resultados de sus encuestas deliberativas hace que uno se sienta mucho más optimista con respecto a lo que ocurriría si se pidiera a un «jurado» de personas seleccionadas al azar de entre la ciudadanía que trabajasen juntas, previamente informadas sobre los conocimientos relevantes, para resolver un problema, en lugar de confiar únicamente en el trabajo de nuestros representantes electos. Con frecuencia, las personas que (en los regímenes democráticos) elegimos para que nos representen se sienten presionadas para satisfacer al sector de la población más alineado ideológicamente con ellas, en lugar de representar los intereses de todos los electores de su ámbito de actuación, sea local, regional o nacional.

¿Podríamos idear formas de reproducir los efectos de un evento de sondeo deliberativo a una escala mucho mayor? Por ejemplo: ¿sería posible que el sistema funcionara con un gran número de pequeñas videoconferencias en línea?; ¿o quizá un consorcio de entidades filantrópicas podría organizar cada año unos cuantos sondeos deliberativos presenciales en todo el territorio de un país, y luego gastar una cantidad sustancial de dinero en publicitar cómo y por qué los sujetos han cambiado de opinión sobre las cuestiones debatidas a fin de estimular un debate nacional sobre el tema? Estas iniciativas para realizar sondeos deliberativos a gran escala podrían ayudar a la gente a interpretar mejor los hechos de formas libres de prejuicios, tenerlos en consideración y poder llegar a soluciones de compromiso, por no hablar de la capacidad de escuchar y comprender las opiniones de otros, todo lo cual podría traducirse en votantes y legisladores mejor informados.

PLANIFICACIÓN DE ESCENARIOS

La idea del sondeo deliberativo resulta estimulante por su capacidad de aunar los conocimientos expertos con la legitimidad –el derecho a ser escuchado– de una muestra aleatoria de la población lo bastante grande para representar de manera equitativa los valores y las emociones de las partes interesadas. Pero ¿qué ocurre con la planificación de decisiones en las que es mucho más lo que se ignora, donde los conocimientos expertos llegan solo hasta cierto punto, donde el imprevisible estado futuro del mundo podría cambiar lo que decidiéramos? La técnica de la llamada «planificación de escenarios» se inventó justamente para este tipo de situaciones.

La planificación de escenarios fue desarrollada inicialmente en la década de 1960 por Herman Kahn, primero en la Corporación RAND y más tarde en el Instituto Hudson (Kahn fue uno de los principales inspiradores del personaje del doctor Strangelove, uno de los que interpreta Peter Sellers en la sátira de Stanley Kubrick *¿Teléfono rojo? Volamos hacia Moscú*, estrenada en 1964). Otros de sus primeros desarrolladores fueron el Instituto de Investigación de Stanford (actualmente SRI International) y el Grupo Royal Dutch Shell, en especial durante el mandato de Peter Schwartz como jefe de su división de planificación. En su libro *The Art of the Long View*, Schwartz describe cómo más tarde la planificación de escenarios pasó a tener diversas aplicaciones empresariales y acabó utilizándose con éxito para fines de lo más variados, que iban desde lo «sublime» (como planificar la reconstrucción de la sociedad sudafricana tras el fin del *apartheid*) hasta lo «ridículo» (como crear un futuro imaginario para la película de ciencia ficción *Minority Report*).

El concepto básico de la planificación de escenarios es desarrollar un abanico de futuros posibles para poder comprobar la solidez de nuestras decisiones en tales contextos.[2] Los participantes en un ejercicio de planificación de escenarios empiezan identificando una decisión pendiente de abordar que se considere importante. (También es posible hacerlo sin tener en mente ninguna decisión pendiente, pero centrarse en decisiones concretas hace que el ejercicio resulte menos abstracto y más útil.) Por ejemplo, puede que una empresa tenga que decidir qué cambios de plantilla necesitará llevar a cabo en las próximas décadas, o, en un ámbito más personal, un estudiante universitario podría tener que decidir en qué va a especializarse y qué formación va a completar.

A continuación, los participantes identifican las «fuerzas clave» del entorno local inmediato, así como las «fuerzas motrices» del macroentorno general, que resultan relevantes para la decisión pendiente. Dado que el número de posibles fuerzas de los entornos local y macro es potencialmente ilimitado, se anima a los participantes a reducir la lista a aquellos factores que parezcan tener mayores probabilidades de determinar el éxito o el fracaso último de la decisión en cuestión. En el caso de las mencionadas decisiones sobre plantilla o formación, las fuerzas motrices podrían incluir:

- Educación de calidad (¿gratuita y universal, o costosa y restringida a las élites?).
- Economía (¿crecimiento, o bien estancamiento o depresión?).
- Distribución de la riqueza y el poder (¿muy concentrados, o distribuidos de forma más equitativa?).
- Distribución por edades (¿seguirá envejeciendo la población?).
- Inteligencia artificial y robótica (¿cómo desempeñarán un papel más dominante que el actual?).
- Futuras pandemias (y nuestra capacidad para gestionarlas).
- Posibles cambios culturales en la conciliación de la vida laboral y familiar.
- Grado de globalización (¿interdependencia y baja conflictividad, o aislacionismo y alta conflictividad?).
- Costes energéticos (¿se harán insignificantes o se encarecerán?).

A continuación, los participantes clasifican cada fuerza en función de su importancia y su incertidumbre. Las fuerzas motrices que resultan ser muy inciertas son las más útiles de considerar, puesto que aquellas otras que son, o bien «imposibles», o bien «predeterminadas» serán comunes a todos los escenarios que se generen (en el paso siguiente). Por ejemplo, probablemente haya más incertidumbre en relación con los futuros costes energéticos que con respecto a la evolución demográfica hacia una población más envejecida, por lo que sería más útil explorar la dimensión energética que la de la evolución demográfica, que en principio se producirá en todos los escenarios futuros.

Aunque puede haber datos relevantes sobre las distintas fuerzas motrices, sería un error permitir que la disponibilidad de datos influyera en lo que se clasifica y cómo se clasifica, porque el objetivo aquí es muy distinto del que se plantea cuando desarrollamos nuestros factores causales de primer y segundo orden. En aquel caso queremos saber cuál es la realidad actual, de modo que los datos pueden resultar muy útiles a la hora de clasificar los factores, mientras que en el que nos compete ahora queremos considerar una amplia gama de posibilidades sobre lo que podría deparar el futuro, incluidas las improbables. El hecho de considerar un amplio abanico es justamente lo que nos ayuda en la planificación, aunque el abanico concreto que exploremos no cubra todos los futuros posibles.

A continuación, los participantes seleccionan y desarrollan un pequeño número de escenarios futuros. Como ocurre con quienes escriben ficción o elaboran guiones, no hay límite en cuanto al número o la complejidad de los escenarios que los sujetos pueden generar, pero la planificación de escenarios resulta más eficaz cuando desarrollan un número limitado de ellos, normalmente cuatro. Esos cuatro escenarios suelen basarse en una matriz en la que, partiendo de las dos fuerzas motrices principales, se descompone cada una de ellas en las dos direcciones opuestas que podría tomar en el futuro (por ejemplo: «La riqueza está distribuida equitativamente» frente a «La riqueza está muy concentrada»). Así, para dos fuerzas motrices clave y dos niveles distintos de cada fuerza, hay 2×2, o 4, celdas en la matriz. Cada una de estas celdas representa una parte de la gama de posibilidades que parecen especialmente importantes para determinar el éxito o el fracaso de la decisión. Se anima a los participantes a dar a cada escenario un nombre breve y sugerente que a la vez resulte lo bastante fácil de recordar para poder utilizarlo en futuras deliberaciones sobre la decisión. Luego los escenarios se convierten en breves relatos, como si fueran noticias imaginarias sobre un acontecimiento que ya se ha producido. Cada relato debería explicar de qué modo el escenario en cuestión, aunque improbable, podría desarrollarse de forma plausible.

Por ejemplo, para nuestras decisiones sobre la plantilla de la empresa y la formación del estudiante, imaginemos que elegimos «Concentración de la riqueza» como una de nuestras fuerzas motrices clave, e «Inteligencia artificial y robótica mucho más eficaces» como la otra. Entonces, la matriz de escenarios podría acabar teniendo más o menos este aspecto:

La inteligencia artificial y la robótica devienen mucho más eficaces y fiables que en la actualidad

Distopía:

Titular de prensa: «La hambruna masiva espolea la revuelta, pero los robots pueden con ella»

La mayor parte de la población mundial no tiene trabajo porque la IA y los robots son capaces de hacerlo todo, y, debido a ello, la mayoría carece de recursos, pero hay asombrosos avances tecnológicos para quienes sí los tienen. En este escenario, la formación laboral está orientada a establecer los objetivos de la IA (que presumiblemente también dirige los talleres de mantenimiento de los robots) y satisfacer las necesidades de entretenimiento de los ricos.

Utopía:

Titular de prensa: «¡Los mejores juegos, conciertos y descubrimientos de hoy resultan aún más entretenidos que los de antaño!»

El aumento de la productividad es tan espectacular que nadie necesita trabajar para alimentar, vestir y alojar cómodamente a la población mundial. El entretenimiento, las artes y las ciencias, el bricolaje, los pasatiempos, la socialización y la crianza de los hijos se convierten en las actividades propias de los humanos, por lo que los empleos que requieren formación son principalmente aquellos que pueden mantener al trabajador felizmente ocupado e interesado.

La riqueza está muy concentrada ⟵ ⟶ La riqueza está distribuida equitativamente

Los ricos se hacen más ricos y los pobres, más pobres:

Titular de prensa: «Cómo el siglo XXI se ha convertido en una novela de Dickens»

Es probable que las economías se estanquen si no mejoran las capacidades tecnológicas. Si aumenta la concentración de la riqueza y los recursos, este escenario podría regirse por normas en las que solo las familias con hijos trabajadores recibieran cupones de alimentos. En este escenario, es probable que las disciplinas y formaciones actualmente bien remuneradas sigan siéndolo, y ofrezcan mayores probabilidades de acabar en el lado positivo de la división de la riqueza.

Estancamiento tecnológico con igualdad:

Titular de prensa: «Los padres de hoy: conciliación absoluta»

La situación se mantiene como hasta ahora en gran parte del mundo, pero ahora los puestos de trabajo están más equitativamente repartidos, al igual que el tiempo libre. (En algunos países, una distribución uniforme de los recursos alteraría el equilibrio entre trabajo y vida personal, pues cambiarían los temores y riesgos ante la futura inestabilidad laboral, la jubilación y la atención sanitaria.) En este escenario funciona bien una mayor diversidad de empleos, de modo que un estudiante puede optar con mayor tranquilidad por seguir sus propios intereses y pasiones.

Las capacidades de la inteligencia artificial y la robótica se estancan en el nivel actual

Al final del proceso, los participantes juzgan si cada una de las opciones decisorias que están considerando será (en palabras de Schwartz) «sólida en todos los escenarios». La opción más sólida puede ser la menos arriesgada, pero no necesariamente la elección óptima: podría ser preferible una opción menos sólida porque produciría el mejor resultado posible en uno de los escenarios y estamos dispuestos a asumir un poco más de riesgo con respecto a la posibilidad de que termine siendo uno de los otros el que defina el mundo del futuro. (Por ejemplo, un estudiante con aversión al riesgo podría elegir formarse en «establecimiento de objetivos de inteligencia artificial» si le pareciera una opción profesional sólida en todos los escenarios, mientras que otro con mayor tolerancia al riesgo podría elegir un ámbito laboral creativo, como la arquitectura, si creyera que sería óptimo en todos los escenarios excepto, pongamos por caso, el de la celda inferior izquierda.) En cualquier caso, el ejercicio de identificar la solidez de cada opción resulta especialmente valioso de cara a mitigar el tipo de pensamiento ilusorio y distorsionado que describíamos en nuestro anterior análisis del «pensamiento grupal».

Por último, para ayudar a concretar los escenarios, y con el propósito de monitorizar posteriormente el resultado de la decisión, los participantes utilizan su lista de fuerzas clave a fin de desarrollar una serie de indicadores o señales útiles para identificar si alguno de los escenarios parece ir a hacerse realidad. Si en los años posteriores aparecen titulares de prensa anunciando avances en la inteligencia artificial que la hacen más fiable y eficaz, y la «renta básica universal» pasa a formar parte de las plataformas políticas de todos los partidos, entonces se podría empezar a deducir que el escenario de la celda inferior izquierda no resulta demasiado probable.

Por su propia estructura, la planificación de escenarios también sirve como un buen antídoto contra el sesgo de confirmación; en ese aspecto tiene mucho en común con el método de «considerar lo contrario» que mencionábamos en el capítulo 12.

TECNOLOGÍAS DE PREDICCIÓN

La planificación de escenarios es una herramienta útil para estimular la reflexión y el planeamiento meticulosos sobre el futuro, un objetivo frecuente del pensamiento y los procesos decisorios colectivos, pero no pretende pronosticar el escenario en el que será más probable que finalmente nos encontremos. Para ello se han desarrollado varios métodos de predicción colectiva. El método Delphi, uno de los primeros y más destacados ejemplos, se desarrolló en la Corporación RAND durante la Guerra Fría. Existen numerosas variantes, pero la idea básica parte de la anterior demostración de Francis Galton de la ya mencionada «sabiduría de las masas»: la noción de que un conjunto de juicios individuales tiende a ser más certero que la mayoría de los juicios individuales (o todos ellos). Se pide a una serie de expertos en los temas pertinentes que ofrezcan su mejor evaluación o predicción cuantitativa sobre la cuestión central; y lo hacen de forma anónima para fomentar la franqueza y desalentar la timidez o la grandilocuencia. El método de Galton consistía simplemente en solicitar tales evaluaciones o predicciones una única vez, pero el método Delphi suele implicar múltiples iteraciones, en las que los juicios emitidos se hacen circular de nuevo entre los participantes, que entonces pueden decidir si revisan sus juicios a la luz de las opiniones de los demás. En una de las variantes del método, este proceso simplemente se repite varias veces, y el resultado final es la media del conjunto final de opiniones, sin que se produzca ningún tipo de debate; en otra, los expertos deliberan para dirimir cualquier discrepancia que pueda quedar y buscar así el consenso. Como ya hemos comentado anteriormente, permitir que unas personas se ajusten a las opiniones de otras puede funcionar bien si los expertos tienen una buena razón para cambiar su juicio y comparten un esquema conceptual que les permita identificar el mejor de los juicios propuestos (un proceso en el que prevalece la verdad). Pero, en cambio, no funciona tan bien como limitarse a emplear la media de las opiniones si un experto con un juicio muy certero cambia para adaptarse al resto (como puede ocurrir en un proceso en el que prevalece la mayoría). Una vuelta de tuerca más reciente a la metodología de predicción colectiva es el moderno mercado de predicción. Ha habido jugadores apostando sobre los resultados de las elecciones populares al menos desde principios del siglo XX (y probablemente desde mucho antes), pero la práctica institucionalizada actual fue desarrollada en gran medida por profesores de Gestión Empresarial de la Universidad de Iowa a finales de la década de 1980, antes de que se comercializara de la mano de empresas lucrativas como Intrade y PredictIt. En las demostraciones ordinarias de la «sabiduría de las masas», los sujetos no tienen otro incentivo para intentar ser certeros que el deseo de hacerlo bien; quienes participan en un mercado de predicción, en cambio, respaldan sus opiniones con su propio dinero comprando un contrato ligado a un resultado concreto (por ejemplo, que un determinado candidato ganará los próximos comicios), de forma análoga a lo que ocurre en los mercados de futuros de materias primas. En Estados Unidos, el entusiasmo por los mercados de predicción experimentó un notable auge a principios de la década de los 2000, después de que superaran a las empresas de sondeos profesionales en la predicción de los resultados de las elecciones nacionales de 1998. Diversos estudios demostraron que con frecuencia superaban el promedio de los sondeos (un método que en sí mismo ya mejora la precisión de los sondeos individuales al anular algunos de sus errores). Pronto los mercados de predicción pasaron a considerarse una sinergia perfecta entre el fenómeno de la sabiduría de las masas y la «hipótesis del mercado eficiente» de los economistas, que a grandes rasgos afirma que los mercados tienden a un rendimiento óptimo al tener en cuenta toda la información relevante.

En los últimos diez o veinte años, los mercados de predicción han perdido parte de su atractivo inicial. Predijeron erróneamente que se encontrarían armas de destrucción masiva en la primera guerra del Golfo, y, por el contrario, no supieron predecir el Brexit ni la victoria de Donald Trump sobre Hillary Clinton. Más recientemente, sobrestimaron (como todo el mundo) los resultados del Partido Republicano en las elecciones legislativas estadounidenses de mitad de mandato celebradas en 2022. No obstante, los dos fundamentos conceptuales de los mercados de predicción —el fenómeno de anulación de errores ligado a la sabiduría de las masas y la eficiencia de los mercados— constituyen beneficios «a largo plazo», aunque no se materialicen necesariamente en todos los casos individuales. Parece que podemos afirmar a ciencia cierta que los mercados de predicción han venido para quedarse y revelar métodos útiles de pensamiento colectivo.

Nuestro último ejemplo de predicción es el extraordinario Proyecto Buen Juicio (GJP, por sus siglas en inglés), desarrollado por Phil Tetlock y Barb Mellers en la Escuela de Negocios Wharton de la Universidad de Pensilvania. A lo largo de sus respectivas trayectorias profesionales, Tetlock y Mellers han realizado importantes aportaciones a nuestra comprensión de las fortalezas y debilidades del juicio humano. En 2005, Tetlock suscitó la polémica con un libro en el que afirmaba que, según una serie de test meticulosamente realizados, a los politólogos profesionales no se les daba mejor hacer predicciones concretas de lo que cabría esperar de un «chimpancé lanzando dardos». (No es que Tetlock argumentara que tales expertos son inútiles, sino, más bien, que su valor añadido proviene del hecho de que nos ayudan a entender el mundo, y que las complejas redes de causalidad múltiple que afectan a ese mundo hacen que no resulten tan buenos a la hora de predecir cuál de entre dos resultados posibles se producirá en realidad.) Curiosamente, solo una década después, un nuevo libro de Tetlock, *Superpronosticadores* (escrito en colaboración con Dan Gardner y publicado en 2015), cuenta una historia mucho más alentadora sobre lo que la predicción política puede lograr utilizando los métodos desarrollados por el GJP.

El Proyecto Buen Juicio surgió a raíz de una serie de torneos de predicción política patrocinados por la denominada Actividad de Proyectos de Investigación Avanzados de Inteligencia (IARPA, por sus siglas en inglés), una rama de investigación de la comunidad de inteligencia estadounidense. Sin dejar de prestar especial atención a las dificultades del juicio humano, Tetlock y Mellers desarrollaron un método para aprovechar sus puntos fuertes. Resultado: su método funciona, y lo hace de forma espectacular. El equipo del GJP ganó el torneo inicial en 2011, así como todos los demás torneos que se han celebrado posteriormente. Este método supera al de la sabiduría de las masas (basado en una simple agregación), así como a los mercados de predicción y a otros procesos grupales de tipo Delphi, aunque se basa de forma selectiva en diversos aspectos de los tres. Sorprendentemente, aventaja incluso las predicciones de los analistas de inteligencia profesionales, que disponen de información clasificada de la que el GJP carece.

El protocolo completo del método GJP resulta demasiado complejo para describirlo aquí, pero podemos hacer un esbozo de sus principales rasgos. El Proyecto Buen Juicio cuenta con un método de reclutamiento abierto; es decir, que no se requiere que los participantes tengan credenciales académicas o profesionales especiales. Se los incentiva a desempeñar con acierto la tarea encomendada mediante una tabla de clasificación pública que les permite comparar su rendimiento con el de sus compañeros en tiempo real. La actividad consiste en que los sujetos realizan predicciones cuantificadas (la probabilidad de que se produzca un acontecimiento concreto en una fecha determinada) y luego explican dichas predicciones. También pueden actualizarlas tras recibir nueva información o revisar las predicciones y explicaciones de sus compañeros. La tabla de clasificación utiliza un método de puntuación que premia tanto la precisión como la calibración. A partir de ahí, el GJP selecciona a los que exhiben un mejor rendimiento constante (no solo a los que «tienen suerte» en una predicción concreta) para formar equipos de «superpronosticadores». Es importante subrayar que tales superpronosticadores suelen ser personas normales y corrientes sin ninguna acreditación especial intelectual o académica.

Queda mucho por dilucidar sobre el éxito aparentemente mágico del GJP, pero, según Tetlock y Mellers, estas son las principales conclusiones hasta el momento:

> Descubrimos cuatro factores [responsables de la mayor precisión de los superpronosticadores]: *a*) el reclutamiento y la retención de los mejores pronosticadores (lo que representa alrededor del 10 % de la ventaja de los pronosticadores del GJP sobre los de otros programas de investigación); *b*) la formación orientada a superar los sesgos cognitivos (con aproximadamente un 10 % de ventaja ligada a dicha formación sobre la ausencia de esta); *c*) entornos de trabajo más atractivos, en forma de trabajo en equipo colaborativo y mercados de predicción (lo que representa más o menos una mejora del 10 % en comparación con los pronosticadores que trabajan solos), y *d*) mejores métodos estadísticos para destilar la sabiduría de las masas y aventar la locura ([...] lo que aportó una mejora adicional del 35 % sobre el promedio no ponderado de los pronósticos).[3]

¿Qué distingue a los superpronosticadores de otros pronosticadores «normales»? Como ya hemos comentado, estos no necesitaban tener una gran acreditación intelectual o académica, aunque solían tener bastantes conocimientos políticos y puntuar bien en las pruebas de habilidad mental. Pero también tenían un estilo cognitivo amplio de miras, y mostraban predisposición a reconocer los límites de sus conocimientos, los puntos débiles de sus argumentos y la posibilidad de que tuvieran que revisar sus creencias conforme iban aprendiendo más cosas. Este hecho se reflejaba en sus puntuaciones de calibración, que revelaban que tenían un menor exceso de confianza que los pronosticadores corrientes.

Esta descripción de los superpronosticadores y sus procesos sin duda debería resultarle familiar al lector, pues aquellos parecen haber estado utilizando muchos de los elementos del pensamiento crítico para el tercer milenio que hemos tratado en este libro, y además con bastante éxito. ¡Pensamiento colectivo eficaz en acción!

TECNOLOGÍA DE PENSAMIENTO EN LÍNEA

Hasta aquí hemos visto ejemplos de pensamiento colectivo que tienen sus raíces en conversaciones interpersonales presenciales, y esperamos poder inventar maneras de ampliarlos para que funcionen también en línea a mayor escala. Pero hay asimismo métodos de pensamiento colectivo que se han desarrollado de forma específica para un entorno virtual. En general, el objetivo en este caso es idear sistemas algorítmicos que eviten específicamente recrear aquellas condiciones que impiden un discurso productivo en la red, como las cámaras de resonancia mentales, el refuerzo deliberado del «medallismo» o los hilos de comentarios que resultan cada vez más airados.

Hace unos años, Saul hablaba un día con Ken Goldberg, profesor de Ingeniería en Berkeley, sobre un sistema de deliberación en línea, desarrollado por el grupo de investigación de este último, que ayudaba a los participantes a identificar las coincidencias de sus posturas sobre diversos temas con las de otras personas que utilizaban el mismo sistema. Saul preguntó si sería posible probar un algoritmo alternativo para un sistema de este tipo que animara a la gente a entender la postura contraria, y no solo a identificarse con otros que compartieran la suya propia. ¿Se podría plantear, por ejemplo, que los sujetos ganaran puntos por saber expresar bien el punto de vista contrario?

Al final idearon un sistema de demostración, al que llamaron DebateCAFE, en el que se pedía a los participantes que presentaran los mejores argumentos que se les ocurrieran en favor de dos visiones distintas sobre un tema concreto, y también que puntuaran los argumentos de los demás. El elemento inusual del sistema era el modo de ganarse un puesto en la tabla de clasificación: la posición de un sujeto se basaba en la peor de sus dos puntuaciones (esto es, las dos medias de las puntuaciones que daban otros usuarios a sus argumentos en favor de cada visión de un tema), de manera que todos tenían un fuerte incentivo para que ambos argumentos fueran sólidos.

Otro método de pensamiento colaborativo en grupo consiste en descomponer los elementos de un debate –por ejemplo, sobre un artículo periodístico– en pequeñas partes «verificables». ¿Muestra tal o cual frase evidencias de un claro pensamiento probabilístico, o cae en alguna de las trampas mentales anteriormente comentadas a las que este puede sucumbir, como el efecto «mirar a otra parte» o el «espionaje de datos»? ¿Exhibe tal o cual párrafo la capacidad de «considerar lo contrario», o se trata aquí de la clásica selección de pruebas favorables basada en el sesgo de confirmación? Si cada una de estas preguntas pudiera formularse por separado a un grupo representativo de todo el conjunto de la ciudadanía, podríamos comprobar que existe un consenso sobre esas pequeñas cuestiones compartido por personas de todo el espectro político. En la práctica, vendrían a decir algo así como: «Me gustan [o no] los resultados de tal o cual argumento, pero al menos veo que no incurre en el problema del espionaje de datos». Entonces, si podemos reunir todas las evaluaciones de este tipo sobre un determinado argumento, página web o artículo de prensa, podremos hacernos una idea de su solidez y fiabilidad.

Sin duda, da la impresión de que analizar cada declaración de posicionamiento, sitio web o artículo de prensa utilizando este método sería un arduo trabajo, pero aquí, como en tantas otras circunstancias, cuantas más manos mejor, y de hecho hay sitios web de colaboración científico-ciudadana creados para compartir algorítmicamente este tipo de proyectos entre cientos o miles de personas interesadas. Por regla general, estos sitios suelen abordar grandes problemas científicos, como la identificación de determinadas características de cientos de miles de galaxias captadas en imágenes del telescopio espacial *Hubble*. Saul ya tuvo experiencia con ellos cuando él y sus colaboradores los utilizaron en un proyecto de búsqueda de supernovas, así que pensó que debería de existir al menos uno de estos sitios de colaboración científico-ciudadana en el que pudiera probar el mencionado método de análisis de artículos de prensa. A partir de aquí surgió un proyecto de colaboración entre el Instituto de Ciencia de Datos de Berkeley, del que Saul era director, y Goodly Labs, una organización sin ánimo de lucro dirigida por Nicholas Brigham

Adams, que ha liderado los esfuerzos para construir el sitio web Public Editor a fin de poner a prueba este concepto.[4]

UN RETO COMPLEJO Y ESTIMULANTE PARA NUESTRO TIEMPO

¿Hemos resuelto el moderado reto deliberativo que habíamos planteado con alguno de estos ejemplos? Todavía no. Cada uno de estos enfoques nos conduce a parte de lo que necesitamos, pero no a todo. El método del estudio de la bala de Denver recurría a expertos para abordar los hechos y a ciudadanos para abordar los valores, pero omitía, por ejemplo, la autoridad e imparcialidad del conjunto de sujetos auténticamente representativo y aleatorio que aporta el sondeo deliberativo. Tampoco desarrollaba plenamente las etapas destinadas a deliberaciones en grupos reducidos en las que el sondeo deliberativo hace hincapié en el contexto de tal participación representativa. Por su parte, hoy por hoy el sondeo deliberativo no guía a los sujetos para diferenciar entre sus inquietudes en materia de hechos y de valores; y asimismo ni el sondeo deliberativo ni el método del estudio de la bala de Denver desglosan los argumentos en partes más pequeñas y verificables a fin de fomentar el consenso sobre tales componentes, como sí hace Public Editor. Si queremos que los ciudadanos comprendan aquellos puntos de vista de los que discrepan para poder beneficiarse de un auténtico «mercado de las ideas» –uno de los fundamentos más antiguos de la libertad de expresión–, nuestra lista de métodos se reduce a DebateCAFE.

Solo dos de los métodos que hemos examinado aquí abordan el pensamiento colectivo cuando los factores más importantes dependen de lo que depare el futuro: la planificación de escenarios y los superpronosticadores del Proyecto Buen Juicio. Pero en este caso solo la planificación de escenarios hace hincapié en la capacidad de planear una amplia gama de resultados, incluidos los que resultan improbables pero posibles, sin duda un objetivo importante en un mundo en el que tales acontecimientos sorprendentes han desbaratado a menudo nuestros planes. En cambio, si debemos apostar por que ocurra un acontecimiento concreto para tomar una decisión, entonces deberíamos decantarnos por los superpronosticadores.

Hay otros objetivos que nos interesan en todos esos métodos de pensamiento colectivo, y a menudo se hallan en tensión entre sí. Por ejemplo, lo ideal sería que el método en cuestión involucrara a todos los miembros de la población afectada, no solo a un pequeño grupo, ya que nos gustaría que todos los afectados por una determinada decisión comprendieran los motivos por los que se ha tomado y sintieran que se ha llegado a ella de una manera justa, aunque discrepen de tal decisión. Es probable que este objetivo sea difícil de alcanzar con cualquier método que requiera una interacción real y presencial cara a cara entre los participantes a fin de generar la confianza y el entendimiento mutuo que tan necesarios suelen ser en toda decisión justa y razonada. Además, vivimos en un mundo en el que cada vez resulta más difícil estar seguro de que se está observando información auténtica y no material ficticio generado por inteligencia artificial o por personas a las que no les importa engañarnos, ya sea por motivos financieros, políticos o de otro tipo. Esta inquietud por la autenticidad puede exigir especialmente una metodología más presencial e interpersonal en nuestro pensamiento colectivo, lo cual aumenta la dificultad de ampliarlo a una población mayor.

Todo esto sin duda parece difícil. Pero ese es el tipo de problema en el que un enfoque científico sustancial e iterativo puede marcar una gran diferencia. La lección que cabe extraer de la media docena de ejemplos que hemos examinado aquí es que cada uno de ellos contribuye a facilitar un pensamiento colectivo productivo; y hay muchas más iteraciones, variantes e invenciones que probar. No tenemos que hacerlo perfecto: solo hemos de hacerlo cada vez mejor. Y un determinado método útil no tiene por qué cumplir todos nuestros objetivos: podemos diseñar métodos concretos para satisfacer necesidades específicas. Por último, aunque somos muy conscientes del peligroso potencial de internet para polarizar y ofuscar el debate público, aún no hemos aprovechado todas las oportunidades de mejorar el pensamiento colectivo que podría brindarnos.

Esperamos haber dejado al lector con una sensación de optimismo: hay trabajo por hacer, pero no está más allá de nuestra capacidad humana. Y lo bueno del caso es que ese trabajo conlleva enormes recompensas. Abordar casi todos los problemas que hoy nos preocupan requiere de un pensamiento colectivo cualitativamente mejor. Iniciábamos este capítulo con la «proposición sorprendente» de que puede que seamos las primeras generaciones en la historia de la humanidad que podrían aspirar de manera razonable a forjar un mundo duradero en el que todas las personas puedan prosperar. Pero sin duda hay suficientes retos y objetivos inmediatos en nuestro camino hacia la utopía como para motivarnos a mejorar drásticamente nuestro pensamiento colectivo.

Capítulo 18

REINICIAR LA CONFIANZA PARA ENCARAR UN NUEVO MILENIO

Iniciábamos el capítulo anterior con la majestuosa visión de un mundo seguro y floreciente que requiere nuevas herramientas de pensamiento colaborativo. Terminemos el libro, no obstante, añadiendo una nota de índole un poco más personal: ¿por qué a cada uno de nosotros individualmente le importan –o necesita– las herramientas del pensamiento crítico para el tercer milenio? ¿Y por qué los autores hemos elegido este conjunto concreto de ideas como «kit de iniciación» en dicho pensamiento?

En respuesta a la primera pregunta, por qué debería importarnos, se puede decir aquello del palo y la zanahoria. He aquí la zanahoria: es un auténtico placer afrontar el mundo con estas herramientas y comprobar cómo nos ayudan a ser más eficaces. El palo es que sencillamente no tenemos elección. El mundo ha dejado atrás los días en que grupos de profesionales relativamente reducidos (agencias de prensa, asociaciones médicas, academias científicas, etc.), interconectados por empresas de mensajería, correo y teléfono, resumían los escasos datos disponibles sobre el mundo a fin de ofrecernos al resto las respuestas que necesitábamos para tomar nuestras decisiones cotidianas. Quizá el principal rasgo distintivo que caracteriza el tercer milenio es que ahora todos participamos «en el juego», todos estamos interconectados, nos guste o no. Con la posibilidad de tener acceso directo a ingentes universos de datos, hoy nos vemos obligados a dilucidar en qué hechos basar nuestras decisiones, cuándo investigar por nosotros mismos y cuándo recurrir a expertos, cuáles de estos últimos son dignos de confianza (y en relación con qué temas concretos), y cuándo podríamos necesitar una sabia orientación para integrar los valores en las decisiones que tomemos.

Por supuesto, esta evolución característica del tercer milenio no es tan mala. Ni siquiera puede decirse que sea predominantemente mala: al fin y al cabo, un mundo de pensadores autónomos sin duda parece mejor que un mundo de borregos. Sin embargo, tenemos que afrontar este reto justo en un momento en el que los debates nacionales e internacionales se han fragmentado y polarizado por las cámaras de resonancia de la difusión selectiva y las redes sociales; en el que la espectacular eficacia de la transmisión viral de información falsa y desinformación puede nublar nuestra visión, y en el que las tecnologías de inteligencia artificial amenazan con presentarnos falsas representaciones de la realidad que cada vez resultan más difíciles de distinguir.

¿Por qué, pues, en esta coyuntura histórica hemos optado por ofrecer justamente el conjunto de herramientas específico que hemos analizado en este libro? La respuesta, en parte, es que se puede considerar que tales conceptos representan la versión más actualizada de las praxis científicas que en el pasado nos han permitido superar muchas otras crisis de conocimiento. Hay otros conceptos (y habrá más aún) que cumplen esa misma función, pero los que hemos abordado aquí son lo bastante buenos como para ponernos en marcha, afrontando nuestra necesidad de rastrear una realidad que está «ahí fuera» y que seguirá actuando nos guste o no; una realidad que nos frustrará o jugará en favor nuestro en función de lo bien que seamos capaces de entenderla.

Tenemos que ser conscientes de las diversas formas en que nos engañamos con respecto a dicha realidad cuando no interpretamos bien las precarias (ruidosas) pruebas de las que disponemos. Debemos basarnos correctamente en las pistas probabilísticas que se nos brindan. Y prosperamos cuando sabemos sacar provecho de quienes discrepan de nosotros lo suficiente como para permitirnos vislumbrar que estamos atascados en una perspectiva errada. Además, podemos hacer aún mayores progresos si tenemos la posibilidad de elegir a expertos que demuestren su propia comprensión de todos esos conceptos clave; aquellos que, por ejemplo, busquen por sí mismos puntos de vista contrarios.

En este libro hay muchas ideas de este tipo, pero en la tabla de la página siguiente hemos destacado algunas de las más importantes, dividiéndolas a grandes rasgos entre las que pueden adoptarse de forma individual y las que se requieren cuando se trabaja en colaboración con otros.

A primera vista, contemplar esta panoplia de herramientas puede resultar un poco desalentador (¡incluso nosotros, los autores, seguimos olvidándonos con demasiada frecuencia de aplicarlas cuando las necesi-

Hábitos mentales	*Hábitos comunitarios*
Construir mejores instrumentos.	Declarar nuestro propio nivel de confianza.
Intentar diferenciar los hechos de los valores.	Mostrarse escéptico ante las potenciales soluciones, pero recurrir a la perseverante cultura posibilista propia de la ciencia para hacerlas posibles.
Pensar de forma probabilística, no en términos binarios de verdadero o falso.	Ser honestos unos con otros.
No dejarse engañar por patrones en el ruido aleatorio.	Acordar el equilibrio de riesgos deseado (entre falsos positivos y falsos negativos).
Diferenciar entre ruido y sesgo.	Adoptar procedimientos de deliberación eficaces.
Desconfiar de los atajos mentales.	Actualizar constantemente esta tabla a medida que descubrimos nuevas formas de engañarnos y nuevos hábitos mentales y comunitarios para evitar hacerlo.
Evitar el sesgo de confirmación.	

tamos!). Pero debería animarnos pensar en uno de los aspectos positivos de la cultura cambiante en la que vivimos: cuando empleamos estas herramientas y adoptamos estos métodos, el viento sopla a nuestro favor; el mundo en general –y el pensamiento científico en él incorporado– también avanza en esa misma dirección de diversas e interesantes formas. Es probable que el lector ya haya observado que las herramientas y conceptos que hemos analizado aquí se están poniendo en práctica en el mundo que le rodea.

Probablemente resulte más fácil describir el cambio cultural que estamos experimentando –y que está modificando el funcionamiento del pensamiento científico– comparándolo con periodos culturales anteriores, como hacemos en la siguiente tabla. La hemos organizado en torno a tres épocas, pero advertimos de que estas no se corresponden en absoluto con tres milenios distintos. En la columna 1 se describen algunos de los enormes logros intelectuales de la revolución científica y sus secuelas, principalmente en el milenio anterior al nuestro; en la columna 2 se describen las posteriores causas de desencanto y de rechazo, que se intensificaron a finales del siglo XX y parecen haber alcanzado su punto álgido en los primeros años del nuevo milenio; en la columna 3 se esboza el periodo cultural en plena evolución que hoy estamos experimentando, junto con nuestra «visión PC3M» para salvar la brecha entre ciencia y sociedad.

La tabla es tan solo un pequeño esbozo; no pretendemos que sea una idea completamente original por nuestra parte, ni mucho menos, por supuesto, que pueda considerarse por sí sola una obra autorizada de historia intelectual. Todo lo que mencionamos en las dos primeras columnas ha sido debatido y analizado por numerosos estudiosos de muchas disciplinas distintas; pero creemos que la tercera describe pautas emergentes que aún no se han apreciado plenamente o de forma generalizada.

Si bien todavía está en sus inicios, este nuevo milenio sin duda parece diferente del anterior. Aunque a veces todos los cambios que comporta pueden resultar abrumadores, mermando la percepción de tener un rumbo y una dirección compartidos, esos mismos cambios también nos están ayudando a abordar nuestros problemas individuales y colectivos, y a empezar a forjar nuestros próximos pasos.

Para dilucidar cómo hemos llegado hasta aquí, veamos con un poco más de detalle lo que ocurría durante las transiciones mencionadas en la tabla. La segunda mitad del milenio anterior fue un periodo de extraordinarios logros humanos. El Renacimiento europeo de los siglos XV y XVI presenció un resurgir de las artes y de la filosofía, además –lo que resulta más relevante para este libro– de una revolución en la ciencia iniciada por las ideas y métodos desarrollados por Galileo, Kepler y Bacon. A su

Éxito científico (antes del siglo xx)	**Desencanto y rechazo (aflicciones transitorias)**	**La renovación PC3M**
Instrumentación Experimentación Replicación Computación Sociedades científicas y revistas especializadas Controles de simple y doble ciego Escepticismo científico (los postulados requieren pruebas fehacientes) Optimismo científico (con perseverancia posibilista, podemos descubrir lo que es real y pueden resolverse los problemas) Realismo científico	«Enclaustramiento» institucional de los científicos Homogeneidad de los expertos: • Raza, etnia, sexo • Clase • Situación geográfica • Opiniones políticas Conflictos de intereses económicos Exceso de confianza y sobreactuación de los expertos La postura «Lo hacemos porque podemos» y el aumento de los riesgos tecnológicos: • Armas nucleares • Cambio climático • Riesgos biológicos • Opiáceos • IA, nanotecnología, etc. • Guerra automatizada • Viralidad de las redes sociales • Mercado de valores automatizado	Pasar del «pensamiento fáctico» al «pensamiento probabilístico» Pasar de «el reduccionismo lo es todo» a una visión multinivel y rica en matices que incluya los fenómenos emergentes Pasar de las «soluciones geniales» (progreso a grandes saltos) a las «soluciones iterativas» (progreso mediante pasos meticulosos) y a una «sociedad que experimenta» Pasar de la «adopción de decisiones tecnocrática» (deciden los expertos y dirigentes) a la «adopción de decisiones deliberativa» (basada en la consulta colectiva y la búsqueda de consenso) Pasar de las disyuntivas del tipo juego de suma cero a buscar soluciones más ambiciosas, posibilistas, basadas en «agrandar la tarta» y beneficiosas para todos Trabajo interdisciplinar en equipo Nuevas herramientas colectivas: ciencia abierta (prerregistro, información compartida), análisis ciego, colaboración y comprobación multilaboratorio, ciencia ciudadana y verificación de hechos, sondeos deliberativos, planificación de escenarios, mercados de predicción, superpronosticadores, plataformas virtuales de diálogo y debate

vez, los siglos XVII y XVIII fueron testigos del notable florecimiento intelectual en torno a la racionalidad, el empirismo y la teoría moral y política que hoy conocemos como Ilustración, con importantes avances conceptuales de Newton y Leibniz, y el surgimiento de una comunidad científica organizada, con sociedades, revistas y revisión por pares. Los siglos XIX y XX trajeron consigo un replanteamiento radical de los supuestos fundamentales sobre el tiempo, el espacio y la vida de la mano de Einstein y Darwin, en paralelo al crecimiento exponencial de la tecnología gracias a inventores como Watt, Bell y Edison. A finales del milenio, las tecnologías digitales vinieron a transformar radicalmente la economía y la cultura.

Sin embargo, como señalábamos al principio de este libro, a finales del siglo XX esa percepción optimista del progreso había pasado de moda. Los avances antaño considerados radicales parecían menos asombrosos y más anodinos, y muchos juzgaban las visiones utópicas del progreso humano ingenuas o irremisiblemente arraigadas en los antiguos sistemas coloniales de poder, ahora obsoletos y desacreditados. Y lo que es peor: en los últimos años el optimismo científico ha sufrido ataques mucho más profundos y fulminantes que las críticas académicas más mordaces. La fe en dos supuestos aparentemente inquebrantables –que toda proposición debe justificarse con pruebas, y que la investigación científica constituye nuestro método más potente para proporcionar dicha justificación– parece estar erosionándose más rápidamente de lo que muchos creían posible.[1] (En los últimos años, incluso, aunque los científicos y los médicos siguen figurando en las encuestas entre los profesionales en los que más se confía, con el tiempo se ha producido cierto desplazamiento de los niveles de confianza en función de la postura partidista.)

No se trata simplemente de que algunos ignoren la ciencia. Incluso quienes se muestran más entusiastas con ella –y seguro que a estas alturas el lector ya se habrá dado cuenta de que los autores nos contamos entre los más fervientes– no pueden por menos que reconocer que, aunque los avances científicos han permitido a su vez avances tecnológicos, nuestra eficacia a la hora de modificar el mundo ha tenido un coste. A medida que aumenta la magnitud de nuestras intervenciones, aumentan sus efectos deseados, pero también los efectos secundarios no deseados: mejores analgésicos conllevan más adicción; un transporte más rápido comporta contaminación y atascos; la mayor velocidad de la comunicación social amplifica la información, pero también la desinformación.

Como miembros de una sociedad, no solo queremos que la ciencia incremente nuestros conocimientos: también queremos que resuelva problemas. Pero quizá la noción de «resolver» problemas resulte confusa, puesto que hablar de «soluciones» implica una finalidad que puede ser ilusoria. Tal vez deseemos solucionar algo de una vez por todas para poder centrar nuestra atención en otros asuntos, pero puede que las cosas no funcionen así. Quizá debamos ver los problemas como algo que tenemos que gestionar mediante constantes ajustes, como cuidar un jardín o afinar una guitarra.

Hay un magnífico ensayo de Donald Campbell, que lleva por título «La sociedad experimental»,[2] donde el autor planteaba su visión de una sociedad que «probaría enérgicamente posibles soluciones a problemas recurrentes y haría evaluaciones realistas y multidimensionales de los resultados, y cuando la evaluación de una reforma demostrara que ha sido ineficaz o perjudicial, pasaría a probar otras alternativas». Campbell sostenía que la sociedad experimental no es una estructura estática, sino un proceso continuo «comprometido con la puesta a prueba de la realidad, con la autocrítica, con evitar el autoengaño».

Así, mientras que la columna de la izquierda de nuestra tabla de conceptos del libro pretende esbozar algunos de los «hábitos mentales» propios del PC3M que pueden fomentar una sociedad de ese tipo, la de la derecha defiende, de manera crucial, que no bastan dichos hábitos mentales por sí solos: deben estar integrados asimismo en los «hábitos comunitarios» propios del PC3M, que harán que seamos honestos unos con otros y nos evitemos mutuamente el desánimo, recordándonos de forma constante que podemos hacerlo mejor y que podemos mejorar en hacerlo mejor.[3]

LA CONFIANZA, PRIMERA Y ÚLTIMA FRONTERA

La creciente importancia de esta lista de «hábitos comunitarios» transforma la propia naturaleza del pensamiento crítico para el tercer milenio. De ahí que no hayamos escrito el presente volumen al estilo de un buen libro de autoayuda (por ejemplo, *¡Piense como un científico y triunfe! Guía para gerentes, abogados, padres, médicos y pacientes atareados*). Sin duda, creemos que estas herramientas de pensamiento resultan prácticas y provechosas para la vida cotidiana, y hemos dado aquí abundantes ejemplos de ello; pero consideramos que los hábitos mentales y los hábitos comunitarios deben funcionar de manera conjunta integrándose a la vez en un panorama más amplio, lo bastante amplio como para dar al presente libro el título que le hemos dado: estas ideas afianzan el gran cambio social de pensamiento que en la tabla anterior denominamos «Renovación PC3M»; y asimismo esperamos que ofrezcan a nuestra sociedad una vía para salir de la crisis de confianza y certidumbre que nos acosa.

En diferentes épocas, en tiempos distintos, los humanos hemos utilizado diversos principios organizadores como bases comunes –redes de confianza– en las que basar nuestros debates y decisiones. A veces hemos utilizado una estructura política o económica, para bien o para mal, como el feudalismo establecido en una monarquía, o el capitalismo, o el comunismo; otras veces hemos forjado nuestro pensamiento en torno a una cultura nacional común, con sus historias y sus mitos. Pero ahora, al adentrarnos en el tercer milenio, necesitamos trabajar con una gama mucho más amplia de culturas a la vez, puesto que vivimos en comunidades locales mucho más diversas, y estamos conectados con una sociedad global –con la que además tenemos una relación de interdependencia– de una forma que hoy es más constante y omnipresente en nuestras vidas de lo que había sido nunca.

Para esta próxima etapa de nuestras vidas colectivas, nosotros vemos el conjunto común de ideas que aquí hemos dado en llamar pensamiento crítico para el tercer milenio como una potencial cultura compartida, un próximo principio organizador, en el que enraizar los debates y decisiones propios del milenio actual. La naturaleza autocrítica del «estilo PC3M» de pensamiento colectivo nos brinda tanto una necesidad como un motivo de confianza: la creciente consciencia de nuestras debilidades mentales –en particular, de nuestra capacidad de engañarnos– viene acompañada de la consciencia, no menos creciente, de cómo podemos lidiar con ello trabajando en colaboración con otros.

Pero deberíamos abordar de frente el «elefante en la habitación»: ¿cómo puede basarse un principio organizador de la confianza en una cultura que a su vez depende de la confianza? Desde luego, si uno cree que está tratando con personas bienintencionadas, las herramientas del PC3M resultan particularmente útiles para avanzar de forma colectiva, pero, por supuesto, hay personas que nunca adoptarán esta cultura, que nunca están dispuestas a verse refutadas. No podemos forjar una sociedad partiendo del supuesto de que todo el mundo actúa de buena fe; por fortuna, como veremos, no tenemos por qué hacerlo.

EL OJO POR OJO Y EL OPTIMISMO SOCIAL

La cuestión de cómo las personas de buena voluntad pueden tener éxito y prosperar juntas, en un mundo poblado por la habitual mezcla de personajes bienintencionados y egoístas, no es nueva. El tema de cómo surgen las relaciones de cooperación ha interesado a estudiosos de todos los ámbitos de las humanidades y de las ciencias biológicas y del comportamiento, y en su trabajo se pueden encontrar interesantes ideas en ese sentido. Podemos aplicar esas mismas ideas sobre el problema genérico de cómo hacer aflorar un comportamiento cooperativo en una población heterogénea de personas de buena y mala fe a nuestro problema concreto de cómo generar confianza y rastrear la realidad.

A finales del siglo XX se produjeron considerables avances en el tema de la cooperación en una población heterogénea. Uno de los factores que espolearon tales progresos fue la aplicación de una rama de las matemáticas denominada «teoría de juegos», derivada a su vez de un área de estudio conocida como «teoría de la decisión». Esta última aborda el problema de cómo tomar decisiones óptimas en condiciones de incertidumbre, mientras que la teoría de juegos trata la cuestión de cómo tomar decisiones óptimas en condiciones de conflicto, donde nuestras decisiones se hallan en relación de interdependencia con las de otros sujetos que tienen preferencias e incentivos distintos. Los llamados «juegos» en esta teoría son distintas combinaciones posibles de retribuciones para cada jugador, que dependen de un conjunto discreto de decisiones que toma cada uno de ellos. La teoría examina el rendimiento de diferentes estrategias, definidas como decisiones que deben tomarse en eventualidades distintas. Aunque los juegos adoptan la forma de matrices numéricas, a menudo reciben nombres pintorescos como el «dilema del prisionero», la «gallina» o la «caza del ciervo».

Una de estas estructuras de juego, el «dilema del prisionero», reviste especial interés debido a que cada jugador se ve tentado a actuar de forma egoísta, pero, si ambos lo hacen, salen peor parados que si ambos hubieran optado por cooperar. (El nombre se debe a una hipotética situación en la que un preso puede obtener una condena menor que su cómplice si le delata, o bien ambos quedan en libertad si ninguno lo hace, o bien ambos reciben una larga condena si los dos optan por la delación.) Hay una versión monetaria del juego, con dos jugadores y numerosas rondas, en la que cada jugador decide en privado en una ronda determinada si coopera o desiste (es decir, se niega a cooperar). Si ambos jugadores eligen cooperar, cada uno recibe 100 dólares; pero si uno de ellos elige desistir mientras que el otro opta por cooperar, el que desiste recibe más, 150 dólares, y el que coopera no recibe nada. El riesgo está en que, si ninguno de los dos elige cooperar, ninguno de ellos recibe dinero.

El politólogo Robert Axelrod ha estudiado el comportamiento en este tipo de juegos invitando a otros a proponer estrategias para conseguir el mayor número de puntos en una versión iterada del dilema del prisionero en la que los jugadores tenían cierta probabilidad fija de reencontrarse antes del final del torneo en cuestión. En el primer torneo celebrado, la ganadora resultó ser una sencilla estrategia denominada en inglés *Tit for Tat*, abreviada TFT (una expresión que viene a significar «ojo por ojo»).[4]

¿Cómo funciona la estrategia TFT? En dos palabras: 1) el jugador siempre coopera en su primer encuentro con otro jugador, y 2) luego se limita a corresponder «pagando con la misma moneda» cualquier movimiento que el otro jugador haya hecho la vez anterior. ¿Por qué funciona esta estrategia? Axelrod la define como una estrategia caracterizada por la «amabilidad» (siempre se coopera en el primer encuentro), la «provocación» (se actúa de forma menos amable con un jugador que se ha aprovechado la vez anterior) y el «perdón» (se volverá a cooperar de nuevo cuando el otro jugador empiece a hacer lo propio). Al partir del supuesto de un jugador angelical «siempre dispuesto a cooperar», la TFT fracasará en el primer encuentro con un jugador egoísta, pero después de eso ya no será posible volver a aprovecharse de él; en cambio, si se enfrenta a otro jugador también «amable», de inmediato ambos entrarán en una dinámica de cooperación mutuamente beneficiosa.

Volvamos al reto secular de conseguir que la gente trabaje de forma cooperativa en la búsqueda de la mejor solución posible a un problema del mundo real. Puede que este reto no encaje a la perfección en ninguna estructura de juego sencilla como el dilema del prisionero, pero creemos que pueden aplicarse aquí algunas de las lecciones que cabe extraer de la bibliografía sobre el tema. Si bien hay numerosas tentaciones que pueden frustrar o abreviar un proceso cooperativo, nos parece que la receta de Axelrod, u otra similar, beneficia la resolución cooperativa de problemas a largo plazo. Sirve de ayuda cuando los participantes empiezan cooperando («amabilidad») y luego se muestran dispuestos a reanudar la cooperación («perdón») después de que un colega recalcitrante también lo haga. Esta predisposición a cooperar parece un pariente no muy lejano de otro rasgo del que hemos hablado aquí, el «optimismo científico», esto es, la capacidad de mantener la creencia de que es posible resolver un problema durante el tiempo suficiente para llegar a resolverlo. Quizá debamos añadir un concepto complementario a nuestra lista, el «optimismo social», es decir, la capacidad de mantener la creencia de que la mayoría de la gente desea cooperar durante el tiempo suficiente para encontrar personas dispuestas a hacerlo y así resolver los problemas.

Pero lo más importante es que la receta de Axelrod incluye cierta dosis de crudo realismo: no compensa seguir cooperando con otro jugador que simplemente se limita a aprovecharse de ti. Por ese motivo fracasan algunas iniciativas basadas en la cooperación. La cuestión clave es si hay suficientes personas dispuestas a cooperar que puedan encontrar a otras personas igualmente dispuestas a hacerlo como para que tales fracasos no sean la pauta dominante.[5]

A la hora de sopesar nuestras posibilidades de éxito, puede resultar instructivo examinar una estrategia que ha superado a la TFT en diversas competiciones informatizadas posteriores. Conocida en inglés como *Tit for Two Tats* (abreviada TF2T), se trata de una estrategia más benévola que consiste en no castigar una jugada no cooperativa hasta que se produce dos veces (podría traducirse, pues, como «ojo por dos ojos»). Ya hemos hablado anteriormente del «error fundamental de atribución», la desafortunada tendencia de las culturas occidentales individualistas a dar por hecho que los demás pretenden cometer deliberadamente transgresiones (actúan con malicia), mientras que, si las cometemos nosotros, se trata solo de un error. La estrategia TF2T actúa como una persona que se esfuerza en superar su propia tendencia a incurrir en el error fundamental de atribución: asume que el primer movimiento no cooperativo es solo un error, no una señal de que se está ante alguien que actúa de mala fe.

Tenemos esperanza en la TF2T, como la tenemos en los logros materiales de quienes participan en los inmensos esfuerzos colectivos que se están llevando a cabo para alimentar y educar al mundo. Nuestra voluntad de cooperar incluso en medio de quienes desisten de hacerlo constituye la fuente de nuestros mejores progresos sociales, intelectuales y científicos. De hecho, aunque por regla general las noticias suelen centrarse en los conflictos humanos, estos representan tan solo una pequeña fracción de nuestras vidas. Pasamos la parte fundamental de ellas inmersos en estructuras de colaboración y cooperación: asistimos a clases donde aprendemos a colaborar unos con otros y con los profesores; trabajamos en empresas donde diferentes personas desempeñan distintas funciones y tienen que cooperar para que alguna de ellas tenga éxito; pasamos nuestro tiempo libre con grupos de amigos...

El psicólogo y antropólogo evolucionista Michael Tomasello lleva muchos años afirmando que los humanos son únicos en cuanto a su capacidad de colaboración y cooperación.[6] Otros animales rara vez colaboran en nada que se acerque a la envergadura, el alcance y la variedad de formas que caracterizan la cooperación humana. Esta se produce en una fase muy temprana de nuestra vida: los niños de 19 meses son capaces de dar comida que les gusta a un desconocido que parezca hambriento, y es habitual que recojan o señalen un objeto que se le ha caído o perdido a un adulto. Y las actividades de colaboración, en las que las personas se asignan a sí mismas distintas funciones que desempeñar en una estructura social con un objetivo compartido, impregnan toda la vida humana adulta. De modo que, aunque no podamos confiar en que todas las personas con las que nos encontremos se vayan a mostrar dispuestas a cooperar, al menos las probabilidades de que eso ocurra son mayores de lo que uno podría deducir leyendo o escuchando las noticias.

LA PISTA: VOLUNTAD DE APRENDER

Al parecer, pues, el primer paso hacia una cultura impregnada del pensamiento crítico para el tercer milenio, capaz de generar confianza y de rastrear la realidad, es el optimismo social, no porque dicho optimismo vaya a verse siempre recompensado, sino porque solo necesita verse recompensado lo suficiente mientras nos mantenemos en guardia ante quienes desisten de cooperar y actúan de mala fe. En el mundo real nos interesa saber cuándo hemos encontrado un colaborador de buena fe para poder responderle con «amabilidad» de forma sistemática; tal colaborador, por ejemplo, se comprometería a buscar la verdad sobre las cuestiones fácticas en lugar de limitarse a ganar el debate. De manera que el siguiente paso decisivo podría ser el de saber reconocer cuándo hemos encontrado a otros colaboradores de buena fe, y probablemente la disposición a verse refutado propia del PC3M constituye una forma de comprobarlo tan buena como cualquier otra; podríamos decir que es una «pista» reveladora de que nos hallamos ante un colaborador de ese tipo.

De hecho, buscamos esa actitud de estar siempre abierto a aprender en todas nuestras interacciones: cuando trabajamos con otros individuos o grupos; cuando investigamos a posibles expertos a los que escuchar, e incluso cuando juzgamos a las instituciones –universidades, periódicos, sociedades profesionales– que nos proporcionan tales expertos. Así, por ejemplo, escuchamos atentamente a los expertos que nos parecen plausibles para ver cómo manejan la nueva información que debería hacerles cambiar de opinión, y buscamos instituciones que apoyen y recompensen a sus miembros cuando lo hacen. Ese es el fundamento sobre el que construimos nuestra próxima generación de redes de confianza, no solo individualmente, sino también como sociedad.

Al adentrarnos en el tercer milenio, es probable que esa construcción y reconstrucción de redes de confianza ocupe un lugar predominante en nuestra mente. Ya hemos sido testigos de los daños causados a nuestra sociedad por la difusión generalizada de información falsa, entre ellos la polarización política extrema; y entre las «fábricas de *clickbait*» y el «contenido pegajoso» basado en inteligencia artificial publicado en internet y las redes sociales, podemos esperar que en un futuro próximo nos encontremos con más dificultades aún para rastrear la realidad. Algunos de los métodos existentes –redes de persona a persona, conferencias, universidades– pueden abordar este reto, pero tenemos la oportunidad (y la necesidad) de hacer más. Así pues, deberemos pensar en términos más prácticos en una «economía de la confianza» (acuñada en paralelo a la «economía de la atención») que encuentre nuevas formas de recompensar el pensamiento colectivo de mente abierta y se base en la realización de nuevos experimentos.

Tales experimentos podrían incluir nuevos mecanismos de apoyo al periodismo de investigación de calidad. Por ejemplo, hace tiempo que se debate la posibilidad de desarrollar tecnologías que permitan a cada lector de internet pagar una cantidad muy pequeña cuando lea el trabajo de un periodista, lo que en conjunto supondría una retribución sustancial por los buenos trabajos. O podemos empezar a buscar nuevas praxis que fomenten la predisposición demostrada a verse refutado, dado que en general los periodistas presentan sus historias y análisis como objetivos y veraces. Imaginemos que todos los análisis de noticias (pongamos los artículos de *The Economist*) terminaran con un pequeño recuadro en el que el redactor ofreciera una serie de «indicadores» negativos que los lectores pudieran detectar en futuras noticias, y que, de estar presentes, revelarían que el análisis es erróneo (por ejemplo: «Si la tasa de paro sube otro punto el mes que viene, mi argumento de que la nueva política de tipos de interés revertirá el actual declive del empleo resultará ser incorrecto»). Esto no solo invitaría al lector a «considerar la alternativa», sino que además los propios periodistas se verían forzados a considerar la posibilidad de que los hechos refuten su análisis, lo que los llevaría a fijarse como meta estar más apegados a la realidad, en lugar de limitarse a parecer expertos inteligentes.

Llevando un paso más allá esta experimentación propia de la economía de la confianza –al fin y al cabo, hemos postulado que una sociedad basada en el pensamiento crítico para el tercer milenio es una «sociedad que experimenta»–, querremos inventar sistemas de incentivos para animar a todos los megamedios de nuestro tiempo a optimizar el aprendizaje positivo y recíproco entre la población a la que venden sus productos. Si los beneficios de los accionistas de una empresa de comunicación dependen solo de la atención de la opinión pública y los consiguientes ingresos publicitarios, la industria mediática exhibirá una tendencia natural, en el mejor de los casos, a introducir ruido en nuestro aprendizaje recíproco y nuestra mutua conversación pública, y, en el peor, a llevarnos a los llamados «silos de información» y al extremismo. Se trata aquí de una versión informativa de la «tragedia de los bienes comunales», en la que contaminar el espacio público redunda en el interés individual de una empresa, pero no en el interés colectivo de nadie.

Y al igual que con el tiempo aprendimos a ofrecer incentivos (y sanciones) para corregir la contaminación medioambiental, habremos de experimentar con incentivos y sanciones para corregir la contaminación de nuestros bienes comunales cognitivos.

Por ejemplo, cabría imaginar el desarrollo de incentivos para los medios de comunicación y las redes sociales que dependieran del grado en que se condujera a los usuarios de un determinado medio a cámaras de resonancia de pensamiento político o, alternativamente, se les presentara una amplia información sobre los debates políticos. Un constante sondeo entre los espectadores más incondicionales de cada medio podría comprobar si, con el tiempo, devienen más o menos capaces de describir los argumentos con los que discrepan sobre un tema de actualidad seleccionado al azar. Las empresas perderían los incentivos si sus usuarios resultaran ser menos capaces de expresar puntos de vista alternativos, y se beneficiarían de ellos si, por el contrario, se revelaran más capaces de hacerlo. Esto supondría un freno a los algoritmos diseñados para favorecer la polarización y los silos informativos.[7]

Pero al tiempo que esperamos que estas iniciativas sociales de carácter general relativas a los bienes comunales cognitivos acudan en nuestra ayuda, también tendremos que experimentar individualmente para construir nuestras propias redes de confianza. ¿Cuántos de nosotros tenemos un amigo con ideas opuestas a las nuestras con el que poder hablar y que sea capaz además de dar argumentos plausibles en contra de las posturas que la mayoría de nuestras amistades dan por sentadas? Las redes de confianza no son cámaras de resonancia repletas de amigos con ideas afines: tenemos que estar conectados con personas con las que discrepamos, pero con las que podemos mantener una auténtica conversación sobre tales discrepancias. Si queremos ser capaces de rastrear la realidad en este mundo nuestro, donde abunda la información buena y mala de forma indiferenciada, puede que tengamos que buscar activamente a esos amigos y contactos. (Quizá deberíamos crear un servicio de contactos para los lectores de este libro que quieran encontrar a otros que discrepen de ellos, pero que compartan su misma «pasión del PC3M» por rastrear la realidad.)

Al principio de este capítulo reafirmábamos el reto que afrontamos al adentrarnos en el milenio actual, el reto que requiere del pensamiento crítico para el tercer milenio: «Con la posibilidad de tener acceso directo a ingentes universos de datos, hoy nos vemos obligados a dilucidar en qué hechos basar nuestras decisiones, cuándo investigar por nosotros mismos y cuándo recurrir a expertos, cuáles de estos últimos son dignos de confianza (y en relación con qué temas concretos), y cuándo podríamos necesitar una sabia orientación para integrar los valores en las decisiones que tomemos». Pero, para afinar un poco más la cuestión, digamos que el reto no es solo que haya una enorme masa de información que cribar, sino también que muchas de las fuentes de dicha información se jactan sin ambages de ser completas y certeras. De ahí que necesitemos herramientas del PC3M que nos ayuden a establecer relaciones de confianza eficaces que a su vez nos permitan crear una red de fuentes creíbles —personas, expertos, instituciones, sitios web— y, en última instancia, a tener la capacidad de evaluar la credibilidad de proposiciones contradictorias.

Se trata más de un proceso de construcción que de un ejercicio de criba. Cuando identificamos información digna de confianza, no creemos en ella porque nuestro grupo político o cultural preferido crea en ella y el otro bando no; antes bien, creemos en ella porque hay personas con capacidad autocrítica y de las que discrepamos que también lo hacen. Es sobre esta base sobre la que fundamentamos nuestra interpretación.

Si somos capaces de aprovechar lo mejor de estos numerosos avances, lo que veremos surgir —y lo que queremos destacar y fomentar con el pensamiento crítico para el tercer milenio— no es solo un rejuvenecimiento de la Ilustración; puede resultar ser un segundo y genuinamente nuevo tipo de ilustración para un nuevo milenio.

Esperamos que el lector se quede con la sensación realista, pero estimulante, de que con un impulso colectivo podríamos ser capaces de dar ese paso decisivo y adentrarnos en el tercer milenio con un nuevo enfoque colaborativo para encarar nuestros problemas y oportunidades, desde los más pequeños hasta los de ámbito global. No necesitamos creer en la visión de un mundo plenamente floreciente y de apariencia utópica para que este proyecto resulte interesante (hay mucho más a nuestro alcance que podemos conseguir de forma más inmediata), aunque puede que algunos de nosotros también nos sintamos motivados y entusiasmados por ese ambicioso objetivo. Tenemos los ingredientes del pensamiento crítico para el tercer milenio, tenemos la motivación y tenemos un razonable optimismo científico que podría hacer de este el milenio en el que logremos avanzar como una familia humana global.

Nos enfrentamos a enormes desafíos en las próximas décadas. Pero recordemos que las dos últimas constituyen tan solo el 2 % de nuestro nuevo milenio: en nuestra mano está forjar el 98 % restante.

AGRADECIMIENTOS

Son muchas las contribuciones que debemos agradecer en la elaboración de este libro. En primer lugar, están los estudiantes que colaboraron durante el periodo de gestación (¡más de nueve meses!) del correspondiente curso universitario, y luego los entregados y creativos grupos de ayudantes docentes, tanto de posgrado como de licenciatura, e investigadores y consultores posdoctorales, todos los cuales desempeñaron un papel activo tanto en la identificación de las ideas y temas que estábamos recopilando como en la forma de enseñarlos y evaluar los resultados. En las nueve ocasiones (hasta ahora) en que hemos impartido el curso, la mayoría de nuestros docentes se han entregado a él con auténtico amor, y el curso no sería el mismo sin sus creativas aportaciones. Ojalá pudiéramos destacar aquí sus importantes esfuerzos individuales, pero como mínimo podemos dar las gracias de todo corazón a Adhiraj Ahuja, Ingrid Altunin, Shrihan Argawal, Sophia Baginski, Kasia Baranek, Kristin Barker, Jennifer Barnes, Grant Belsterling, Kelly Billings, Colette Brown, Micah Brush, Jasmine Casey, Paul Christiano, Ethan Chiang, Giana Cirolia, Andrew Critch, Matthew Davis, Brian Delahunty, Ada Do, Moulay Draidia, Katherine Eddinger, Amy Fingerle, Drey Gerger, Tom Gilbert, Leah Gulyas, Nora Harhen, Chad Harper, Quian He, Jacob Heisler, Andrea Hengaertner, Rachel Hood, Rebecca Hu, Christina Ismailos, Kristen Isom, Colin Jacobs, Amisha Jain, Rachel Jansen, Darren Kahan, Louis Kang, Dan Keys, Namrata Khantamneini, Tarah Kirnan, Hannah Laqueur, Alyssa Li, Guang-Chen Li, Emily Liquin, Hui-Chen (Betty) Liu, Ana Lyons, Nina Maryn, Smriti Mehta, Dylan Moore, Nikolai Oh, Gufran Pathan, Antonia Peacocke, Jonathan Pober, Keven Quach, Radhika Rawat, Erin Redwing, Jem Ruf, Trevor Schnack, Vincent Sheu, Riordon Smith, Sophia Steffens, Bethany Suter, Aaron Szasz, Kaitlan Tseng, Bridget Vaughan, Dax Vivid, Sophie Wiener, Liz Wildenhain, Daniel Wilkenfeld, Alice Zhang, Ted Zhang, Rebecca Zhu y Zachary Zimmerman. Damos también las gracias a las nueve promociones de estudiantes universitarios que han seguido el curso; hemos aprendido mucho de ellos.

Aditya Ranganathan, Winston Yin y Gabriel Perko-Engel merecen una mención muy especial aquí: a lo largo de diferentes años, han dirigido a nuestro equipo docente, han coordinado el desarrollo de nuestros materiales didácticos y han aportado un juicioso contenido –y su entusiasmo– tanto al curso como a este libro. El doctor S. Emlen Metz ha sido una fuerza destacada en esta labor, primero en el desarrollo de objetivos de aprendizaje y materiales de evaluación, y luego como líder y reflexivo colaborador en el desarrollo de las diferentes expresiones del material del curso al modificarse en función de diferentes medios y dirigirse a audiencias distintas. La profesora Alicia Alonzo, educadora científica por excelencia, fue nuestra primera guía a la hora de adoptar estos enfoques educativos a la vez rigurosos y verificables, y su colaboración con nosotros constituyó una parte importante de la formulación inicial del curso y sus técnicas de evaluación. Y después de que Rob MacCoun cambiara de institución, hemos tenido varios años de maravillosa docencia compartida con Tania Lambrozo, profesora de Ciencia Cognitiva, Alison Gopnik, profesora de Psicología, y Amy Lerman, profesora de Políticas Públicas y Ciencias Políticas, que a lo largo de diferentes años se hicieron cargo del trabajo de Rob en Ciencias Sociales y aportaron nuevas ideas y entusiasmo al curso. Johann Frick hizo aportaciones fascinantes el año que enseñó Filosofía en sustitución de John Campbell. Este libro recoge la historia actual, pero ¡podemos esperar futuras secuelas!

Will Lippincott nos brindó una sólida orientación y su aliento como agente y pensador. Este libro probablemente aún no se habría escrito de no ser por Nicole Pagano, que no solo nos ayudó a organizar nuestra colaboración, sino que también fue una fuente constante de sabiduría, diplomacia y entusiasmo al reaccionar ante cada nueva idea para la obra. Lisa Kaufman leyó los primeros borradores y aportó inestimables comentarios para hacer que el libro resultara más accesible y fácil de entender. Eric Engles ayudó a realizar las transcripciones de las conferencias y convertirlas en un formato más legible. Y agradecemos a Jeffrey Ptak (de Morningstar), Rob Vishny y Steve Kaplan su ayuda en la elaboración del gráfico y las citas relativas a los fondos de inversión gestionados. Damos también las gracias al excelente equipo de Little, Brown Spark, dirigido por la editora y jefa de redacción Tracy Behar, que desempeñó el papel crucial de la persona capaz de entender nuestra visión del libro y hacerla realidad. Una contribución de fondo particularmente importante fue la de Alix Schwartz, que desarrolló y dirigió el programa del curso «Grandes ideas» en la Universidad de California en Berkeley, animando a que prosperara un curso con una concepción tan inusual como este e iniciándonos en el camino hacia este libro con su apoyo conceptual y práctico. La Fundación Gordon y Betty Moore apoyó gran parte del trabajo necesario para escribir el libro, mientras que Janet Coffey aportó sus conocimientos expertos y su orientación sobre el contenido y los planteamientos educativos, tan valiosos como la financiación que se encargó de gestionar. Karen y Frank Dabby son atentos benefactores desde hace largo tiempo. En los últimos años, el curso también se ha beneficiado enormemente del apoyo filantrópico de Mark Rosenthal.

Por último, damos las gracias a nuestras familias y amigos, así como a los mentores que han participado en este trabajo asumiendo múltiples funciones. Saul estudió y comentó muchos de los conceptos del libro con Rich Muller y Bob Cahn, además de su padre, Daniel Perlmutter. Su madre, Felice (Faigie) Perlmutter, también habría reconocido su cálido enfoque colaborativo en la obra. Saul suele pasar la mayoría de sus ideas —y de sus frases— por el filtro de su esposa, Laura Nelson, mientras que su hija, Noa Perlmutter, le ayudó con la corrección del texto y diseñó los iconos que encabezan todos los capítulos; ambas dan calidez y plenitud a su vida. John, por su parte, desea dar las gracias a Cassandra Chen, Antonia Peacocke, Niko Kolodny, Tim Crockett, y su hijo Rory, todos los cuales le ayudaron de distintas formas. Y Rob desea dar las gracias a su padre, Malcolm MacCoun; a su difunta esposa, Lori Dair, que fue su pilar de apoyo y fuente de sabiduría durante treinta y cinco años antes de sucumbir a la ELA en 2022, y a sus hijas Audrey y Maddie por ayudar a cuidar de Lori durante su enfermedad y luego de él durante su batalla contra el cáncer en 2022-2023.

En nuestra esperanza de un futuro en el que las personas se escuchen, propongan ideas y disfruten creando cosas juntas, no podemos dejar de mencionar a quienes han enriquecido nuestras vidas compartiendo música con nosotros. Algunos de los autores hemos hecho música de cámara o formado parte de orquestas; otros hemos tocado en grupos de jazz. La alegría y la habilidad de participar en la creación musical colectiva constituyen una profunda fuente de inspiración del espíritu que impregna este libro.

NOTAS

Introducción

1. El curso universitario lleva por título «Sentido y sensibilidad y ciencia», y el material está disponible para profesores y estudiantes en <sensesensibilityscience.berkeley.edu>.

   También se está desarrollando una versión del curso para la enseñanza secundaria, «Pensamiento científico para todos: juego de herramientas», que se distribuye en colaboración con la División de Divulgación de la Fundación Nobel. Véase <nobelprize.org/scientific-thinking-for-all>.
2. National Opinion Research Center, «Major declines in the public's confidence in science in the wake of the pandemic», 15 de junio de 2023. No obstante, observamos que la ciencia sigue estando por delante de otros estamentos en los que la confianza disminuye aún más deprisa.
3. ¿Qué entendemos por *ciencia* en este libro? La definición que da la versión inglesa de la Wikipedia, «La ciencia es una disciplina sistemática estricta que construye y organiza el conocimiento en forma de hipótesis y predicciones comprobables sobre el mundo», capta gran parte de lo que nosotros describimos, aunque quizá sea mejor complementarla con la definición del diccionario Merriam-Webster: «Conocimiento o un sistema de conocimiento que trata verdades generales o el funcionamiento de leyes generales especialmente si se obtienen y ponen a prueba mediante el método científico».

1. Decisiones, decisiones, decisiones

1. La epistocracia se analiza en profundidad en Estlund, David M., *Democratic Authority*, Princeton University Press, 2009. Véase también Brennan, Jason, *Against Democracy*, Princeton University Press, 2016.

2. Instrumentos y realidad

1. Vale la pena señalar que estos estudios sobre los efectos cognitivos de la calidad del aire en interiores son difíciles de llevar a cabo adecuadamente, y que hay numerosas variantes en cuanto a las técnicas de medición tanto de las propiedades del aire al que los sujetos están realmente expuestos como de las capacidades cognitivas concretas que se ven potencialmente afectadas. También existe la posibilidad de que la disminución de las capacidades cognitivas se deba a la acumulación de otros contaminantes en el aire de una estancia cerrada y que la proporción de dióxido de carbono actúe aquí como un indicador indirecto de esos otros contaminantes. Puede verse un análisis de todas estas cuestiones en Du, B., Tandoc, M. C., Mack, M. L., y Siegel, J. A., «Indoor CO_2 concentrations and cognitive function: A critical review», *Indoor Air*, 30 (2020), pp. 1067-1082; así como la reciente revisión de Fana, Y., Caoa, X., Zhang, J., Laid, D., y Panga, L., «Short-term exposure to indoor carbon dioxide and cognitive task performance: A systematic review and meta-analysis», *Building and Environment*, 237 (2023), 110331.
2. Ronchi, V., «The influence of the early development of optics on science and philosophy», en E. McMullin (ed.), *Galileo: Man of Science*, Basic Books, 1967, pp. 195-206.
3. Heyerdahl, T., *Kon Tiki*, Simon & Schuster, 2013 [trad. esp.: *La expedición de la Kon-Tiki*, Juventud, 1991]. Sobre la aplicación de las metáforas de la balsa y la pirámide a nuestro conocimiento véase Sosa, E., «The raft and the pyramid», *Midwest Studies in Philosophy*, 5 (1980), pp. 3-26.

3. Hacer que pasen cosas

1. La historia real de esta correlación resulta un poco difícil de descifrar (y hay algunos indicios, ciertamente discutidos, de que cantidades menores de alcohol pueden exhibir de hecho una correlación inversa en algunas personas). Véase Godos, J., Giampieri, F., Chisari, E., Micek, A., Paladino, N., Forbes-Hernández, T. Y., Quiles, J. L., Battino, M., La Vignera, S., Musumeci, G., y Grosso, G., «Alcohol consumption, bone mineral density, and risk of osteoporotic fractures: A dose-response metaanalysis», *International Journal of Environmental Research and Public Health*, 19 (3) (2022), p. 1515.

2. Pouresmaeili, F., Kamalidehghan, B., Kamarehei, M., y Goh, Y. M., «A comprehensive overview on osteoporosis and its risk factors», *Therapeutics and Clinical Risk Management*, 14 (2018), pp. 2029-2049.
3. Sober, E., «Venetian sea levels, British bread prices and the principle of the common cause», *British Journal for the Philosophy of Science*, 52 (2001), pp. 331-346.
4. El sitio web Spurious Correlations utiliza el término *espurio* para referirse a aquellos casos en los que simplemente *no* existe una red causal que sustente la asociación entre dos variables, es decir, cuando dicha asociación no es más que una coincidencia fortuita. Sin embargo, con frecuencia se utiliza la expresión «correlación espuria» para aludir a las situaciones en las que las dos variables en cuestión tienen una tercera causa común, lo que aquí hemos denominado «modelo D».
5. En la exposición que sigue a continuación nos basamos en gran medida en la importante teoría de la causalidad de Judea Pearl, así como en los trabajos del estadístico Donald Rubin y el filósofo de la ciencia James Woodward. El lector encontrará una introducción accesible al análisis de Pearl en su libro *The Book of Why: The New Science of Cause and Effect*, Basic Books, 2020 [trad. esp.: *El libro del porqué: La nueva ciencia de la causa y el efecto*, Pasado y Presente, 2020], y un tratamiento más completo y riguroso del tema en su obra *Causality*, Cambridge University Press, 2.ª ed., 2009. El marco conceptual de Rubin aparece en Imbens, G. W., y Rubin, D. B., *Causal Inference for Statistics, Social, & Biomedical Sciences: An Introduction*, Cambridge University Press, 2015; mientras que el análisis de Woodward de la filosofía de la intervención puede encontrarse en «Causation and Manipulability», la entrada escrita por el autor en 2016 (y revisada en 2023) para la *Stanford Encyclopedia of Philosophy*, en <https://plato.stanford.edu/ENTRIES/causation-mani>.
6. Merece la pena destacar aquí dos características de la «asignación aleatoria». En primer lugar, resulta sorprendente que algo que a primera vista parece aportar tan poca información –añadir aleatoriedad a nuestro estudio– de hecho la incremente. En segundo término, la asignación aleatoria es un procedimiento distinto de la casi homónima «selección aleatoria». Esta última constituye una forma importante de hacer que los resultados de nuestra muestra sean generalizables a una población mayor, pero no es un método para determinar la causalidad, que es un objetivo diferente.

7. Por ejemplo, en la década de 1960, el doctor Chester M. Southam llevó a cabo varios experimentos que consistían en inyectar virus o células cancerosas en sujetos humanos con capacidad limitada para dar su consentimiento a participar en la investigación. Véase Plumb, R. K., «Scientists split on cancer tests; some back use of humans – more humility urged», *The New York Times*, 22 de marzo de 1964, p. 53.
8. Hill, A. B., «The environment and disease: association or causation?», *Proceedings of the Royal Society of Medicine*, 58 (5) (1965), pp. 295-300.
9. En cualquier aplicación dada, este tipo de evidencias no experimentales pueden evaluarse utilizando los marcos causales antes citados de Judea Pearl o Daniel Rubin, que permiten a los investigadores dilucidar qué causas potenciales pueden descartarse con los datos y qué explicaciones causales siguen siendo viables.

4. Un giro radical hacia el pensamiento probabilístico

1. «What is the probability that an earthquake will occur in the Los Angeles Area? In the San Francisco Bay area?», U. S. Geological Survey, <https://www.usgs.gov/faqs/what-probability-earthquake-will-occur-los-angeles-area-san-francisco-bay-area?qt-news_science_products=0#qt-news_science_products>.
2. La frase se cita en Nicholas Taleb, *Fooled by Randomness* (Penguin Random House, 2008), introducida por estas palabras: «El filósofo escocés David Hume planteó la cuestión de la siguiente manera (reformulada en el ahora famoso problema del cisne negro de John Stuart Mill)».
3. Reddy, V., «Getting back to the rough ground: Deception and "social living"», *Philosophical Transactions of the Royal Society, London, B: Biological Science*, 362 (1480) (2007), pp. 621-637.
4. El artículo donde se exponían las pruebas del descubrimiento de un monopolo magnético es: Price, P. B., Shirk, E. K., Osborne, W. Z., y Pinsky, L. S., «Evidence for detection of a moving magnetic monopole», *Physical Review Letters*, 35 (1975), p. 487; el artículo en el que se mencionaba el cambio de opinión de los científicos es: Price, P. B., Shirk, E. K., Osborne, W. Z., y Pinsky, L. S., «Further measurements and reassessment of the magnetic-monopole candidate», *Physical Review D*, 18 (1978), p. 1382.

5. Exceso de confianza y humildad

1. El caso del *Challenger* se analiza en Freudenburg, W. R., «Perceived risk, real risk: Social science and the art of probabilistic risk assessment», *Science*, 242 (1988), pp. 44-49.
2. Un estudio realizado en 2012 sobre más de dos mil retractaciones científicas reveló que menos de una cuarta parte de ellas se atribuían a errores, mientras que dos tercios se atribuían a falta de profesionalidad: Fang, F. C., Steen, R. G., y Casadevall, A., «Misconduct accounts for the majority of retracted scientific publications», *Proceedings of the National Academy of Sciences*, 109 (2012), pp. 17028-17033. (Curiosamente, más tarde los propios autores publicaron una enmienda en la que se corregían una serie de errores de una tabla que aparecía en su artículo.) Este estudio podría dar la falsa impresión de que en el ámbito científico la falta de profesionalidad es mucho más frecuente que el error, pero sin duda ocurre todo lo contrario. De hecho, otros estudios revelan que en muchas ocasiones los expertos se muestran reacios a reconocer sus errores, y, cuando los reconocen, suelen hacerlo de forma que se minimicen dichos errores y la amenaza que suponen. Véase Tetlock, P. E., *Expert Political Judgment: How Good Is It? How Can We Know?*, Princeton University Press, 2006.
3. Asness, C., *et al.*, «Open letter to Ben Bernanke», *The Wall Street Journal*, 15 de noviembre de 2010; Carey, D., y Willmer, S., «Fed naysayers warning of inflation say they're still right», *Bloomberg*, 10 de octubre de 2014.
4. Krugman, P., «Honey, I shrank the economy's capacity», *The New York Times*, 21 de enero de 2022.
5. Leary, M. R., *The Psychology of Intellectual Humility*, John Templeton Foundation, 2018, <https://www.templeton.org/wp-content/uploads/2020/08/JTF_Intellectual_Humility_final.pdf>.
6. Rohrer, J. M., Tierney, W., Uhlmann, E. L., DeBruine, L. M., Heyman, T., *et al.*, «Putting the self in self-correction: Findings from the Loss-of-Confidence Project», *Perspectives on Psychological Science*, 16 (2021), pp. 1255-1269.
7. Este tipo de ejercicio fue desarrollado por Koriat, A., Lichtenstein, S., y Fischhoff, B., «Reasons for confidence», *Journal of Experimental Psychology: Human Learning and Memory*, 6 (1980), pp. 107-118. Advertimos que, por razones técnicas, este ejercicio concreto puede sobrestimar la magnitud del exceso de confianza, pero otros métodos (más complejos) demuestran

que el efecto es real. Véase Moore, D. A., y Healy, P. J., «The trouble with overconfidence», *Psychological Review*, 115 (2008), pp. 502-517.

8. Los investigadores han propuesto explicaciones alternativas para el patrón de calibración característico que surge en este tipo de situaciones de «elección forzosa entre dos alternativas»; véase Koriat, A., «The self-consistency model of subjective confidence», *Psychological Review*, 119 (2012), pp. 80-113. Pero la pauta general del exceso de confianza se reproduce de forma generalizada utilizando muchos otros procedimientos.
9. Un intervalo de confianza es una de las formas que puede adoptar la «barra de error» que veíamos en el capítulo 4.
10. Deaves, R., Lüders, E., y Schröeder, M., «The dynamics of overconfidence: Evidence from stock market forecasters», *Journal of Economic Behavior & Organization*, 75 (2010), pp. 402-412.
11. Tetlock, P. E., *Expert Political Judgment: How Good Is It? How Can We Know?*, Princeton University Press, 2006.
12. Birge, R. T., «The general physical constants: As of August 1941 with details on the velocity of light only», *Reports on Progress in Physics*, 8 (1941), pp. 90-135.
13. Henrion, M., y Fischhoff, B., «Assessing uncertainty in physical constants», *American Journal of Physics*, 54 (1986), pp. 791-798.
14. Murphy, A. H., y Winkler, R. L., «Reliability of subjective probability forecasts of precipitation and temperature», *Journal of the Royal Statistical Society, Series C (Applied Statistics)*, 26 (1977), pp. 41-47. Cabe señalar aquí que un estudio reveló que los crupieres de *blackjack* resultaban no estar mejor calibrados que los profanos a la hora de juzgar las opciones del juego, a pesar de que en general los crupieres presumiblemente gozan de algunas de las mismas ventajas que los meteorólogos. Véase Wagenaar, W., y Keren, G. B., «Calibration of probability assessments by professional blackjack dealers, statistical experts, and lay people», *Organizational Behavior and Human Decision Processes*, 36 (1985), pp. 406-416.
15. Wakeman, N., «IBM's "Jeopardy!" match more than game playing», *Washington Technology*, 11 de febrero de 2011, <https://washingtontechnology.com/articles/2011/02/10/ibm-watson-data-uses.aspx>. Resulta que ahora nuevos análisis han revelado que, lejos de estar perfectamente calibrado, *Watson* también tenía un ligero exceso de confianza; pero, en cualquier caso, seguía siendo más minucioso a la hora de ofrecer opiniones que los

jugadores humanos. Véase Moore, D., «Overprecision is a property of thinking systems», *Psychological Review*, 130 (2023), pp. 1339-1350.

16. Wells, G. L., Lindsay, R. C. L., y Ferguson, T. J., «Accuracy, confidence, and juror perceptions in eyewitness identification», *Journal of Applied Psychology*, 64 (1979), pp. 440-448.
17. Tenney, E. R., MacCoun, R. J., Spellman, B. A., y Hastie, R., «Calibration trumps confidence as a basis for witness credibility», *Psychological Science*, 18 (2007), pp. 46-50; Tenney, E. R., Spellman, B. A., y MacCoun, R. J., «The benefits of knowing what you know (and what you don't): Fact-finders rely on others who are well calibrated», *Journal of Experimental Social Psychology*, 44 (2008), pp. 1368-1375.
18. Sah, S., Moore, D., y MacCoun, R., «Cheap talk and credibility: The consequences of confidence and accuracy on advisor credibility and persuasiveness», *Organizational Behavior and Human Decision Processes*, 121 (2013), pp. 246-255.
19. Shariatmadari, D., «Daniel Kahneman: "What would I eliminate if I had a magic wand? Overconfidence"», *The Guardian*, <www.theguardian.com/books/2015/jul/18/daniel-kahneman-books-interview>.

6. Encontrar la señal entre el ruido

1. Los datos y gráficas relativos a las mediciones de la temperatura media global en superficie proceden de Rohde, R. A., y Hausfather, Z., «The Berkeley Earth Land/Ocean Temperature Record», *Earth System Science Data*, 12 (2020), pp. 3469-3479.
2. Los datos relativos a los núcleos de hielo de Groenlandia proceden de Vinther, B. M., Buchardt, S. L., Clausen, H. B., Dahl-Jensen, D., Johnsen, S. J., *et al.*, «Holocene thinning of the Greenland ice sheet», *Nature*, 461 (2009), pp. 385-388.
3. Véase Rohde, R., Muller, R. A., Jacobsen, R., Muller, E., Perlmutter, S., *et al.*, «A new estimate of the average earth surface land temperature spanning 1753 to 2011», *Geoinformatics & Geostatistics: An Overview*, 1 (2013).
4. Merece la pena considerar aquí la relación entre la dicotomía señal/ruido y el concepto de causalidad del que hemos hablado antes. Cuando se intenta determinar qué causa qué, la variable causal es la que tratamos de aislar para poder ver claramente su señal como causante del efecto que se

está estudiando; las demás variables son fenómenos productores que actúan como ruido en tanto en cuanto resultan irrelevantes para la relación que se está observando, pero están presentes en el sistema (y a menudo hacen más difícil dilucidar el efecto de la variable causal, es decir, la señal).

7. Ver cosas que no están ahí

1. Este gráfico se basa en uno de los presentados en el informe «Últimos resultados de la búsqueda del bosón de Higgs en el experimento ATLAS», 4 de julio de 2012, <https://atlas.cern/sites/default/files/2023-09/HiggsStatementATLAS-Spanish.pdf>.
2. Este gráfico se basa en uno de los presentados en el informe «CMS Higgs Seminar: Images and plots from the CMS Statement», 4 de julio de 2012, <cds.cern.ch/record/1459463>.
3. Quizá por razones obvias, esta cuestión de si el éxito relativo de los gestores de fondos persiste o no en el tiempo vuelve a plantearse cada tantos años. Un análisis reciente demuestra de nuevo que no hay que poner la mano en el fuego por ello: Choi, J. J., y Zhao, K., «Carhart (1997) mutual fund performance persistence disappears out of sample», *Critical Finance Review*, 10 (2021), pp. 263-270.
4. Hodis, H. N., y Mack, W. J., «The timing hypothesis and hormone replacement therapy: A paradigm shift in the primary prevention of coronary heart disease in women. Part 1: Comparison of therapeutic efficacy», *Journal of the American Geriatrics Society*, 61 (2013), pp. 1005-1010; Hochberg, Y., y Westfall, P. H., «On some multiplicity problems and multiple comparison procedures in biostatistics», en P. K. Sen y C. R. Rao (eds.), *Handbook of Statistics, Vol. 18*, Elsevier Science, 2000, pp. 81-82.
5. Llegados a este punto, puede que el lector empiece a preguntarse si es mejor obtener más datos o no. Si estamos utilizando un determinado conjunto de datos para buscar una serie de posibles factores causales (las variables de nuestro estudio), acabamos de mencionar que deberíamos comprometernos de antemano con nuestras variables (y no definirlas sobre la marcha) y tener en cuenta que incrementar las variables requiere incrementar también los datos a fin de contrarrestar el efecto «mirar a otra parte»; pero antes también decíamos que, con más datos, es probable

que veamos asimismo más patrones que parezcan «señales» en medio del ruido. Entonces, ¿tener más datos es mejor o peor? Y si vemos un patrón que parece una evidencia de algo que no habíamos previsto, ¿se supone que deberíamos limitarnos a ignorarlo? (Piensa, por ejemplo, en un ensayo médico en el que los investigadores observan que el fármaco que se está probando tiene un efecto curativo en una enfermedad que no era el objetivo de dicho fármaco: ¿qué ocurre en ese caso?)

Son precisamente este tipo de cuestiones las que nos llevan a reflexionar de forma más minuciosa –y cuantitativa– sobre nuestra concepción probabilística de la señal y el ruido. Para empezar, cuando buscamos una señal en medio del ruido, lo que hacemos en realidad es comparar la frecuencia con la que vemos lo que parece ser una señal en los datos con la frecuencia con la que esperaríamos ver algo similar si no hubiera una auténtica señal, sino tan solo patrones espurios que aparecen ocasionalmente en el ruido. De modo que la ventaja de recopilar más datos es que podemos hacer una predicción cada vez mejor de la frecuencia con la que veremos patrones de ruido espurios, y luego comparar esa cifra con la suma de patrones reales y espurios que de hecho observamos en los datos. Esa comparación nos indica la probabilidad de que lo que estamos viendo sea solo ruido o, por el contrario, una auténtica señal en medio de este. Esto es básicamente lo que nos ayudan a hacer la mayoría de las técnicas estadísticas.

Además, si observamos indicios de una señal (por ejemplo, una relación causal) que de entrada no teníamos intención de buscar, eso significa que hemos ajustado el filtro de lo que consideramos interesante a una configuración mucho más inclusiva, de forma que no se está eliminando tanto ruido como pretendíamos. Eso produce una tasa mucho mayor de falsas alarmas con respecto a la señal real, por lo que aumentan las probabilidades de ver solo patrones de ruido espurio en relación con esta última. Así pues, si queremos volver a tener las mejores probabilidades, necesitaremos recopilar aún más datos; y, de nuevo, aquí es donde la estadística acude en nuestra ayuda.

6. Los instrumentos que empleamos tienen una relación muy directa con la cuestión de encontrar señales en el ruido. En general suelen estar diseñados para amplificar o magnificar elementos de la naturaleza de modo que podamos observarlos con nuestras limitadas capacidades sensoriales. Pero en ausencia de cualquier dispositivo de filtrado, no discriminan en-

tre la señal y el ruido: amplifican ambas cosas por igual. De modo que en ese aspecto puede que los instrumentos no nos den ventaja alguna a menos que tengamos una idea de cuál puede ser la señal y cómo se puede filtrar parte del ruido. Algunos de ellos están diseñados específicamente para ofrecernos opciones que permitan dicho filtrado.

8. Entre la espada y la pared: dos tipos de error

1. Véase MacCoun, R. J., «Standards of proof: Theory and evidence», en R. Hollander-Blumhoff (ed.), *Research Handbook in Law and Psychology*, Elgar, 2024.
2. Podría decirse que el umbral óptimo (llamémosle p^*) debería basarse en la siguiente fórmula: p^*=aversión a un falso positivo/(aversión a un falso positivo+aversión a un falso negativo), donde la aversión podría oscilar entre 0 (indiferencia a este error) y 100 (aversión máxima).
3. En igualdad de condiciones, esto implica $p^* = 10/(10+1) = 0{,}91$.
4. Incluso cuando se encuentran pruebas de, por ejemplo, una nueva partícula elemental, existe un juicio de valor con respecto a su anuncio en el contexto de la incertidumbre, dado el número de teóricos que podrían lanzarse a una búsqueda inútil si el hallazgo resulta ser incorrecto.
5. En la vida real, por supuesto, ninguna universidad admite a todos los que lo solicitan un año determinado para averiguar qué ocurre en tales casos. Eso resultaría poco práctico (la mayoría de las universidades tienen límites en cuanto al número de alumnos que pueden admitir) además de cruel (ya que muchos de los estudiantes admitidos no aprobarían sus asignaturas). En consecuencia, las instituciones del mundo real rara vez pueden ver la imagen completa que ofrecen estas cifras, y se ven obligadas a utilizar otro tipo de información (por ejemplo, el rendimiento en la universidad a la que acaba asistiendo un estudiante rechazado) como aproximación.
6. Kliff, S., y Bhatia, A., «When they warn of rare disorders, these prenatal tests are usually wrong», *The New York Times*, 1 de enero de 2022.
7. El teorema de Bayes reviste especial relevancia en muchos de los temas tratados de este libro. Nos dice que, si queremos saber cuál es la probabilidad de que una determinada proposición sea correcta, dada la presencia de nuevos datos pertinentes, también tenemos que conocer lo que pre-

viamente se sabía sobre la probabilidad de que lo sea, puesto que por lo general ya disponemos de algún indicio anterior sobre la probabilidad de la proposición. El teorema de Bayes (que, en realidad, para lo que aquí nos interesa, se reduce solo a una fórmula) nos dice exactamente cuál es la probabilidad correcta actualizada después de obtener los nuevos datos. Pueden encontrarse varias versiones distintas (y equivalentes) de la fórmula en internet, pero, a grandes rasgos, viene a decirnos que tomemos nuestra mejor estimación previa de la probabilidad y la actualicemos multiplicándola por la probabilidad de que observáramos los nuevos datos si nuestra proposición fuera cierta, dividida por la probabilidad de que observáramos los nuevos datos en cualquier caso, fuera cierta o no la proposición.

Es interesante señalar que ciertas líneas de investigación sugieren que la gente no siempre actualiza sus probabilidades de acuerdo con el teorema de Bayes. El lector podría pensar: «Bueno, yo desde luego no lo hago; ni siquiera había visto la fórmula hasta ahora». Pero no cabe duda de que nuestros cerebros son capaces de realizar actualizaciones bayesianas. Por ejemplo, hay pruebas de que el diminuto cerebro de las abejas les permite realizar «búsquedas de alimento bayesianas óptimas», mientras que las deducciones humanas se aproximan bastante bien al teorema de Bayes en algunas tareas. A veces, no obstante, también recurrimos a heurísticas o estrategias de razonamiento no bayesianas, presumiblemente porque ofrecen ciertas ventajas (por ejemplo, rapidez, facilidad de uso o de comunicación) que compensan su menor precisión.

En YouTube pueden encontrarse muchas presentaciones visuales del teorema de Bayes. Asimismo, puede verse una introducción amplia y accesible al pensamiento bayesiano en McGrayne, S. B., *The Theory That Would Not Die: How Bayes' Rule Cracked the Enigma Code, Hunted Down Russian Submarines, & Emerged Triumphant from Two Centuries of Controversy*, Yale University Press, 2011.

9. Incertidumbre estadística y sistemática

1. Una determinada fuente de ruido puede actuar, o bien como una incertidumbre estadística, o bien como una incertidumbre sistemática, en función de cómo afecte a la medición que estamos realizando. Por ejemplo,

la mala calibración de las básculas de baño puede dar lugar a una incertidumbre estadística si se utiliza un gran número de básculas, todas ellas mal calibradas de forma aleatoria, o a una incertidumbre sistemática si se utiliza una y otra vez siempre la misma.

2. Los dardos de la figura se reproducen por cortesía de <vecteezy.com/free-vector/dart>, mientras que la diana se ha modificado a partir de las que aparecen en <vecteezy.com/free-vector/dart-board>.
3. Es posible que los estadísticos hayan ideado la terminología etimológicamente más arbitraria para referirse a estos dos tipos de incertidumbre, dado que utilizan las expresiones «mejor exactitud» para hablar de «mejor incertidumbre sistemática», y «mejor precisión» para hablar de «mejor incertidumbre estadística».
4. Para empeorar las cosas, el componente aleatorio –la parte que para nosotros debería ser más fácil de manejar– puede engañarnos para hacernos ver patrones donde no los hay, tal como veíamos en el capítulo 7.
5. Para abordar la incertidumbre estadística, el tamaño de la muestra viene determinado matemáticamente por el intervalo de confianza deseado, así como por la magnitud de las barras de error que consideremos aceptable. Por ejemplo, en una ciudad de 200.000 habitantes, si queremos saber cuántos votarán a un determinado candidato a la alcaldía, habría que encuestar a unas 2.400 personas para tener un 95 % de confianza en que la cifra real probablemente se sitúe en un margen del 2 % en torno al resultado del sondeo.

10. Optimismo científico

1. Al parecer, cuando los experimentadores miden la cantidad de energía que utilizamos al pensar intensamente en algo, esta solo rebasa un poco el gasto energético constante del cerebro. No obstante, el cerebro es de por sí un gran devorador de energía, ya que representa aproximadamente una quinta parte de nuestro gasto energético aun cuando estamos relajados, de modo que es posible que incluso un pequeño aumento proporcional nos resulte perceptible. O quizá es que, a menudo, cuando tenemos que pensar mucho, nos hallamos también en situaciones de estrés (por ejemplo, al hacer un examen), y de lo que somos conscientes es de la energía que gastamos en nuestra respuesta a dicho estrés.

2. A la pequeña fracción de lectores que, como Saul, estudiaron física en bachillerato y luego siguieron cursándola en la universidad, probablemente este ejemplo les resulte familiar: después de acostumbrarse a resolver problemas de física de bachillerato en solo unos minutos, puede ser chocante llegar a la universidad y encontrarse con problemas cuya solución puede requerir varias horas de pensamiento iterativo. Y si uno no sabe que a la larga acabará resolviéndolos, tiende a rendirse demasiado pronto, antes de descubrir que en efecto puede.
3. Estas tradiciones científicas suelen transmitirse de una generación de científicos a otra. En este caso, Saul la aprendió de su tutor de investigación, Richard Muller, quien a su vez la aprendió de su propio tutor de investigación, el ganador del Premio Nobel Luis Álvarez. Habría que averiguar quién enseñó ese enfoque posibilista a Luis Álvarez; quizá fuera *también* su tutor de investigación, Arthur Compton (asimismo ganador del Premio Nobel). Por supuesto, nuestra esperanza es divulgarla entre un público mucho más amplio, se dedique o no profesionalmente a la ciencia.
4. Para que esto funcione, las fuentes de financiación también tienen que entender este punto. ¡Tomen nota, organismos públicos de financiación de la ciencia!

11. Órdenes de comprensión y problemas de Fermi

1. En inglés se utiliza a veces una curiosa expresión con un significado similar a «ir a tope»: *cooking with gas*, literalmente «cocinar con gas», que de por sí transmite cierta noción de progreso científico. La expresión se originó a finales de la década de 1930 como un eslogan jocoso en una época en la que las cocinas de gas estaban reemplazando a las lentas cocinas de leña. Al parecer, a la industria del gas le encantaba que el eslogan se utilizara ampliamente en los programas radiofónicos de humor.
2. Como ocurre con muchos de los términos que se utilizan en las ciencias físicas, la expresión «comprensión de primer orden de un problema» es un tecnicismo procedente del ámbito de las matemáticas. Si el lector ha estudiado cálculo, puede que le resulte familiar por estar relacionado con las expansiones en series de Taylor.

   La idea básica es que se puede aproximar cualquier función en una ubicación, x, observando primero la función, $f(a)$, en un valor cercano, a, y añadiendo entonces la primera derivada, $f'(a)$, multiplicada por la distancia desde ese valor, $(x - a)$, luego una segunda derivada multiplicada por dicha distancia al cuadrado, y así sucesivamente hasta que se haya formado una serie que se aproxime a la función. La forma de concebir este proceso es que, conforme vamos añadiendo cada vez más términos a la aproximación, nos acercamos cada vez más al aspecto que podría tener realmente la función. Cuando hacemos una aproximación de primer orden a algo, lo que estamos diciendo es que solo hemos utilizado el primer término con una derivada en nuestra aproximación; para el segundo orden usamos un término más, y para el tercero otro término más. Poco a poco el resultado empieza a parecerse cada vez más a lo que realmente ocurre en la función a la que intentamos aproximarnos.

Así pues, la explicación de primer orden de algo capta la relación causal más obvia y relevante: lo que realmente hace que eso ocurra. La explicación de segundo orden es la primera que capta cierto grado de detalle de lo que acontece, las excepciones o pequeños añadidos a esa aproximación inicial. La de tercer orden expresa una modificación aún menor de esa última modificación, y así sucesivamente. (Puede haber buenas razones para que a veces los humanos ignoremos las explicaciones de primer orden: por ejemplo, los investigadores de incendios provocados no suelen informar de que la causa principal del incendio de una vivienda fue la presencia de oxígeno; a veces, cuando queremos subrayar que algo es la causa manifiestamente dominante y evidente de algo, lo denominamos «explicación de orden cero».)

3. El ejemplo del insomnio también plantea la cuestión de que, para cualquier fenómeno dado, lo que constituye un factor de orden inferior frente a uno de orden superior puede variar en función del contexto. Por ejemplo, si un león hambriento empezara a merodear en torno a nuestro dormitorio, eso podría convertirse de inmediato en el factor de primer orden que nos mantendría despiertos.
4. Los analistas de políticas públicas llaman a estas estimaciones rápidas «cálculos de servilleta», lo que evoca la idea de garabatear apresuradamente cuatro números en cualquier trozo de papel que uno tenga a mano en ese momento, como una servilleta de papel o el dorso de un sobre.
5. Si el lector busca posibles ejemplos con los que jugar y más información sobre técnicas de estimación, hay libros que se centran precisamente en esto. Dos de ellos son: *Guesstimation: Solving the World's Problems on the Back*

of a Cocktail Napkin, de Lawrence Weinstein y John A. Adam (Princeton University Press, 2009), y *Maths on the Back of an Envelope: Clever Ways to (Roughly) Calculate Anything*, de Rob Eastaway (HarperCollins, 2019).

12. Por qué es difícil aprender de la experiencia

1. Véase McDaniel, M. A., Schmidt, F. L., y Hunter, J. E., «Job experience correlates of job performance», *Journal of Applied Psychology*, 73 (1988), pp. 327-330; y Dokko, G., Wilk, S. L, y Rothbard, N. P., «Unpacking prior experience: How career history affects job performance», *Organization Science*, 20 (2008), pp. 51-68.
2. Esta cuestión se trata con más detalle en MacCoun, R. J., «Biases in the interpretation and use of research evidence», *Annual Review of Psychology*, 49 (1998), pp. 259-287.
3. En inglés: <https://en.wikipedia.org/wiki/List_of_cognitive_biases>; en español: <https://es.wikipedia.org/wiki/Anexo:Sesgos_cognitivos>.
4. Gigerenzer, G., y Goldstein, D. G., «The recognition heuristic: A decade of research», *Judgment and Decision Making*, 6 (2011), pp. 100-121.
5. Aunque el doctor Seuss, el célebre autor estadounidense de libros infantiles, se acercó bastante cuando llegó a la letra «X» en su abecedario: «La "x" es muy útil si te llamas Nixie Knox. También te vendrá bien si escribes fax y extra y box».
6. Lichtenstein, S., Slovic, P., Fischhoff, B., Layman, M., y Combs, B., «Judged frequency of lethal events», *Journal of Experimental Psychology: Human Learning and Memory*, 4 (1978), pp. 551-578.
7. Bailis, D. S., y MacCoun, R. J., «Estimating liability risks with the media as your guide: A content analysis of media coverage of civil litigation», *Law and Human Behavior*, 20 (1996), pp. 419-429.
8. Véase Ellman, I. M., Braver, S., y MacCoun, R. J., «Intuitive lawmaking: The example of child support», *Journal of Empirical Legal Studies*, 6 (2009), pp. 69-109.
9. Fischhoff, B., «Hindsight is not equal to foresight: The effect of outcome knowledge on judgment under uncertainty», *Journal of Experimental Psychology: Human Perception and Performance*, 1 (1975), pp. 288-299.
10. Tajfel, H., Flament, C., Billig, M. G., y Bundy, R. P., «Social categorization and intergroup behavior», *European Journal of Social Psychology*, 1 (1971), pp. 149-177.

11. «Al fusionar posturas enfrentadas sobre un riesgo o hechos similares con identidades grupales opuestas, los memes antagónicos transforman en la práctica las posturas sobre ellos en emblemas de pertenencia y lealtad a grupos rivales.» Kahan, D. M., Jamieson, K. H., Landrum, A., y Winneg, K., «Culturally antagonistic memes and the Zika virus: An experimental test», *Journal of Risk Research,* 20 (2017), pp. 1-40.
12. MacCoun, R., «Blaming others to a fault?», *Chance*, 6, 18 (1993), pp. 31-33.
13. Véase Ross, L. D., «The intuitive psychologist and his shortcomings», en L. Berkowitz (ed.), *Advances in Experimental Social Psychology*, Academic Press, 1977, vol. 10, pp. 174-220.
14. Menon, T., Morris, M. W., y Chiu, C., «Culture and the construal of agency: Attribution to individual versus group dispositions», *Journal of Personality and Social Psychology*, 76 (1999), pp. 701-717.
15. Merton, T., *The Way of Chuang Tzu*, New Directions, 2010, cap. 20 [trad. esp.: *El camino de Chuang Tzu*, Trotta, 2020].
16. Lord, C. G., Lepper, M. R., y Preston, E., «Considering the opposite: A corrective strategy for social judgment», *Journal of Personality and Social Psychology*, 47 (1984), pp. 1231-1243.

13. Cuando la ciencia se equivoca

1. La grabación de la conferencia de Langmuir fue posteriormente transcrita y corregida por Robert N. Hall en el marco de un informe publicado en 1966 por los Laboratorios de General Electric. Dicho informe sería frecuente objeto de copia e intercambio en la comunidad científica hasta su publicación oficial, mucho tiempo después: Langmuir, I., y Hall, R. N., «Pathological science», *Physics Today*, 42 (1989), pp. 36-48.
2. La definición de Langmuir está claramente relacionada con el «sesgo de disconformidad» del que hablaremos en el capítulo 14, un corolario del sesgo de confirmación que nos lleva a buscar únicamente deficiencias en las pruebas cuando estas parecen contradecir nuestra hipótesis.
3. Fanelli, D., «How many scientists fabricate and falsify research? A systematic review and meta-analysis of survey data», *PLOS ONE*, 4 (2009), e5738.
4. Curiosamente, es habitual descubrir que muchos artículos falsean sus resultados utilizando una fotografía que muestra los resultados de otro estudio científico distinto, ya publicado anteriormente por el mismo autor,

y afirmando que se trata del estudio actual. Es evidente que nos hallamos aquí en la típica situación de una carrera armamentística: a medida que los científicos aprenden a detectar fraudes, otros científicos desarrollan nuevas formas más sutiles de cometerlos, que funcionarán hasta que esos fraudes sean detectables a su vez... y así sucesivamente.

5. Langone, J., «Science: The water that lost its memory», *Time*, 8 de agosto de 1988.
6. Editorial, «When to believe the unbelievable», *Nature*, 333 (1988), p. 787.
7. Maddox, J., Randi, J., y Stewart, W., «"High-dilution" experiments a delusion», *Nature*, 334 (1988), pp. 287-290.
8. Goldacre, B., «Benefits and risks of homoeopathy», *Lancet*, 370, 9600 (17 de noviembre de 2007), pp. 1672-1673. Obsérvese que los «beneficios» mencionados eran solo los que se obtendrían con cualquier placebo (píldora falsa).
9. Stolberg, M., «Inventing the randomized double-blind trial: The Nuremberg salt test of 1835», *Journal of the Royal Society of Medicine*, 99, 12 (diciembre de 2006), pp. 642-643.
10. Sin embargo, no deja de ser curioso observar que, antes del periodo nazi, Alemania había desarrollado algunas de las políticas más avanzadas para proteger a las personas de la explotación médica experimental. Esto sugiere que, además de protocolos, resulta esencial disponer de estructuras de supervisión para prevenir abusos.

14. Sesgo de confirmación y análisis ciego

1. Wason, P. C., y Johnson-Laird, P. N., *The Psychology of Reasoning: Structure and Content*, Harvard University Press, 1972 [trad. esp.: *Psicología del razonamiento*, Debate, 1981].
2. Edwards, K., y Smith, E. E., «A disconfirmation bias in the evaluation of arguments», *Journal of Personality and Social Psychology*, 7 (1996), pp. 5-241.
3. Si el lector tiene curiosidad por saberlo, la magnitud del ritmo de expansión del universo – es decir, la magnitud de la denominada «constante de Hubble» – depende de la distancia que separa los dos puntos concretos del universo que estamos observando. Si actualmente dichos puntos están separados por 3.000 millones de kilómetros, pongamos por caso, eso implica que se alejan el uno del otro al doble de velocidad aproximadamente que si estuvieran separados por solo 1.500 millones de kilómetros.

Por lo tanto, medimos el ritmo de expansión del universo en unidades de velocidad (km/s) por distancia («megapársec», que equivale a unos 3,26 millones de años luz).

4. Véase Klein, J. R., y Roodman, A., «Blind analysis in nuclear and particle physics», *Annual Review of Nuclear and Particle Physics*, 55 (2005), pp. 141-163. Véase también MacCoun, R., y Perlmutter, S., «Hide results to seek the truth», *Nature*, 526 (2015), pp. 187-189.
5. Entre los ejemplos de otros usos del análisis ciego cabe mencionar la calificación de los trabajos de los alumnos por parte de los profesores empleando números de identificación en lugar de sus nombres; o la revisión de las solicitudes de tiempo de uso del telescopio espacial *Hubble*, donde tampoco constan los nombres de los científicos solicitantes.
6. Véase MacCoun, R. J., «Blinding to remove biases in science and society», en R. Hertwig y C. Engel (eds.), *Deliberate ignorance: Choosing not to know*, MIT Press, 2020.
7. Committee on Identifying the Needs of the Forensic Sciences Community, *Strengthening forensic science in the United States: A path forward*, National Research Council, National Academies Press, 2009; President's Council of Advisors on Science & Technology, *Forensic science in criminal courts: Ensuring scientific validity of feature-comparison methods*, Report to the President, Executive Office of the President, 2016.
8. Dror, E., Charlton, D., y Péron, A. E., «Contextual information renders experts vulnerable to making erroneous identifications», *Forensic Science International*, 156, 1 (2006), pp. 74-78.
9. El consorcio sanitario estadounidense Kaiser Permanente, por ejemplo, aconseja a los pacientes que, para pedir una segunda opinión, primero «hagan llegar el historial relativo a la primera opinión al otro médico» (véase <https://healthy.kaiserpermanente.org/health-wellness/health-encyclopedia/he.getting-a-second-opinion.ug5094>).
10. Puede verse una panorámica general del movimiento ciencia abierta en Munafò, M. R., Nosek, B. A., Bishop, D. V. M., Button, K. S., Chambers, C. D., *et al.*, «A manifesto for reproducible science», *Nature Human Behaviour*, 1 (2017), pp. 1-9; y Jussim, L., Stevens, S. T., y Krosnick, J. A. (eds.), *Research Integrity in the Behavioral Sciences*, Oxford University Press, 2022, pp. 295-315.
11. Puede verse un primer ejemplo en Latham, G. P., Erez, M., y Locke, E. A., «Resolving scientific disputes by the joint design of crucial experiments by the antagonists: Application to the Erez-Latham dispute regarding par-

ticipation in goal setting», *Journal of Applied Psychology*, 73 (1988), pp. 753-772. El lector encontrará otro ejemplo más reciente en Melloni, L., *et al.*, «An adversarial collaboration protocol for testing contrasting predictions of global neuronal workspace and integrated information theory», *PLOS ONE*, 18 (2023), e0268577.

12. Nótese que este es un uso muy distinto del término *medalla* –en este caso, un uso elogioso–, que conviene diferenciar del fenómeno de «colgarse medallas» al que nos referimos en otras partes del libro, que hace referencia al hecho de que uno adopte una determinada postura sobre un tema simplemente para publicitar su compromiso con un partido político u otros grupos.
13. Véase la cita de Rohrer *et al.* (2021) mencionada en el capítulo 5 en relación con el proyecto «Pérdida de confianza».

15. La sabiduría y la locura de las masas

1. Sobre la desindividuación, véase Postmes, T., y Spears, R., «Deindividuation and antinormative behavior: A meta-analysis», *Psychological Bulletin*, 123 (1998), pp. 238-259. Sobre el contagio emocional, véase Herrando, C., y Constantinides, E., «Emotional contagion: A brief overview and future directions», *Frontiers in Psychology*, 12 (2021), art. 712606.
2. Rob tuvo la oportunidad de poner en práctica algunas de las ideas de Janis para evitar el pensamiento grupal en 1993, cuando trabajaba en un proyecto de la Corporación RAND para el Departamento de Defensa de Estados Unidos. RAND había recibido el encargo de estudiar si el ejército podía levantar la prohibición de prestar servicio al personal abiertamente homosexual. En aquel momento, este era un tema extremadamente polarizante en la sociedad estadounidense, y el equipo de RAND se esforzó por ser escrupuloso y demostrar que actuaba de forma imparcial y libre de prejuicios. Tras varios días de reuniones informativas internas, en las que revisaron todas las pruebas que habían recopilado, se dividieron en varios subgrupos. En cada subgrupo había una mezcla de investigadores militares y no militares formados en diversas disciplinas académicas (derecho, medicina, comportamiento organizacional, psicología social, economía, antropología...). A continuación, cada subgrupo dedicó un día entero a revisar todas las pruebas y alcanzar un consenso acerca de si estas

sugerían o no que el levantamiento de la prohibición perjudicaría el rendimiento de las unidades militares. Cada uno de los grupos llegó de forma independiente a la misma respuesta: no. El presidente Clinton fue convenientemente informado de la conclusión, pero no levantó la prohibición, sino que en su lugar adoptó una solución de compromiso, la política que daría en llamarse «No preguntes, no digas». El equipo de RAND se reunió de nuevo unos años más tarde para ayudar al presidente Obama a revisar el tema, y finalmente se levantó la prohibición sin que nadie se rasgara las vestiduras y sin que posteriormente hubiera evidencia alguna de que se hubiera causado un perjuicio a la eficacia militar.

3. Véase Laughlin, P. R., *Collective induction*, Princeton University Press, 2011.
4. Este método de «esquema de decisión social» se describe en Stasser, G., Kerr, N. L., y Davis, J. H., «Influence processes and consensus models in decision-making groups», en P. B. Paulus (ed.), *Psychology of Group Influence*, Lawrence Erlbaum Associates, 1989, pp. 279-326. Obsérvese que los procesos basados en la mayoría simple y en que «la verdad prevalece» pueden considerarse casos especiales de un modelo más general de umbral logístico de influencia grupal; véase MacCoun, R. J., «The burden of social proof: Shared thresholds and social influence», *Psychological Review*, 119 (2012), pp. 345-372.
5. Probablemente sería más acertado entrecomillar la palabra *verdad* cuando se habla de procesos en los que «la verdad prevalece», puesto que los sistemas conceptuales compartidos por los miembros de un determinado grupo no tienen por qué ser necesariamente aceptados por otras personas ajenas a él.
6. Kerr, N., MacCoun, R. J., y Kramer, G., «Bias in judgment: Comparing individuals and groups», *Psychological Review*, 103 (1996), pp. 687-719.
7. Scott Page ha publicado análisis teóricos y empíricos que profundizan en este punto. Asimismo, ofrece una introducción accesible en su libro *The Difference: How the Power of Diversity Creates Better Groups, Firms, Schools, and Societies*, Princeton University Press, 2007.

16. Imbricar hechos y valores

1. Véase Hammond, K. R., y Adelman, L., «Science, values, and human judgment», *Science*, 194 (1976), pp. 389-396.

2. Véanse MacCoun, R., Reuter, P., y Schelling, T., «Assessing alternative drug control regimes», *Journal of Policy Analysis and Management*, 15 (1996), pp. 1-23; y MacCoun, R., y Reuter, P., *Drug War Heresies: Learning from Other Vices, Times, and Places*, Cambridge University Press, 2001.
3. Schwartz, S. H., «Universals in the content and structure of values: Theoretical advances and empirical tests in 20 countries», *Advances in Experimental Social Psychology*, 25 (1992), pp. 1-65. Existen muchos otros esquemas similares, incluido uno más reciente del propio Schwartz, pero este parece ofrecer la mejor descripción estadística de los datos de las encuestas.
4. Tetlock, P. E., Peterson, R. S., y Lerner, J. S., «Revising the value pluralism model: Incorporating social content and context postulates», en C. Seligman, J. M. Olson, y M. P. Zanna, *The Psychology of Values: The Ontario Symposium*, vol. 8, Lawrence Erlbaum Associates, 1996.
5. Steele, C. M., «The psychology of self-affirmation: Sustaining the integrity of the self», *Advances in Experimental Social Psychology*, 21 (1988), pp. 261-302.
6. Sherman, D. K., «Self-affirmation: Understanding the effects», *Social Psychology and Personality Compass*, 7 (2013), pp. 834-845.
7. El término procede de Rawls, J., *A Theory of Justice*, Harvard University Press, 1971 [trad. esp.: *Teoría de la justicia*, Fondo de Cultura Económica, 2017].
8. Strawson, P. F., «Review of Ryle, G., *On thinking*», *Mind*, 30 (1980), pp. 365-367.

17. El reto de la deliberación

1. Puede verse un llamativo ejemplo de este deseo de parecer informado y tener siempre una opinión propia en Bishop, G., Oldendick, R., Tuchfarber, A., y Bennett, S., «Pseudo-opinions on public affairs», *Public Opinion Quarterly*, 44 (1980), pp. 198-209. Bishop y sus colegas realizaron una encuesta en la que pedían a la gente su opinión sobre «la derogación de la Ley de Asuntos Públicos de 1975». A pesar de que dicha ley era absolutamente inventada, una tercera parte de los encuestados manifestaron su opinión sobre el tema.
2. La mejor introducción a la planificación de escenarios es probablemente

el mencionado libro de Schwartz, *The Art of the Long View* (Crown Currency, 1996). En la revista *Futures* se publican con frecuencia nuevos desarrollos y variaciones sobre el tema, como las exhaustivas revisiones bibliográficas realizadas por Varum y Melo en 2009, y de Amer y sus colegas en 2013.

3. Tetlock, P. E., Mellers, B. A., Rohrbaugh, N., y Chen, E., «Forecasting tournaments: Tools for increasing transparency and improving the quality of debate», *Current Directions in Psychological Science*, 23 (2014), p. 290.
4. El proyecto Public Editor surgió a partir de una serie de conversaciones entre Saul y Nicholas Brigham Adams (por entonces en el Instituto de Ciencia de Datos de Berkeley, o BIDS, por sus siglas en inglés), quien había estado desarrollando técnicas de colaboración masiva y software que permitía la anotación grupal de textos. Adams creó Goodly Labs con el objetivo de hacer posibles proyectos como Public Editor, y ha liderado esta iniciativa en colaboración con Saul en el BIDS. El sitio web actual del proyecto es <www.publiceditor.io>.

18. Reiniciar la confianza para encarar un nuevo milenio

1. A finales del siglo XX, un movimiento intelectual conocido como «posmodernismo» llamó acertadamente la atención sobre las diversas formas en que se utilizaba la autoridad de la ciencia como una especie de caballo de Troya para promover furtivamente los intereses de los privilegiados y poderosos. Sin embargo, retrataba a los científicos como ingenuos adeptos a un dogma según el cual la ciencia la conforman «hechos» incontestables unidos por fórmulas matemáticas mediante el aparato probatorio proporcionado por la lógica deductiva. Que nosotros sepamos, ese retrato no se corresponde con la forma en que los científicos actuales hablan de su trabajo. Estos reconocen sin duda que la «prueba» constituye la espina dorsal de la lógica y las matemáticas, pero también son tremendamente conscientes de que la ciencia empírica es un entramado de observaciones falibles y provisionales, sujetas a permanente revisión. En los albores del siglo XXI parecía que en buena medida el posmodernismo se había agotado; pero, para nuestro asombro, cuando el posmodernismo académico de izquierdas iba perdiendo fuerza, surgió una nueva forma de posmodernismo populista ajeno al ámbito académico y adscrito esta vez a la dere-

cha. De repente podían afirmarse nuevos «hechos» sin necesidad de pruebas fehacientes que los respaldaran, y cualesquiera afirmaciones en sentido contrario podían desestimarse fácilmente como «noticias falsas». Aunque los posmodernistas sin duda se sentirían consternados al constatar el vínculo, el populismo parece ejemplificar justo el tipo de enfoque que ellos describían como el único posible: la idea de «verdad objetiva» desaparece de escena, y las hipótesis pasan a evaluarse únicamente a la luz de las diversas ideologías grupales.

En ocasiones nos hemos desesperado al contemplar tales sucesos y los perjuicios que han causado al discurso público y la resolución compartida de problemas colectivos. Pero, en última instancia, no creemos que el posmodernismo populista resulte más sostenible que su predecesor académico. A fin de cuentas, la gente quiere resolver problemas reales del mundo real, y solo puede hacerlo mediante la ardua tarea de cribar pruebas falibles e hipótesis provisionales en busca de resultados reproducibles que aporten beneficios tangibles y mejoras en sus vidas. Las herramientas y actitudes que están surgiendo en el tercer milenio de la ciencia rechazan cualquier noción de sacerdocio científico con el monopolio de la «Verdad»; la tendencia apunta ahora a la autoridad descentralizada, la rigurosa verificación de hechos y la participación ciudadana. Pero tales herramientas no pueden arraigar si solo las utilizan los científicos académicos: requieren el compromiso de toda la comunidad. Por eso hemos escrito este libro.

2. Escrito originariamente en 1971, este ensayo se ha actualizado en varias ocasiones. Véase Dunn, W. N. (ed.), *The Experimenting Society: Essays in Honor of Donald T. Campbell*, Transaction Publishers, 1998.
3. Nuestro concepto de hábitos comunitarios tiene una gran deuda con el influyente sociólogo de la ciencia Robert K. Merton, que articuló cuatro normas a las que toda ciencia debería aspirar: *comunitarismo* (el conocimiento científico debe pertenecer a todos); *universalismo* (la verdad debe juzgarse con criterios impersonales); *desinterés* (el interés personal no debe desempeñar ningún papel en la investigación científica), y *escepticismo organizado* (la comunidad científica debe examinar rigurosamente todos sus postulados). Véase el libro de Merton *The Sociology of Science: Theoretical and Empirical Investigations*, University of Chicago Press, 1973 [trad. esp.: *La sociología de la ciencia*, Alianza, 1985]. Los anteriores capítulos de nuestro libro (y gran parte de los trabajos de ciencias sociales sobre la

praxis científica) ilustran cómo los científicos cumplen (y a menudo dejan de cumplir) esas aspiraciones.

4. Véase Axelrod, R., *The Evolution of Cooperation*, Basic Books, 1984 [trad. esp.: *La evolución de la cooperación*, Alianza, 1996]. El tipo de reciprocidad que examina Axelrod es solo uno de los muchos mecanismos que sustentan (o frustran) la cooperación humana; puede verse una revisión más amplia del tema en Heinrich, J., y Muthukrishna, M., «The origins and psychology of human cooperation», *Annual Review of Psychology*, 72 (2021), pp. 207-240.
5. Obviamente, cualquier intento de colaboración en la toma de decisiones depende de la voluntad de las personas involucradas de resolver las cosas mediante el debate. Pero a veces el conflicto partidista puede llegar a un punto en el que eso ya no parece posible: si propones un sondeo deliberativo a tus oponentes y ellos responden con violencia, ¿cómo se ha de proceder? Todas las reflexiones que aquí planteamos pretenden favorecer una auténtica toma de decisiones conjunta y evitar ese momento de conflicto primario.
6. Véase, por ejemplo, Tomasello, M., *Why we cooperate*, MIT Press, 2009 [trad. esp.: *Por qué cooperamos*, Katz, 2010].
7. La materialización de tales incentivos en el mundo real no resulta tan improbable como podría parecer. Por ejemplo, la Ley de Servicios Digitales de la Comisión Europea ya ha puesto en marcha un régimen de auditoría para las principales plataformas virtuales que podría adoptar el concepto de sondeo que nosotros sugerimos. En términos más generales, los especialistas en economía conductual y teoría de juegos han desarrollado muchas ideas acerca de cómo diseñar subastas y otros procedimientos para fomentar la puja sincera y el intercambio de información honesto. Puede verse una revisión del tema en Haaland, I., Roth, C., Wohlfart, J., «Designing information provision experiments», *Journal of Economic Literature*, 61 (2023), pp. 3-40.

ÍNDICE ONOMÁSTICO Y DE MATERIAS